热设计工程师精英课堂

从零开始学散热

陈继良　编著

机 械 工 业 出 版 社

本书从一名热设计工程师具体技术工作层面出发，提出了一系列如何保证热设计方案合理性的问题，并以一些实际的产品为例，进行了解释说明。全书内容涉及电子产品热设计的意义，热设计理论基础，热设计研发流程，散热方式的选择，芯片封装和电路板的热特性，散热器的设计，导热界面材料的选型设计，风扇的选型设计，热管和均温板，热电冷却器、换热器和机柜空调，液冷设计，热设计中的噪声，风扇调速策略的制定和验证，热测试，热仿真软件的功能、原理和使用方法，常见电子产品热设计实例，热、电、磁的结合等。本书详细地记录了一名热设计工程师热设计思维形成过程，希望能帮助读者形成自己的设计思维，从而能够应对任何从未遇到过的热问题。

本书适合电子产品热设计工程师、电子设备热设计从业人员、电子工程师、结构工程师，以及高等院校热能与动力工程专业师生阅读参考。

图书在版编目（CIP）数据

从零开始学散热/陈继良编著. —北京：机械工业出版社，2020. 8（2025. 2 重印）

（热设计工程师精英课堂）

ISBN 978-7-111-66215-0

Ⅰ. ①从…　Ⅱ. ①陈…　Ⅲ. ①散热　Ⅳ. ①TK124

中国版本图书馆 CIP 数据核字（2020）第 137607 号

机械工业出版社（北京市百万庄大街 22 号　邮政编码 100037）
策划编辑：任　鑫　责任编辑：任　鑫　翟天睿
责任校对：王　欣　封面设计：马精明
责任印制：张　博
北京建宏印刷有限公司印刷
2025 年 2 月第 1 版第 10 次印刷
169mm×239mm · 16. 75 印张 · 335 千字
标准书号：ISBN 978-7-111-66215-0
定价：79. 00 元

电话服务
客服电话：010-88361066
010-88379833
010-68326294

网络服务
机　工　官　网：www. cmpbook. com
机　工　官　博：weibo. com/cmp1952
金　　书　　网：www. golden-book. com
机工教育服务网：www. cmpedu. com

前　言

随着电子产品的形态功能演进，其温度问题也日渐凸显。从传统的3C产品，到新兴的无人机、新能源汽车、人工智能硬件等，热设计工程师无不扮演着越来越重要的角色。

合理控制温度是电子产品热设计的主要内容，但它绝不是热设计工作者应该考虑的唯一目标。在施加温度控制方案的过程中，设计师还必须考虑其他多方面的问题，在成本、性能和可靠性之间找到一个平衡点，而寻找这个平衡点需要用到多方面的知识。除了传热学和流体力学两个基本学科，电子产品的热设计还涉及工程控制学、结构力学、声学、材料学、电学、软件算法和机械加工等多个学科，不同种类的产品所考量的因素也有巨大差异。随着产品热功率密度的日渐提升，温度问题越发严峻，产品热设计的综合学科属性也越来越凸显。

除了学科交叉性强，现代产品的快速更新迭代还对热设计师提出了更高的要求。他们除了要储备相关理论知识，还应该掌握科学有效的工作方法，理解热问题的根本解决思路，结合、推动甚至创造新的热管理手段，应对越来越多、越来越难的热问题。

本书就是按照上述思路编写而成的，结合多个案例，展示如何分析问题，如何通过现有技术解决这些问题，并阐述为更好解决这些问题，应该在哪些方面改进现有技术，要改进这些技术，应当学习、补充哪些新知识。

由于作者水平有限，书稿虽几经审改，但其中还难免有错误与不足之处，恳请读者不吝赐教。

新的时代，新的机遇和挑战，热设计大有可为。期待您在本书中有所收获。

陈继良 Leon Chen
E-mail：leonchen@resheji.com
微信/QQ：759599290

致　谢

本书自2014年7月开始撰写，至2018年10月底首次小范围试读。结合读者反馈，进行持续修改，至2020年4月第7次修改，历时近6年。

需要重点说明的是，书中绝大多数的内容都来自于已经标注在每章末尾的参考文献，以及在ZTE、NVIDIA的杰出同事，还有许多来自各大散热器、风扇、导热材料等公司的朋友。我只是将我获得的知识进行整理，加入了一些我个人的见解。我无法一一列举他们的名字，但他们对我的帮助我会铭记在心。书中体现的许多你觉得精妙的方式方法，那很可能来自于我的这些同事和朋友以及本书参考文献中的作者，而不是我的创造。我参与经营的东莞市鸿艺电子有限公司，也让我对市场-研发-品质-生产协作体系，以及热设计在社会进步中扮演的角色有了更深入的认知。

这本书之所以能成稿，还要感谢我读书期间的导师蒋方明研究员的无私帮助。他教会了我一项如今我每天都在用的技能：实事求是地分析问题、解决问题。这本书也是在这一指导思想下写就的。如今，实事求是几乎成了我工作的最重要原则。

我投入了大量的时间在公司工作以及本书的创作。非常感谢家人长期的理解和支持，尤其是我妻子谢金芳女士在此期间对我无微不至的照顾和关怀。

真诚感谢书籍撰写过程中各位同行和朋友的建议和帮助，祝愿你们工作顺利，万事如意！

目 录

第1章 电子产品热设计的意义

1.1 温度对电子产品的影响

电子产品中芯片温度过高是人们最常遇到的产品失效原因之一。个人计算机、手机等电子产品在长时间使用后反应变慢，实际上除了软件运行过程中产生的数据碎片，芯片持续工作在高温下，其内部架构的“破损”也是不可避免的原因之一。生活中应该都有这样的经历，使用一段时间后的个人计算机，即使更换装有全新系统的硬盘，其反应速度也不会有太大改善。这就是因为个人计算机内部硬件的“破损”，这种“破损”会随着运行时间的延长持续加大，性能也持续衰减。

事实上，刨除外力的冲击，如进水、跌落、撞击、拉拽、折弯等意外因素，几乎所有电子芯片失效的直接原因都是封装温度过高，如图1-1所示。美国空军航空电子完整性计划曾对电子产品的失效原因做过统计，结果发现由于温度过高而导致的失效占所有故障原因的55%[1]。需要注意的是，这个数据是1990年左右得出的结论，随着晶体管密度的提升，温度对芯片的影响无疑会更大。

对于温度对产品运行寿命的影响，一个接近实际情况的近似估测是：芯片温度每升高10℃，其运行寿命减半（阿伦尼乌斯公式，Arrhenius equation）。当然，这里的温度上升10℃，是在芯片正常工作温度范围内。图1-2所示为某典型芯片运行寿命随温度的变化曲线。

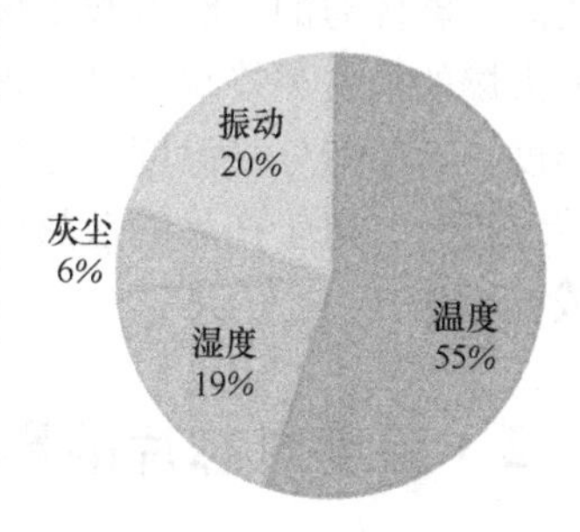

图1-1　电子产品失效因素（数据来源：美国空军航空电子完整性计划）[1]

图中可清楚地看出，在70～140℃范围内，芯片的运行寿命会随温度的升高迅速下滑。

实质上，温度控制的意义尚不止防止芯片失效。LED温度敏感性强，温度的浮动会导致光输出的变化和发光峰值波长的漂移[2]。对于LED灯，温度除了严重影响运行时长，结温上升还会剧烈影响光输出效率。光输出效率降低后，实

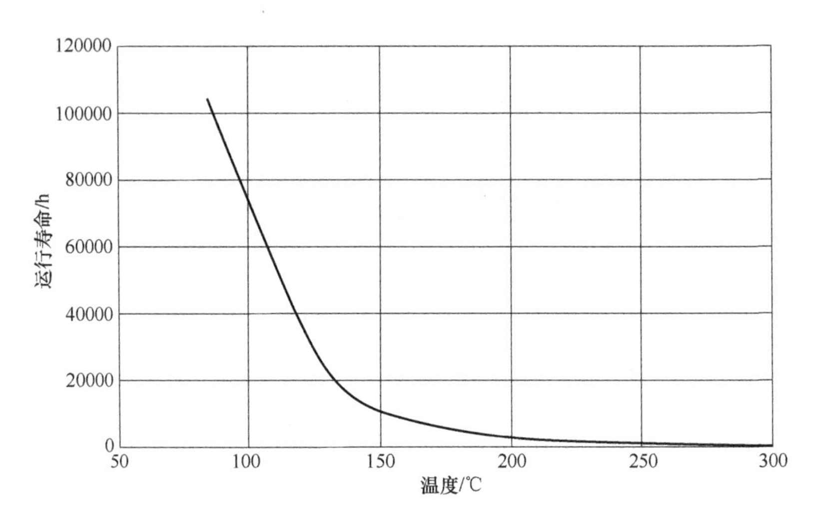

图 1-2 芯片运行寿命随温度的变化（按照环境温度 60℃，活化能 1.0eV 计算）

现相同的亮度，LED 灯的发热量将会上升，带来更大的能源消耗。

另外，结温的上升对于光质量的控制也有负面的影响。当温度上升时，功能芯片实现相同的运算效率，其能耗会上升。在更高的温度下，物质的化学活性更高，性质变得更加不稳定，芯片自身的稳定性也会变差。

因此，芯片的温度对电子产品如下三个方面有直接且显著的影响：

1）运行寿命；

2）能源效率；

3）性能稳定性。

电子产品制作完成后最初测试时可以正常运行，并不能说明其就是合格可靠的。一款优秀的、经得起市场考验的电子产品必须进行温度控制设计。而对于当前火爆的消费类终端产品，例如手机、平板电脑、游戏机等，不仅要控制好芯片温度，产品的外壳温度也是影响客户体验的关键方面。随着电子产品功率密度的持续提升，电子产品的散热问题必将日益凸显，热设计工程师也将面临巨大的挑战与机遇。

1.2 温度对芯片的影响机理

前文已述，温度是影响电子产品质量的关键因素。随着时间的推移，产品性能将逐渐变弱。那么，为什么会产生这种影响呢？

1.2.1 热应力和热应变

硅芯片由多种材料封装而成。图 1-3 所示为某 Die-down PBGA 芯片内部封装结构。整个芯片包含了多种不同的材料，而其热膨胀系数各不相同。由于芯片被强制焊在单板上，温度变化导致的热应变被限制在固有的空间内，因此芯片内部会出现挤压、拉扯。这些相互之间的作用力，在长时间的积累下，就可能造成材料产生机械裂纹，导致芯片失效。极端情况下，会瞬间诱发断裂，造成芯片永久性损坏。

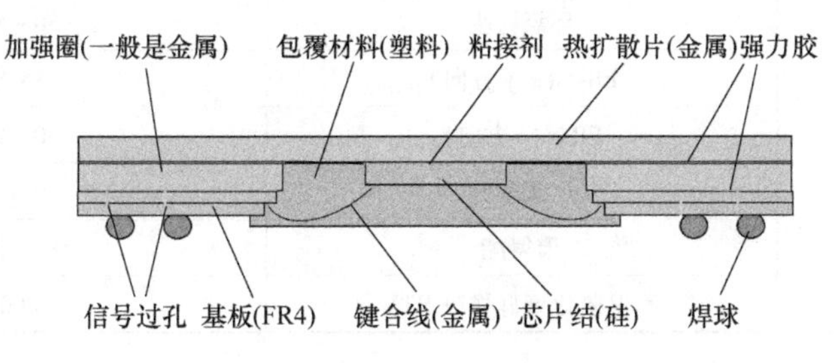

图 1-3　Die-down PBGA 芯片封装结构示意图

表 1-1 为常见封装材料的热膨胀系数[3,7]。

表 1-1　常见封装材料的热膨胀系数

材料类型	材料名称	热膨胀系数/(10^{-6}/℃)
金属	304 不锈钢	17.8
	银 Ag	19.7
	铝 Al	23.5
	铁镍合金 Alloy42	4.9
	金 Au	14.2
	铜 Cu	16.8
	钼 Mo	5.1
	镍 Ni	13 ~ 15
	焊锡：63Sn-37Pb	25
	焊锡：95Pb-5Sn	28
	钛 Ti	10
	钨 W	4.5
陶瓷	氮化铝 AlN	4.3
	氧化铝（96%）	6.4
	氧化铝（99.5%）	6.5
	氧化铍 BeO	7.8
	氮化硼 BN	3.7
	碳化硅 SiC	3.8
	氮化硅 SiN	3

（续）

材料类型	材料名称	热膨胀系数/(10^{-6}/℃)
半导体	砷化镓 GaAs	5.8
	硅 Si	2.7
有机材料	环氧树脂	50~80
	FR4（x-y 方向）	15.8
	FR4（z 方向）	80~90
	聚碳酸酯	50~70
	聚氨酯	180~250
	室温硫化型硅橡胶 RTV	800

1.2.2 器件炸裂

对于有液态介质存在的元器件，温度的上升还会导致更为极端的失效表现。例如水桶电容的爆浆，无论根本机理如何，内部温度过高都是导致电容爆浆的直接原因。当温度升高时，有一个加速恶化的现象导致电容失效：①温度升高，底部用来隔绝空气中水汽的橡胶塞气密性变差，水分更容易进入电容内部；②水分进入电容内部后，会和内部介质发生化学反应，产生气体，而更高的温度意味着更快的反应速度，因此高温下电容内部气体逐渐增多，导致气压升高，器件炸裂风险提升；③极限高温下，电容内部电解液还会沸腾，使得压力骤然升高。当这些效应产生的综合压力超过电解电容的铝外壳承受压力的时候，就会产生爆裂失效，如图 1-4 所示。

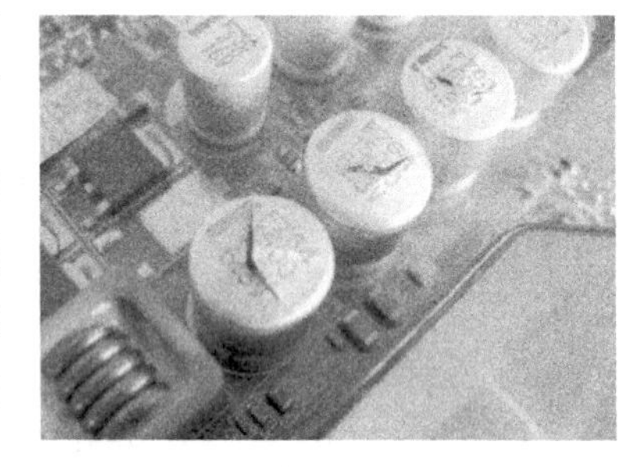

图 1-4　爆裂之后的电容

如果劣质电容内部的介质成分控制不好，相互之间发生化学反应产生气体，则会致使内部形成高压，也可能导致爆浆。

1.2.3 腐蚀

芯片正常运行时，内部存在着一个强电场。当外界环境中的水气、盐分触及芯片表面，就可能诱发电化学反应。腐蚀的本质是化学反应，通常情况下，化学反应速率与温度的关系可以表达为

$$R = R_0 e^{-\frac{E_a}{kT}}$$

式中，R 为化学反应速率；R_0 为特定化学反应在参考温度下的实测反应速率；E_a 为电子激活能量；k 为玻耳兹曼常数；T 为温度。

可以看到，化学反应速率随温度的升高呈指数级上升。因此，高温环境下，电子元器件中某些电化学腐蚀将会加剧。

1.2.4　氧化物分解

芯片的腐蚀是与外界环境强相关的现象。当使用环境极好，周围没有可与芯片材料反应的物质时，芯片内部的组成物质也会发生分解。由于同属于化学反应，因此温度对其速率的增加遵循类似的规律。内部的物质发生分解后，电气性能显然会发生巨大变化（反应物和生成物已经不是同一种物质了），芯片性能与内部分解反应进行的程度强相关。

1.2.5　芯片功耗

芯片消耗能源进行相关运算是其发热的本源。芯片功耗一般分为两种，即来自开关的动态功耗和来自漏电的静态功耗。

动态功耗又可分为电容充放电（包括网络电容和输入负载），还有当 P/N MOS 同时打开形成的瞬间短路电流。静态功耗则是由于绝缘材料绝缘性不足，本应关闭的部分无法完全断电，产生的多余功耗，用专业术语来说是逻辑门没有活动或者没有翻转时产生的能量损耗，$P_{static}=V_{dd}I_{leakage}$，$V_{dd}$是晶体管工作电压，$I_{leakage}$是漏电流。短时间内（使用半导体材料来实现数据或信息的处理时代），随着芯片制程工艺的提升，晶体管的尺寸在不断缩小[4]，芯片的动态功耗会下降，但关断状态下晶体管的漏电流却越来越大，由此导致静态功耗在芯片总耗能的占比越来越高[5]，见表 1-2。

表 1-2　不同工艺的 DSP 的典型静态功耗在总功耗中所占的比例[5]

DSP	工艺	静态功耗所占比例
TMS320C6201	180nm	<1%
TMS320C6416	130nm	11%
TMS320C6455	90nm	24%

制程工艺的先进化是不可逆的。当前，根据台积电的数据，5nm 技术在 2020 年量产，未来更是会考虑进一步提升到 2nm[4]。因此，可以预见芯片静态功耗的占比还会上升。这里需要强调的另一点是静态功耗还会随温度的上升呈指数级上升（在当前芯片工作温度范围内）。这是因为，当温度升高时，晶体管内载流子的热运动加剧，部分原本价带上的电子会跃迁到导带，使得材料的导带变宽，禁带变窄。禁带变窄即半导体的绝缘性下降，这使得关断状态下芯片的漏电流随温度的升高而升高。静态功耗与漏电流正相关，因此静态功耗也将随温度的升高而升高，如图 1-5 所示。这一效应会随着制程的不断先进化越来越明显。

温度对功耗的影响正在变得不可忽略，这是因为由温度上升诱发的功耗上升，会进一步加重产品散热负担，使得温度变得更高，形成恶性循环。这就导致了一个临界点：

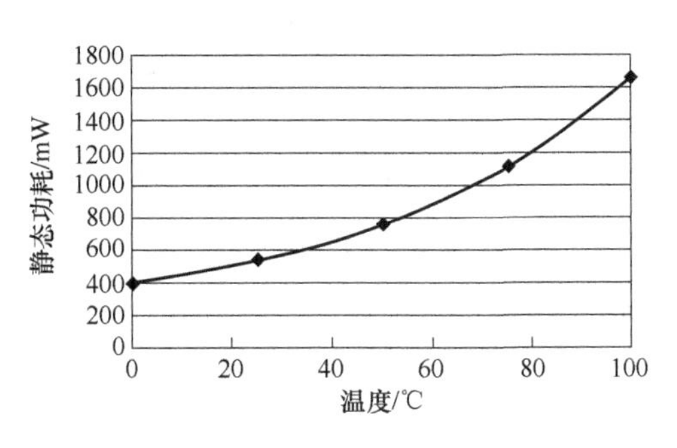

图 1-5 TMS320C6455（90nm 制程）静态功耗与温度的关系[5]

温度上升 T，芯片功耗上升 P。解决这些新增的功耗 P，需要增加温升 T_1。如果设备的热设计方案中，实际芯片到环境的热阻大于 T_1/P，那么将导致温度持续上升，直到挂机。

这种热-功耗关系将可能使得温度成为像短路、断路那样对产品有瞬时影响的因素，而不仅仅是当前对产品温度触感或长期可靠性有影响的因素。从这个角度推测，热设计在产品整体设计中扮演的角色将会越来越重要。

1.2.6 电气性能变化

芯片实际运行的最优点只能位于某一个温度点或一个较小的温度范围内，当芯片的温度很高或很低时，由于各类物质的电气性能相对设计温度已经发生较大变化，芯片将无法实现预期的功能。因此，电气性能的变化也是温度的关键影响之一。本书第 17 章将详述温度对材料磁导率、介电常数、介电损耗、磁滞损耗等参数的影响，并解释了这种影响在元器件性能表现方面带来的差异。而且，半导体材料的演进中主要变化的就是这些电气参数[6]。

1.3 解决芯片热可靠性的两个维度

从上述总结中可以获知，温度与芯片内部热应力、芯片腐蚀速率、内部氧化物分解速率、芯片功耗以及内部组成物质的电气性能有直接关联。通过影响上述因素，芯片内部发生断路、短路、参数漂移和漏电，进而失效，如图 1-6 所示。

从上文可知，广义上讲，对于所有的电子产品，保证产品温度安全性的手段有内外两个方向：

1）内：通过优化芯片封装材料及制造工艺，使其能够耐受更高的温度；

2）外：通过在元器件外部施加散热设计手段，将元器件保持在适宜的温度范围内。

其中向内涉及的是芯片封装热设计，向外则是产品系统热设计。本书多数内容针对系统热设计层面，第 5 章将简略陈述芯片级热设计方法。

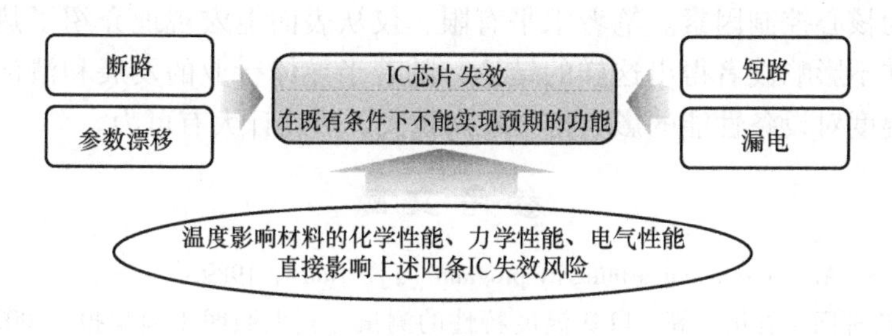

图 1-6　温度过高或过低的表现

1.4 热设计方案的评估标准

信息时代和人工智能时代离不开形形色色电子产品的支持。从本章前两节可以看出，温度对电子产品性能的影响极为关键。有充分的理由相信，电子产品热设计这一学科有着非常光明的未来。热设计的目标是将热量按照给定的路径以合理的方式转移到给定位置，从而精确控制产品各部分的温度。细分来讲，一个优秀的产品热设计方案应当包括如下几点特征或做出合理的权衡：

1）产品热安全，设备能够在产品可能出现的所有场景中稳定运行；
2）较低的成本；
3）良好的可维护性；
4）良好的长期稳定性；
5）有效的异常情况告警策略；
6）充分兼容外观；
7）对于风冷设计有着良好的噪声体验；
8）优秀的工况适应性和异常情景反应策略；
9）节能环保。

热设计的目标需要深度结合产品特征来定，例如，外观在不同的产品类型中有明显不同的地位。对于手机、笔记本电脑等消费类电子产品，外观是核心参考要素；而对于变频器、室外基站等产品，散热的可靠性和功能性才是首先需要满足的要求。对于航空航天领域，稳定性和可靠性是核心指标，而成本、外观等相对不那么重要。

1.5 本章小结

温度对电子产品的影响是全方位的。除了功能性的损伤，表面的温度触感对许多终端类产品也非常重要。温度对元器件封装工艺的影响也越来越明显，甚至正逐渐成为核心控制因素。笔者水平有限，仅从表面上宏观地介绍了热设计的意义，但这并不影响读者得出这样的结论：随着半导体行业的发展和清洁能源时代的来临，温度对设备性能的影响将会越来越大，热设计大有可为。

参考文献

[1] AVIP U S. Air force avionics integrity program [J]. Notes，1989.
[2] 梅毅，陈郁阳，袁川，等. LED 温度特性的测试 [J]. 照明工程学报，2007，18（1）：17-20.
[3] KASAP S，CAPPER P. Handbook of Electronic and Photonic Materials [M]. Berlin：Springer，2017.
[4] CHERRYKWOK. 制程工艺竞赛-TSMC 2nm 工艺研发启动!! 2024 年投产 [Z/OL]. [2020-01-15]. https://www.kudiannao.com/article/4877.html.
[5] 冯华亮. 影响高性能 DSP 功耗的因素及其优化方法 [Z/OL]. [2020-01-15]. http://www.ti.com.cn/general/cn/docs/gencontent.tsp?contentId=61574.
[6] 梁春广，张冀. GaN——第三代半导体的曙光 [J]. Journal of Semiconductors，1999，20（2）：89-99.
[7] Intel. Physical Constants of IC Package Materials：Databook，Ch. 5 [Z].

第 2 章

热设计理论基础

要想解决产品散热问题，掌握相关理论知识是最基本的前提。本章将讨论以下几个问题：

1）基础认知：热和温度；

2）电子产品热设计需要掌握的传热学知识；

3）电子产品热设计需要掌握的热力学知识；

4）电子产品热设计需要掌握的流体力学知识。

2.1 热和温度

热是自然界最常见的一种能量，热量的重要性不言而喻，甚至可以说，整个人类文明史就是人类对热利用技术不断提升的历史。

考古证明，约 50 万年前，人类就已经开始使用火来加热、烹饪食物[1]。发生在近代的第一次科技革命和第二次科技革命均与热利用技术紧密相关。

第一次科技革命的核心是蒸汽机的广泛使用。蒸汽机的核心是液体受热蒸发，气压升高，利用气体的不断蒸发来推动机械运动，使热能转化成机械能。

第二次科技革命引入了电能，发电成为关键环节。迄今为止，火力发电（将热能转化成机械能，然后再转化成电能）仍然是发电的主要方式。

同其他所有的学科一样，直到近代，人类才在认识热的物理本质上取得了明显的进展。古代人类对热的认知基本完全停留在感性的基础上，被宗教人员委以各种神话色彩，这不在本书的讨论之列，故不详述。本书仅对近代热学和现代热学做一个概述，帮助读者理解热的本质。

2.1.1 热动说和热质说

近代热学是近代物理学的一个分支。关于热的解释，近代热学充满经典的笛卡儿-牛顿知识体系色彩。

早期关于热的本质的学说分为热是一种运动和热是一种物质两类。

热动学说由伦福德伯爵于1798年引入，并由法国物理学家尼古拉·卡诺进一步发展[2]。牛顿、笛卡儿等人也支持该假说。热动说的核心观点是将热看成是一种运动，热量从高温物体传递给低温物体的原因是高温物体中的微粒把运动传给低温物体中的微粒，而且给出的运动量与接受的运动量相等。按照热动说，传热现象可以很好地从微观上与动量守恒定律匹配起来。

与热动说几乎同一时代，热质说也在相当长的一段时间得到普遍认同，而且在热质说的理解下，还衍生了许多新的、目前仍被认为在经典时空中是正确的概念和定理。热质说的核心观点是将热看成是一种物质，即热质（caloric），热量的单位卡路里（Calorie）即源自热质。热质说简易地解释了当时发现的大部分热学现象，即物体温度的变化是吸收或放出热质引起的；热传导是热质的流动，对流是载有热质的物体的流动，辐射是热质的传播；物体受热膨胀是因为热质粒子间的相互排斥；物质状态变化时的“潜热”是物质粒子与热质发生“准化学反应”的结果；摩擦或碰撞的生热现象同样是由“潜热”被挤压出来以及物质的比热变小的结果等。由于热质的物质性，所以它也遵从物质守恒定律。

可以说，在解释常见的物理现象时，热质说更加直观。在热质说观点的指导下，热学研究所取得的主要进展有：布莱克发现了比热和潜热；瓦特从理论上分析了旧蒸汽机的主要缺陷从而引导他改进了蒸汽机；傅里叶依据这一物理图像建立了热传导理论；卡诺从热质传递的观点出发于19世纪初提出了消耗从热源取得热量而得到功的理论。

但是，到了18世纪末，热质说受到了严重的挑战。1798年，物理学家本杰明·汤普逊，即伦福德伯爵向英国皇家学会提出了一个报告，说他在慕尼黑监督炮筒钻孔工作时，注意到炮筒温度升高，钻削下的金属屑温度更高的现象，他提出了大量的热是从哪里来的这个问题。他在尽量做到绝热的条件下进行了一系列钻孔实验，比较了钻孔前后金属和碎屑的比热，发现钻磨不会改变金属的比热。他还用很钝的钻头钻炮筒，半小时后炮筒从60℉㊀升温到130℉，金属碎屑只有50多克，相当于炮筒质量的1/948，这一小部分碎屑能够放出这么大的“潜热”吗？他想：“看来在这些实验中，由摩擦产生的热的源泉是不可穷尽的。任何与外界隔绝的物体或物体系，能够无限制地提供出来的东西，绝不可能是具体的物质实体。在这些实验中被激发出来的热，除了把它看作是‘运动’以外，似乎很难把它看作为其他任何东西[3]。”

1799年，英国化学家戴维（1778—1829）在真实装置中使两块冰相互摩擦，并使周围的温度比冰还低。实验发现，冰块摩擦后就逐渐融化了。戴维分析指出，使冰块融化的热不可能从周围的空气中来，因为周围空气的温度比冰还低；也不

㊀ 1℉ = -17.22℃，后同。

可能来自潜热，因为冰融化时是吸收潜热，而不是放出潜热。戴维由此断言“热质是不存在的”。1812 年他终于明确提出：“热现象的直接原因是运动，它的转化定律和运动转化定律一样，同样是正确的[3]。”

热质说和热动说被完美地融合在相对论的质能关系中。热是一种能量，兼具运动和物质两种属性。热量能够反映出物体内部微粒的随机运动，它与物体的宏观运动状态无关，而只与物体的内部状态有关，因此有时也将热能称为内能。热能的微观意义是内部微粒的随机运动，宏观表现则是温度。

2.1.2　温度的物理意义

温度是衡量物体冷热程度的一个标量。现代科学中，温度与物理、化学、生物、地球科学等多个学科都有关联。热是分子运动的宏观表现形式，构成物体的分子运动的平均动能体现的是热的程度，热的程度也就是温度。

经典的热质说或热动说最难解释的现象就是热辐射。辐射换热不需要中间介质，且高温面的热量以光速瞬间抵达低温面。无论热量是一种物质还是一种运动，辐射换热都难以获得合理的解释。这样，理解不同温度表面的辐射换热就需要了解温度和辐射之间的关系，探究温度的微观本质。微观上来讲，电子时刻不停地受到光子的扰动，不断地吸收各种能量的光子，也不停地辐射出各种能量的光子，所以电子在原子核中并不是处于稳定状态的，它的运动轨迹也不是正圆。一般来说，温度越高，电子受到的扰动越大，其运动轨迹偏离圆形的趋势越明显；温度越低，电子受到的扰动越小，电子的运动轨迹越接近圆（只有在绝对零度时，电子的运动轨迹才可能是正圆）。从这个意义上来说，原子模型可以看作是卢瑟福的行星模型和电子云模型的结合：温度越高，原子模型越接近行星模型；温度越低，原子模型越接近电子云模型（但在某一瞬间，电子在原子核中有确切的位置）。温度的高低反映了电子偏离稳定轨道的程度，单个原子（分子）也有温度。电子偏离圆形轨道的程度越大，表明该原子的温度越高，电子裂变后放出的能量也越大。所以温度升高时物体发出的电磁辐射向短波方向移动。对于温度一定的物体来说，它的内部包含了大量的原子，这些原子中的电子由于受到的扰动大小不同，因此它们裂变放出光子的能量也不同，但大致满足正态分布，即发出的光子中能量特别大的和能量特别小的都是极少数。

人们通常认为：热现象是大量分子无规则运动的反映，温度越高分子的平均速度越大，温度越低分子的平均速率越小。严格意义上讲，这一理解可能只适用于一定场景中。太阳时刻不停地向外抛射高能粒子，这些粒子的速度接近光速，宇宙中其他恒星也在不停地向外抛射高能粒子，所以在宇宙空间的任何地方，都有许多高能粒子正在做杂乱无章的运动，这些粒子的速度通常都接近光速或亚光速。这样看来宇宙空间的温度应该很高。但事实上，宇宙空间温度极低（3K 左右）。这说明粒子运动速度快未必温度就很高，物体的温度不是由组成它的原子

（分子）的平均运动速度决定的。温度升高，原子（分子）的平均速度增大；但反过来，原子（分子）的平均速度增大并不意味着温度升高。只要物体的温度在绝对零度以上就会向外辐射电磁波，而物质向外辐射电磁波的原因是电子受到扰动后在静电力作用下放出光子，并且电子受到的扰动越大，放出的光子能量也越大，相应的物体温度也越高。从这个意义上来说，原子是储存热量的最小单位，单个原子也有温度，因为它可以储存热能。但单个的带电粒子，如质子、电子在不受外界任何扰动时，即便速度再大也不会向外界释放能量，所以它们都不能储存热能，因而也没有温度。应该看到，原子（分子）的高速运动所具有的能量仅仅是动能而不是热能，和宏观物体一样，速度大未必温度高。宏观物体的速度与其温度无关，原子（分子）也是如此。一个原子（分子）的速度比其他原子（分子）的速度快，只能说明它的动能大，而储存的热能未必就多。热能仅储存于原子核和电子形成的原子体系中，两者中缺少任何一个都不能储存热能。

了解了上述知识，再考虑温度的概念，就会有不同的结论。对一个物体而言，倘若它储存了热能则它就有温度，并且它储存的热能越多它的温度就越高，反之则温度越低；倘若物体没有储存热能则它就没有温度或者说它的温度是绝对零度；倘若物体不能储存热能，则用温度来衡量该物体是没有意义的。原子是储存热能的最基本单位，原子的热能实际上是储存在电子中的。单独的原子核、单独的电子都不能储存热能，所以单独的原子核、单独的电子都没有温度。同样的道理，光子也不能储存热能，它仅仅是热能的载体，因为单独的原子可以储存热能，所以单独的原子有温度，但由于单独的光子不能储存热能，所以单独的光子没有温度，不同能量的光子之间只有能量的差异而没有温度的差异，因此用温度来衡量光子是毫无意义的。

简单来说，温度是物质内部电子储存热能的宏观表现，其本质是一种运动的剧烈程度。这一认知对深入理解热量的传递方式有很大帮助。

2.2 传热学

电子产品热设计处理的对象是热量，目标是将设备内元器件的温度控制在合理的范围内。传热学理论是电子产品热设计用到的基本知识。《传热和传质基本原理》一书中对传热的定义是[4]：

传热是因存在温差而发生的热能的转移。

依据热量转移过程的特点，热量的传递方式被划分为三类，即热传导、热对流和热辐射。

2.2.1 热传导

热量通过媒介从高温区域传递到低温区域，并且不引起任何形式的宏观相对运动，具备这种特点的热量转移方式称为热传导（Thermal Conduction）或导热。

热传导在电子产品中广泛存在。芯片内部的热量传递到封装表面或印制板的过程，印制板内部的热量传递，导热界面材料内部的热量转移过程，芯片热量传递到安装在其上的散热器的过程等都是热传导。生活中热传导的现象更是比比皆是，如手拿着一根金属棒放在火上烤，不仅与火焰接触的部位会变热，手拿的一端也会很快升温；烧开水时，烧水壶的把手并未与热水接触，但其也会变热。

实验表明，热传导速率与温度梯度以及物质的种类有关。法国科学家傅里叶提出了定量描述热传导中热流密度的公式，这就是著名的傅里叶导热定律，如图 2-1所示。

$$q'_x = -k\frac{\partial T}{\partial x} \tag{2-1}$$

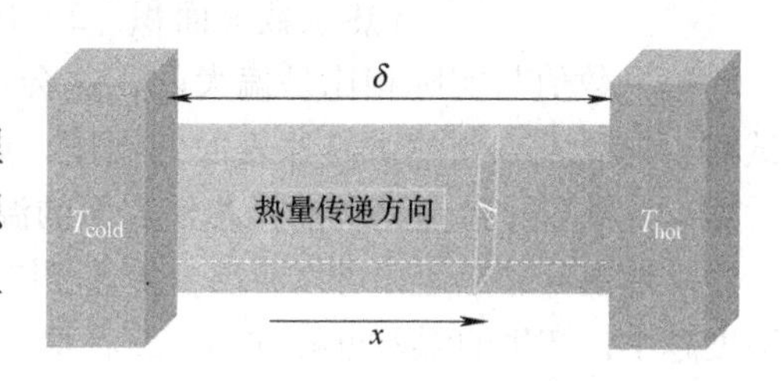

图 2-1　傅里叶导热定律示意图

式中，q'_x 为 x 方向的热流密度，其物理意义为 x 方向上单位时间内在单位面积上通过的热量，单位为 W/m^2；T 为温度；k 为导热系数。

如果要计算整个 x 方向在通过面积为 A 的导热面的热通量，则公式变为

$$\Phi = -kA\frac{T_{hot} - T_{cold}}{\delta} \tag{2-2}$$

式中，Φ 为热通量，单位为 W。可以看到，其单位和功率是相同的。

傅里叶导热定律论述的是一维导热问题，直接用它来计算总是在三维空间中进行的热传导过程会有所偏差，但通过分析具体的物理场景，这一公式在电子产品热设计中仍然有非常直接的应用。推算导热界面材料造成的温差就是之一。

当芯片上方装配散热器时，为了降低散热器和芯片表面直接接触不严导致的传热不畅，通常会在两者之间加装柔性材料用来填充微小缝隙，这种材料就称为界面材料。通常提到的导热衬垫、导热硅脂、导热凝胶等介质都属于界面材料。

如图 2-2 所示，散热器和芯片之间填充有界面材料。芯片热量发出后，将迅速通过导热衬垫传递到散热器上，进而散逸到周围的空气中。导热衬垫中的热量传递中，厚度方向占据绝对份额。

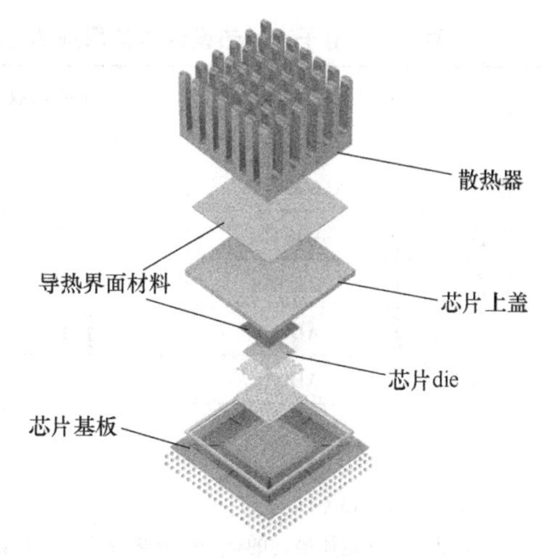

图 2-2　芯片 die 和芯片上盖之间、芯片上盖和散热器之间的导热界面材料

如何计算此材料带来的温度影响呢？举例说明如下。

已知：

1）芯片发热面尺寸为 10mm × 10mm；

2）导热衬垫厚度为 0.5mm；

3）导热系数为 2W/(m · K㊀)；

4）芯片的功耗为 2W。

将上述已知条件带入傅里叶导热定律㊁，就可计算得出导热衬垫带来的温差为 5℃

$$\Delta T=\frac{\text{功耗}\times\text{厚度}}{\text{导热系数}\times\text{面积}}=\frac{2\times 0.5\div 1000}{2\times 10\times 10\div 1000\div 1000}=5℃ \tag{2-3}$$

这一数值与实际相比是偏大的，这会在本书第 5 章详述原因。测试工程师测试时，如果不方便测试芯片表面的温度，则可以通过测试散热器中心的温度，然后加上这 5℃的温差，来推算芯片表面的温度。

从傅里叶导热定律可以看出，传递相同的热量，材料导热系数和导热面积越大，厚度越小，产生的温差也就越小。三者都是线性的关系，非常容易快速推测相关变化带来的影响（以上面导热衬垫的温差为例，如果导热衬垫厚度变成 1mm，则温差就是 10℃）。导热界面材料的具体选型设计方法将在本书第 7 章详述。

导热系数表征物质导热能力的大小，是物质的物理性质之一。物体的导热系数与材料的组成、结构、温度、湿度、压强及聚集状态等许多因素有关。一般说来，金属的导热系数最大，非金属次之，液体的较小，而气体的最小。各种物质的导热系数通常用实验方法测定。常见物质的导热系数可以从手册中查取。各种物质导热系数的大致范围见表 2-1。

表 2-1　电子产品热设计中常用到的金属材料的导热系数、比热容和密度表

材　料	牌　号	导热系数 /[W/(m · K)]	比热容 /[J/(kg · K)]	密度/(kg/m³)
铝合金	AL6063-T5	201	900	2700
铝合金	ADC12	96	880	2710
铝合金	AL1070	226	880	2710
铝合金	ADC6	138	880	2700
铝合金	ADC3	113	880	2710

㊀ 1K = -272.15℃。

㊁ 傅里叶导热定律描述的是一维导热现象，其推算导热材料造成的温差不适用于那些明显具有三维或二维导热的场景（如芯片内部发热分布非常不均匀的场景），以及那些使用了导热系数各向异性的导热材料的场景。

（续）

材　　料	牌　　号	导热系数 /[W/(m·K)]	比热容 /[J/(kg·K)]	密度/(kg/m³)
铝合金	AL1100	218	900	2710
铝合金	AL5052	138	921	2700
铝合金	AL6061	155	963	2710
铝合金	AL1050	210	880	2710
锌合金	ZN-3	104	419	6600
铜合金	C1100	391	390	8940

2.2.2　热对流

热对流（Thermal Convection）指流体内部由于宏观运动导致冷热部分发生相互掺混而产生的热量转移。热对流只发生在流体中，单纯研究这一过程对强化电子产品散热设计意义不大。工程中更加关注的是对流换热，即一个固体与其相邻的运动流体之间的传热。本书所有讲述只针对对流换热。

电子产品散热设计中，风扇提供的风掠过散热翅片，翅片与掠过的风之间的热量交换就是典型的对流换热。实际上，只要存在温差，壁面就会与其产生相对运动且直接接触的流体之间发生对流换热。从这个概念上理解，笔记本电脑的外壳与空气之间、自然散热的室外基站外壳与空气之间、冷板中的流体工质与流道壁面之间都在发生着对流换热。

对流换热的计算公式是牛顿冷却定律

$$q = hA(T_w - T_f) \tag{2-4}$$

式中，q 为传热量；h 为对流换热系数；A 为换热面面积；T_w 为固体表面温度；T_f 为流体温度。显然，当 $T_w > T_f$ 时，q 为正值，表示热量从固体传递到流体，q 为负值则表示热量从流体传向固体。图 2-3 所示为不同情境下对流换热系数的大致范围。

对流换热系数的影响因素繁杂，它不仅取决于流体的热物理性质（如导热系数、黏度、比热容、密度等）以及换热表面的几何形式，还与流体速度强烈相关。实际情形中对流换热公式非常复杂，目前绝大多数都是经验公式，且有严格的适用限制条件。不过，牛顿冷却公式将这些复杂的因素全部归结到对流换热系数中。

从公式中可以发现，表面传热系数和换热面积越大，越利于换热。增大换热系数可以通过提高流体速度来实现，所以通常情况下功耗更高的芯片，往往需要装配更大的散热器，也要使用更为强劲的风扇。

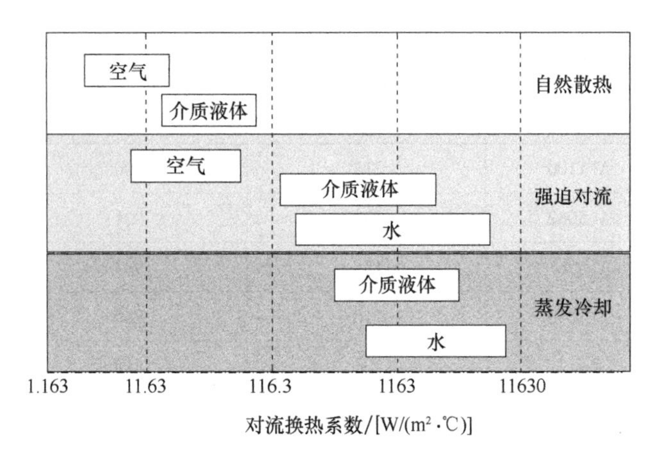

图 2-3　不同情境下对流换热系数的大致范围

（强迫对流空气流速为 3～15m/s，强迫对流液体流速为 0.3～1.5m/s）[5]

2.2.3　热辐射

热辐射（Thermal Radiation）是处于非绝对零度下的物体辐射出的热能。自然界中的物体不停地向空间中辐射热能，同时也在不断地吸收其他物体发出的热辐射，这种发射和吸收热辐射的过程就称为辐射换热（Radioactive Heat Transfer）。从第 1 章温度的物理意义可知，辐射是物质的内在属性，不会因为外界的变化而发生变化。当物体与周围环境达到热平衡时，辐射过程仍在进行，只不过物体发出的辐射能与接收的辐射能相等了。

虽然气体和液体也会产生辐射，但在电子产品热设计中，气体和液体的热辐射对于当前的产品特点来看，没有显著影响，本书只讨论固体的热辐射。

辐射换热与热传导和对流换热的区别主要有三点：

1）辐射换热不需要中间介质：实际上，真空中两个表面间的辐射换热效率最高。

2）辐射换热不仅涉及能量的转移，还涉及能量形式的转化：辐射时热能转换为辐射能，而吸收时辐射能转换为热能。

3）辐射换热的效率与两个面温度的四次方差成正比，而对流换热和热传导都是一次方差，因此，物体表面温度越高，辐射换热所占据的比例越大。

太阳与地球之间的换热就是典型的辐射换热，类似对流换热，辐射换热的计算公式往往也非常繁杂。其换热强度不仅与温度和物体表面材质有关，还与物体间的几何相对位置有关。不同的物体，即使在相同的温度下，其辐射热能的能力也是不同的。黑体是一种概念性的物体，它表示自然界中同等温度下辐射能力最强的物质。黑体单位时间内辐射出的热能用斯特藩-玻耳兹曼（Stefan-Boltzmann）定律来描述

$$\Phi = \sigma A T^4 \tag{2-5}$$

式中，σ 为斯特藩-玻耳兹曼常量（Stefan-Boltzmann constant），大小为 5.67×10^{-8} W/(m^2·K^4)；A 为辐射表面积；T 为辐射表面的温度，单位为 K。

对于实际的物体，其辐射能力总是弱于黑体，通常用以下公式表示其单位时间内辐射出的热能：

$$\Phi=\varepsilon\sigma AT^4 \tag{2-6}$$

式中，$0<\varepsilon<1$，称为物体的辐射率。物体的辐射率与众多因素有关，正确理解其影响因素，对于自然散热产品的热设计有关键影响。

物体总的辐射换热量需要综合计算发出的辐射和吸收的辐射两个效果。对于两个无限接近的温度均匀的表面 1 和表面 2，表面 1 通过辐射换热所得的热量可以按照下式计算：

$$\Phi=\varepsilon_1\sigma A_1(T_2^4-T_1^4) \tag{2-7}$$

通过公式可以看到，加强表面辐射的有效手段之一是增大表面发射率。

维恩位移定律（Wien Displacement Law）是热辐射的基本定律之一，它的内容是：在一定温度下，绝对黑体的温度与辐射本领最大值相对应的波长 λ 的乘积为一个常数，即

$$\lambda(m)T=b \tag{2-8}$$

式中，$b=0.002897$m·K，称为维恩常量。电子产品热设计中常用到的温度范围为 −40 ~ 150℃（233 ~ 423K），对应的辐射波长为 7 ~ 12μm，恰好位于红外线波段，如图 2-4 所示。可见光波长为 390 ~ 780nm，对应热源温度是 3714 ~ 7428K。因此，对于室内自然散热的产品（不接收太阳光），颜色与辐射换热强度没有任何关系，说哪种颜色的外壳有利于散热只是一种误解，见表 2-2 和图 2-5。

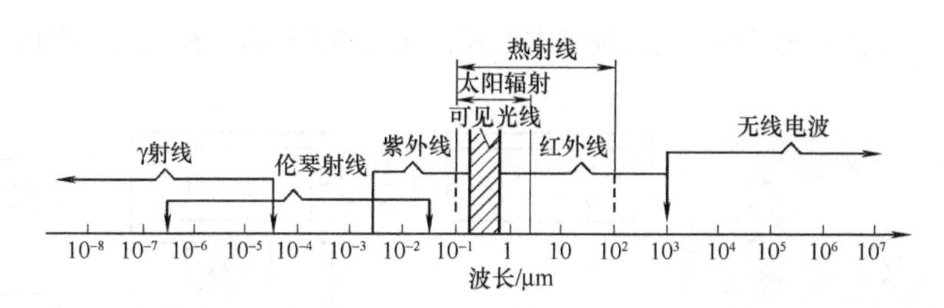

图 2-4　电磁波谱

表 2-2　室温下常见表面的可见光吸收率和红外辐射率[6]

材料名称	表　面	可见光吸收率	红外辐射率
铝	抛光	0.09	0.03
	本色阳极氧化	0.14	0.84
铜	抛光	0.18	0.03
	生锈	0.65	0.75

（续）

材料名称	表　面	可见光吸收率	红外辐射率
不锈钢	抛光	0.37	0.60
	钝化	0.50	0.21
电镀金属	黑色氧化镍	0.92	0.08
	黑铬	0.87	0.09
其他	水泥	0.60	0.88
	红砖	0.63	0.93
	沥青	0.90	0.90
	黑漆	0.97	0.97
	白漆	0.14	0.93
	雪	0.28	0.97

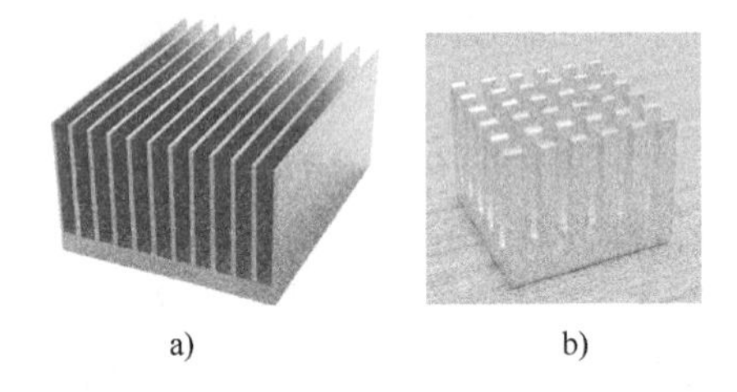

图 2-5　a）黑色阳极氧化处理后的铝合金散热器（表面红外线表面发射约为 0.8）
b）抛光面铝合金散热器（表面红外线表面发射约为 0.03）

至此，已经概述了传热的三种基本形式，这三种传热方式往往同时出现。图 2-6

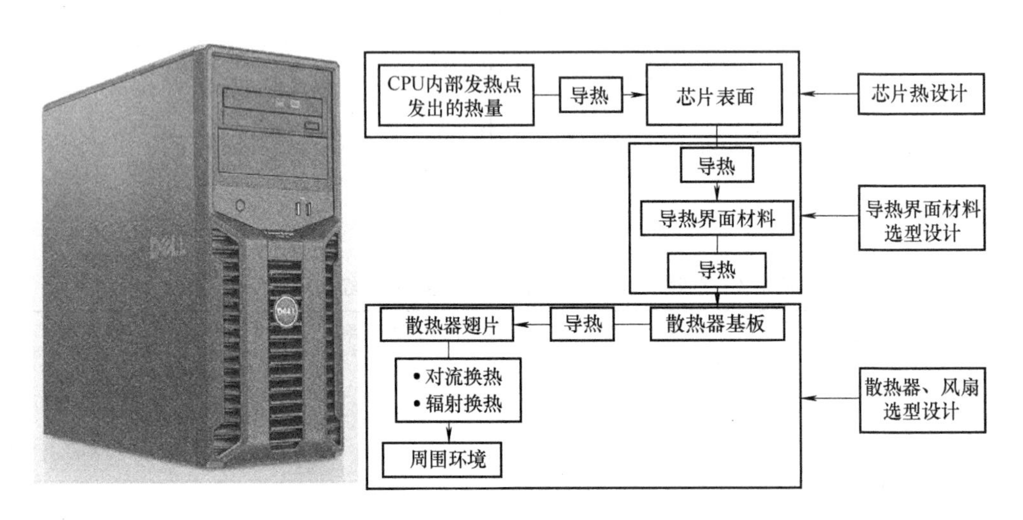

图 2-6　某风冷服务器内 CPU 热量传递路径和传热机理归类

所示为某 Intel 平台服务器的部分热量传递路径。三种热量传递方式的规律是优化散热设计的根本依据。

2.3 热力学

传热学关注的是热量的传递过程，热力学则是研究物质热力性质以及能量和能量之间相互转换的一门学科[8]。热力学中提到的热力学三大定律是宏观评判热设计方案是否合理的客观依据。热力学中的气体状态方程对电子产品热量传递行为也有重要影响。本节将概述热力学三大定律和理想气体状态方程。

2.3.1 热力学第一定律

大量实践表明，能量守恒定律是自然界的一个普遍的基本规律。能量守恒定律表达的是：能量既不能凭空产生，也不能凭空消失，它只能从一种形式转化为另一种形式，或者从一个物体转移到另一个物体，在转移和转化的过程中，能量的总量不变，如图 2-7 所示。能量守恒定律适用于存在有热现象的能量转换和转移的过程时，称为热力学第一定律。热力学第一定律可以表述为

一个热力学系统的内能增量等于外界向它传递的热量与外界对它所做的功的和。

将一个典型的电子产品视为一个热力学系统，显然，其质量和体积一般不会发生变化。当产品工作时，元器件将持续发热。根据热力学第一定律，如果热量不能被及时传递出去，那么系统的内能将持续增加。而已知内能与温度呈正相关，内能增加实质上就意味着温度的升高。这样，如果热量散失不及时，那么带来的后果将是温度的升高。

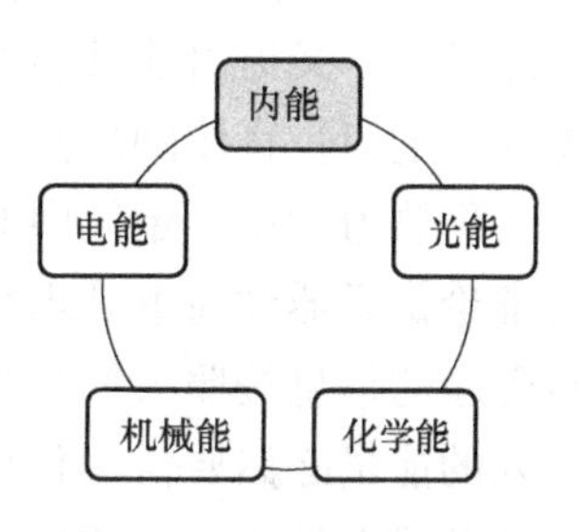

图 2-7　各种能量的转换

热力学第一定律是非热学专业人员最容易忽略的一个定律。在实际的工作中，那些试图“将产品内部器件发出的热量封存在产品内部，从而避免外壳高温”的思路忽略了热力学第一定律，这是不可能实现的。产品工作过程中，元器件持续发热，如果不允许热量向外传递，则产品内部的热量会转化成内能储存在各部件中，内能的持续增加将导致发热元器件温度持续走高，最后造成产品过热失效。

2.3.2 热力学第二定律

热力学第二定律（Second Law of Thermodynamics）的表述之一为：热量不可能自发地从低温物体传到高温物体。这一定律说明，在电子产品散热中，如果需要降低某个器件的温度，则始终需要找到一个比该器件温度低的冷源，将热量传递到该冷源上去。

热力学第一定律阐明了能量转换过程中的守恒关系，指出了不消耗能量而不断输出功的第一类永动机确是一种幻想。热力学第二定律则更深刻地揭示了能量的品质问题。

热力学第二定律有数种表达形式。最闻名于世的有克劳修斯表达和开尔文表达。克劳修斯表达为：不可能把热量从低温热源传到高温物体而不引起其他变化。开尔文表达为：不可能从单一热源吸取热量使之完全变为功而不引起其他变化。许多教材直接指出这两种说法是等价的。热力学第二定律在承认能量在数量上是守恒的这一前提下，进一步阐释了能量的品质。任何表述都应该表达出这样一种思想：同样是100J的能量，处在不同形式或不同状态时其品质并不相同。处于高温状态下的热量，品质更高，便可以自发地转移到品质更低的低温介质中去。但热量从低温介质到高温介质中的转移却无法自发实现，因为这意味着能量从低品质向高品质跃进。要想实现这一功能，必须要有另外的一部分能量品质降低来弥补所关注的这部分能量的品质上升。例如，夏天空调将室内热量转移到温度更高的室外，需要引入压缩机，通过将最高品质的电能转化成低品质的热能，才得以实现。

热力学第二定律在电子产品热设计中的意义是，如果产品中并不涉及制冷设备，那么，产品中所有元器件的温度都不可能比环境温度低。对于那些禁止使用制冷设备，又提出器件温度必须低于环境温度的设计要求，热设计工程师可以依据这一定律，直接阐述其不可实现性。

将热力学第二定律中的描述对象延伸为所有形式的能量，得出的另一层抽象的推论是元器件通电处理指令将必然发热。广义上，处理指令的过程可以认为是将无序的信息按照人们指定的规则有序地整理出来，这个过程会消耗能量，而且输入的能量必然要付出代价。元器件输入的能量为电能，由于能量的守恒性，能量的总量在处理指令前后不可能发生变化，因此只能是品质降低。热能是唯一品质低于电能的能量形式，因此，热能必然产生。元器件能量效率的提升，本质上是减少或弱化指令处理过程中那些消耗电能的副过程。

2.3.3 热力学第三定律

热力学第三定律认为，当系统趋近于绝对温度零度时，系统等温可逆过程的熵变化趋近于零。第三定律只能应用于稳定平衡状态，因此也不能将物质看作是理想气体。可以简单将其理解为绝对零度不可达到。

热力学第三定律描述的是绝对零度时物质的状态，对电子产品而言，一般不涉及。

2.3.4 热力学第零定律

除了上述三大定律，热力学里还有一个第零定律：如果两个热力学系统中的每一个都与第三个热力学系统处于热平衡（温度相同），则它们彼此也必定处于热平衡。

用公式表达，可能更加简洁明了：如果 $T_a = T_b$，而 $T_a = T_c$，则 $T_b = T_c$，这类似于逻辑学中的推理过程。

热力学第零定律实际上讲述的是热平衡的逐级传递。

2.3.5　理想气体定律

空气是电子产品热设计中最常遇到的流体。自然散热的产品虽然外部没有主动驱动气流的部件，但空气在温差和重力的双重作用下，仍然会产生流动，这种流动称为自然对流。因此，大多数自然散热的产品（航空航天电子产品除外）在以散热手段进行分类时，又常被叫作自然对流散热产品。

气体的密度通常很低，这意味着气体分子之间的平均距离要比液体和固体大很多。因此，气体分子本身的体积通常比气体所占的体积小得多，分子之间的作用力也比较小[8]。虽然分子间作用力较小，但这些力仍然是存在的，这导致实际气体的性质和变化机制非常复杂。为简化气体分子的运动规律，人们引入了理想气体的概念。理想气体中假设气体分子是一种弹性的、不占有体积的质点，且分子之间没有相互作用力[7]。这使得人们可以使用较为简洁的关系式来描述气体宏观物理量与微观运动。

理想气体状态方程是描述气体压强、密度和温度之间关联的基本方程，又称克拉佩龙方程。其形式如下[7]：

$$pV = nRT \tag{2-9}$$

式中，p、V、n、R 和 T 分别为气体的绝对压强、气体的体积、气体摩尔数、通用气体常数和气体的绝对温度。通用气体常数与气体的种类和状态无关，其值约为 8.314J/(mol·K)。

理想气体状态方程表明，当维持气体总量和气体压强不变（即 p 不变）时，温度升高，其体积将会增大。由于气体总质量恒定，因此温度升高将导致气体密度降低。在电子产品中，处于开放环境中的设备，周围压强可以近似视为恒定值。设备正常运行时，发热面温度高于周围环境，距离发热面较近的空气被加热而温度升高。根据理想气体状态方程，这部分高温空气的密度将会低于周围的低温空气。于是，在重力的作用下，低密度的空气将会上浮，高密度的空气则会下沉。因此，发热设备表面周围的空气会流动起来，固体壁面和周围空气之间会发生对流换热，如图 2-8 所示。

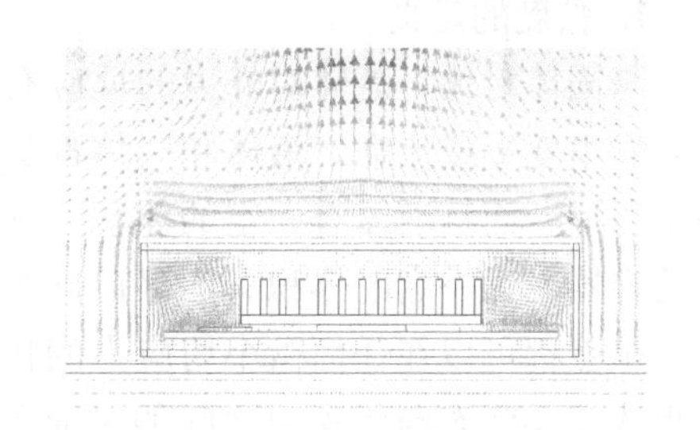

图 2-8　自然散热产品周围空气的流动

空气密度随温度的升高而降低，在重力的作用下，这将产生浮升力。这一现象在工程中有很多应用。孔明灯、热气球等均基于这一原理，如图 2-9 所示。生活中将空调出风口挂得比较高，而将暖气片放到房间比较低的位置也是利用了冷空气密度大下沉，热空气密度低上浮的效应。

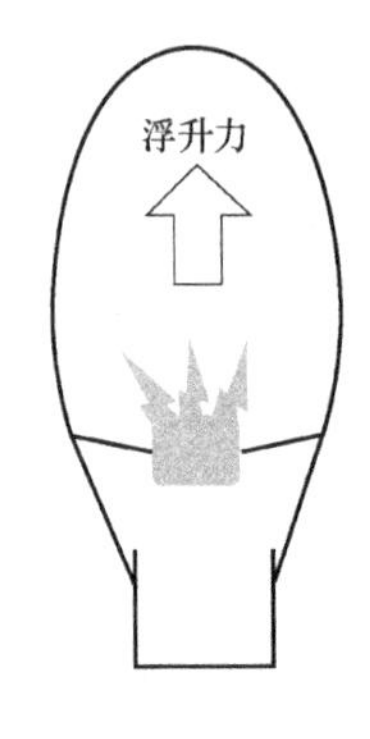

图 2-9　热气球、孔明灯的热力学原理

2.4 流体力学

电子产品散热设计会涉及大量流体力学知识，其中风道设计、风阻设计、风扇选型、散热翅片最优化设计等都与之紧密相关。工程热设计中常用的 Flotherm、Icepak 和 Fluent 等仿真软件都可以称为 CFD（Computational Fluid Dynamics）软件，而 CFD 便是计算流体力学的英文首字母缩写，由此可见流体力学的关键作用。此外，掌握流体力学知识还是了解噪声控制设计的基础。

流体力学是力学的一个分支，主要研究在各种力的作用下，流体本身的静止状态和运动状态以及流体和固体界壁间有相对运动时的相互作用和运动规律。工程热设计中主要关注水和空气这两种流体。本节将概述电子产品散热设计需要理解的流体力学基本概念。

2.4.1 流体的重要性质——黏性

在运动的状态下，流动流体的内聚力和分子的动量交换会产生内摩擦力以抵抗流体变形，这种性质称为黏性[9]。

1. 黏度的定义

与固体对比，流体对外力的反应有很大不同，流体在任何微小切应力作用下都会发生变形或流动，液体和气体都具有这一性质。液体和气体的区别是气体更易于压缩，而且液体有一定的体积，存在一个自由液面，但气体却能充满任意形状的容器，无一定的体积，不存在自由液面，如图 2-10 所示。

虽然都可以在任何微小切应力的作用下发生形变或流动，但不同流体的形变大小或流动状态与所受力之间的对应关系是不同的。例如，在液冷设计中，即使使用相同的驱动泵，当更换不同黏度的液体工质后，将会得到不同的循环工质流

图 2-10　液体和气体

量。根据传热学知识可知，流量（表现为流速，进而影响对流换热系数）与散热表现强烈相关，因此在其他物理性质都相同时，通常倾向于选择黏度更低的工质。黏性是流体的基本物理性质之一，通常用黏度 μ 来描述，单位是 $N \cdot s/m^2$ 或者 $Pa \cdot s$。黏度相关的最著名的公式是牛顿内摩擦定律，如图 2-11 所示描述的是流体运动时，相邻流层间所产生的切应力与剪切变形之间的关系：

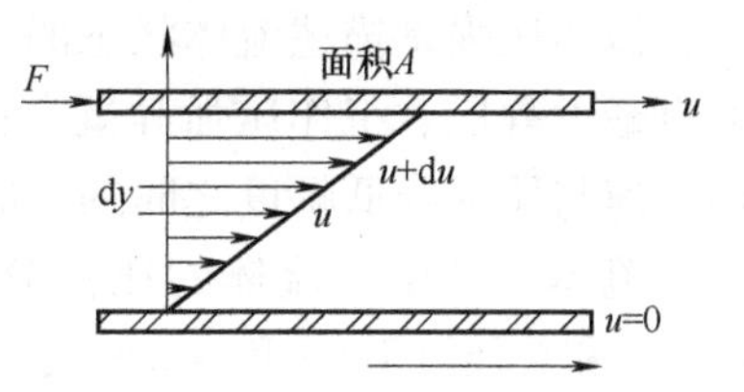

图 2-11　平板间液体速度变化[10]

$$\tau = \frac{F}{A} = \mu \cdot \frac{du}{dy}$$

式中，μ，τ 和 du/dy 分别为黏度、切应力和速度梯度（流体流速在其法线方向上的变化率）。

2. 理想流体和非牛顿流体

实际的流体都是有黏性的，但流体黏性的存在使得流体流动变得复杂。在分析和研究许多流体流动时，忽略流体黏性能使流动问题简化，又不会失去流动的主要特性，并能相当准确地反映客观实际流动。不可压缩、不计黏性（黏度为零）的流体称为理想流体[10]。当流体黏度很小而相对滑动速度又不大时，黏性应力是很小的，即可近似看成理想流体。显然，理想气体是理想流体的一种。

并不是所有流体都符合牛顿内摩擦定律。流体力学中将符合该定律的流体称为牛顿流体，否则为非牛顿流体。自然界中许多流体都是牛顿流体，如水、酒精等大多数纯液体、轻质油、低分子化合物溶液以及低速流动的气体等均为牛顿流体；而高分子聚合物的浓溶液和悬浮液等一般为非牛顿流体[11]。

在电子热设计中，导热硅脂、导热凝胶等都是非牛顿流体，且多数为剪切稀化的材料，即流动或形变越快，其黏度越小。因此，在生产线施加导热凝胶时，施加速度和凝胶对设备的磨损速度要达到一个平衡点，以便兼顾效率、能耗和设备磨损率。

3. 黏度的影响因素

流体黏度 μ 的数值随流体种类不同而不同，并随压强、温度变化而变化[12]：

1）流体种类：一般地，相同条件下，液体的黏度大于气体的黏度。

2）压强：对常见的流体，如水、气体等，μ 值随压强的变化不大，一般可忽略不计。

3）温度：通常，当温度升高时，液体的黏度减小，气体的黏度增加。

① 液体：内聚力是产生黏度的主要因素，当温度升高时，分子间距离增大，吸引力减小，因而使剪切变形速度所产生的切应力减小，所以 μ 值减小。

② 气体：气体分子间距离大，内聚力很小，所以黏度主要是由气体分子运动动量交换的结果所引起的。温度升高，分子运动加快，动量交换频繁，所以 μ 值增加。

2.4.2 流体压强——静压、动压和总压

流体压强是描述流体状态的一个重要参量。热设计的重要物料风扇的性能中就有最大静压、工作压强等概念；多孔板、防尘网等结构件的阻力特性通常也会用流速与压强降低幅度之间的对应关系曲线来描述。

流体力学中，流体的压强分为静压（Static Pressure）、动压（Dynamic Pressure）和总压（Total Pressure 或 Stagnation Pressure）[12]。

静压是指物体在静止或者做匀速直线运动时表面所受的压强。计算时，以绝对真空为计算零点的静压称为绝对静压，以大气压力为零点的静压称为相对静压。在仿真软件中，通常默认显示的压强场实际上都是相对静压场。静压是单位体积气体所具有的势能，它的表现是将气体压缩、对管壁施压。管道内气体的绝对静压可以是正压，高于周围的大气压；也可以是负压，低于周围的大气压。

流体在运动时，当触及正对流体运动方向的不可渗透表面，局部流体会完全受阻而流速降低到 0m/s。这时，流体的动能将转变为压力能，局部压强就会增大。它与未受扰动处的流体压强（即静压）之差称为动压。

总压又称全压，等于静压与动压之和。

动压、静压和总压的数学关系式为

$$P_{\text{Total}} = P_{\text{Static}} + \frac{1}{2}\rho u^2 \tag{2-10}$$

式中，P_{Total}、P_{Static}、ρ 和 u 分别为总压、静压、流体的密度和宏观运动速度。从上式可以看出流体流动动能和流体势能之间的转化关系。

可以通过图 2-12 来加深对这三种压强的理解。图 2-12a 表示当流道内部流体与外界压强相同时，U 形管两侧的液体是平齐的，表示相对静压为 0Pa。图 2-12b 则在管壁上开口，管壁上的流体流速本来就是 0m/s，因此测量的压强为静压。图 2-12c中 U 形管与管道有两处连接。流体流入位于管道中心处的接口后，流速将滞止至 0m/s。根据能量守恒，流体的这部分动能会被转化为势能，滞止后的流体压强增加。因此图 2-12c 中 U 形管内液柱高度差就可以认为是动能转换导致的动压。与图 2-12c 类似，图 2-12d 中 U 形管测量的是流体滞止后与外界的压强差，

可认为是总压。

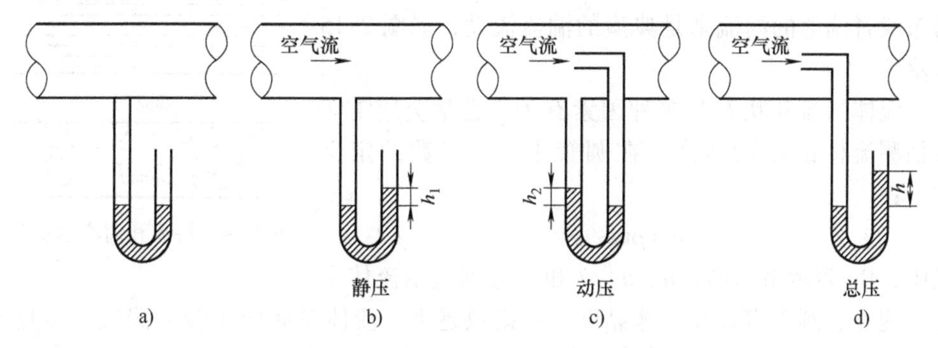

图 2-12　静压、动压和总压的示意图

2.4.3　表压、真空度和绝对压强

在热设计中，经常遇到流体的表压、真空度和绝对压强等概念，它们之间的关系可以通过图 2-13 简明示出。

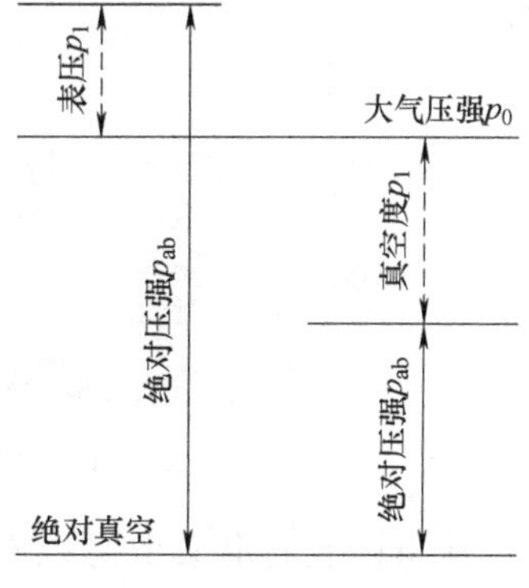

图 2-13　表压、真空度和绝对压强之间的关系

简释：

1）大气压强指大气环境压强，标准大气压为 101325Pa；

2）绝对真空可以视为绝对压强为 0Pa；

3）绝对压强是指容器内压强相对绝对真空的差值；

4）表压和真空度都是相对大气环境的压强：

① 当容器内压强大于环境压强时，容器内的压强减去环境压强，所得数值称为表压；

② 当容器内压强低于环境压强时，环境压强减去容器内的压强，所得数值称为真空度。

2.4.4　流体流动状态——层流和湍流

根据流体运动状态的不同，流体力学中定义了两种流动状态：

1）层流（片流，Laminar Flow）：流体质点不相互混杂，流体做有序的成层流动。

2）紊流（湍流，Tubulance Flow）：局部速度、压力等力学量在时间和空间中发生不规则流动的流体运动。

如图 2-14 所示，层流流动中，流体呈层状流动，各层的质点互不混掺，质点做有序的直线运动；而在湍流中，流体流动呈现无序性、随机性、有旋性和混掺性，流体质点不再成层流动，而是呈现不规则紊动，流层间质点相互混掺，为无序的随机运动[10]。

平静流动的河水部分区域可以视为层流流动，而瀑布或者湍急的河流则是典型的湍流流动，如图 2-15 所示。

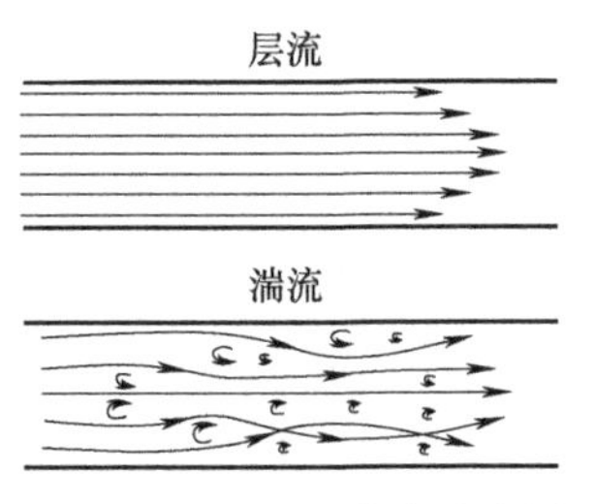

图 2-14　层流和湍流示意图

流体的流动状态与多种因素有关。通常会用雷诺数估测流体的流动状态。在圆管中，雷诺数的定义如下：

$$\mathrm{Re} = \rho ud/\mu \tag{2-11}$$

式中，Re 表示雷诺数；ρ、u、d 和 μ 分别表示流体密度、速度、圆管直径和流体黏度。雷诺数越大，流体越倾向于转为湍流。实验表明，光滑金属圆管内，可维持层流的最大雷诺数为 13800，可维持湍流的最小雷诺数约为 2320。中间的交叉雷诺数区域，流动既有可能是层流，也有可能是湍流，目前尚无理论可以确切解释为何接近完全一致的测试条件，流体流动状态却表现为两种可能。

图 2-15　风平浪静——层流；水流湍急——湍流

从雷诺数的定义上可以看到，流体流速越快，雷诺数越大，流动越不稳定。除了这些流体的性质之外，流动状态还与流道形状、固体壁面粗糙度、外界干扰等因素有关。当流动形状复杂，固体壁面有不规则突起，或流体流动受到外界振动干扰时，层流这种有序的流动状态就较难保持，表现为转向湍流的临界雷诺数下降。比如，处于层流流动的河水，在流经乱石区域时，就有可能局部转捩湍流；平静的河水中有摩托艇驶过时，发动机对河水产生扰动，也会使得局部层流转捩。

在电子产品热设计中，由于结构复杂，流体的流动受到各种结构件的阻挡和扰动，大部分区域都可以认为是湍流。细密的翅片式散热器翅片间的流动，由于特征长度 d 很小，因此有些可以认为是层流。了解这两种流动状态，对优化产品散热设计很有帮助。从流动特点上分析，湍流流动中质点之间会相互掺混，这有利于流体内部热量的充分交换。因此，增大流动的湍流效应，往往可以提高流体与固体壁面之间的换热效率。有些散热器翅片上会做小尺度的突起颗粒，或者较长翅片式散热器的错齿设计，都可视为湍流效应的使用。

2.5 扩展阅读：导热系数的本质

导热系数表征物体导热能力的强弱，是物质的基本物理性质之一。电子产品热设计中，在导热界面材料、散热器、换热器、冷板等多种部件的选型设计中都要重点考虑物质的导热系数这一物理性质，导热系数的通用单位是W/(m·K)。

需要澄清的是所有的物体都具有导热系数，不同的物体的导热系数大小不同。显然，对于导热能力好的物体，其导热系数高，而导热能力差的物体（通常用来实现绝热、保温等功能），绝不是不存在导热系数，而是导热系数较低。即使对于一个理想的绝热物体，也只不过是其导热系数为0W/(m·K)。

物体的导热系数与物质种类、材料成分及热力状态有关［温度、压力（气体)］，与物质几何形状无关。一般说来，金属的导热系数最大，非金属次之，液体的较小，而气体的最小，见表2-3。

表2-3　常见物质的导热系数范围

物质种类	纯金属	金属合金	液态金属	非金属固体	非金属液体	绝热材料	气体
导热系数/［W/(m·K)］	100～1400	50～500	30～300	0.05～50	0.5～5	0.05～1	0.005～0.5

在电子产品热设计中，空气、非金属固体和金属合金是最常用的材料。从微观上看，不同形态的物质其导热机理是不同的，因此，其导热系数的变化也各有特点[13]。

气体内部的导热由分子不规则热运动导致的分子间相互碰撞引起。由分子运动论可知，当其他条件不变时，升高温度将使得分子不规则热运动加剧。显然，这时分子间的碰撞也更加频繁，导热系数随之提高。

固体内部的热量通过自由电子的迁移和晶格的振动波传递。晶格振动波的传递在文献中常称为弹性声波，当视为类粒子现象（Particle-Like Phenomenon）时，晶格振动子又被称为声子（Phonons)，声子是弹性声波能量量子化的表示。可见，固体中促成导热的能量载流子（Energy Carriers）包括自由电子和声子，其导热过程是自由电子和声子共同作用的结果。在纯金属介质中，自由电子的迁移对导热的贡献占主要地位，而在半导体和绝缘体中，声子的贡献占主要地位。

在纯金属中，导热主要源于自由电子的定向迁移。当温度上升时，晶格振动波加强，自由电子的无规则热运动增多，这都会干扰自由电子的定向移动。因此，纯金属的导热系数通常随温度的上升而降低。在半导体和绝缘体中，由于导热主要取决于晶格振动波的传递，升温会强化这一传递过程，故而其导热系数通常随温度的上升而提高。不过，在电子产品散热领域的常见温度范围内（230～

400K)，大多数固体的导热系数随温度变化幅度并不大。另外一个值得注意的点是，在晶格振动传递对导热做主要贡献的物体中，晶格排列的规则性对导热系数有关键影响，晶体材料（晶格有序排列，如石英）的导热系数比非晶体材料（如玻璃）高。一些晶体非金属材料［如金刚石 1300 ~ 2400W/(m·K)，氧化铍 200 ~ 250W/(m·K)］的导热系数已经（远远）超越了某些纯金属。

虽然同样属于流体，但液体的分子运动状态比气体复杂很多。目前，并没有一个完善的可以解释液体导热系数的物理理论。通常，非金属的导热系数随温度的升高而降低，但甘油，尤其是热设计中非常常用的水并不遵循这一规律。水的导热系数随温度升高是先升高后降低。在电子产品散热领域的常见温度范围内（230 ~ 400K)，液态水的导热系数可视为随温度的上升而上升。

本书在论述中讨论的物体的导热系数都是各个方向尺寸均远大于物体内部能量载流子的平均自由程的基础上的。当某方向尺寸达到微米甚至纳米尺度时（如石墨烯、超薄石墨膜等)，还需要考虑边界效应对导热产生的影响。这时，材料的导热系数将表现出明显的各向异性。

2.6 本章小结

热设计是一门综合性极强的学科，故其完整理论非常宏大。本章所述的基本的传热学、流体力学和工程热力学概念和定律，仅仅是最必要的、不得不掌握的知识。本书后续的各章节也将不断用到这些知识来解释当前产品热设计方案背后的理论依据。广义上讲，机械加工、材料力学、材料化学、电子电气、工程声学、自动控制等均属热设计理论范畴。热设计晋级到高级水准，必须掌握（至少做到了解）这许多学科的知识。作者水平有限，读者可视产品需求自行深入研究。

参考文献

[1] 斯塔夫里阿诺斯. 全球通史［M］. 北京：北京大学出版社，2006.

[2] Clausius, Rudolf. Mechanical Theory of Heat［M］. 2nd ed. London: Macmillan & Co, 1879.

[3] 向义和. 大学物理导论：物理学的理论与方法，历史与前沿［M］. 北京：清华大学出版社，1999.

[4] 英克鲁佩勒. 传热和传质基本原理［M］. 北京：化学工业出版社，2007.

[5] 杨世铭，陶文铨. 传热学［M］. 3版. 北京：高等教育出版社，1998.

[6] YOUNES S，夏班尼，余小玲，等. 传热学：电力电子器件热管理［M］. 北京：机械工业出版社，2013.

[7] 沈维道，童钧耕. 工程热力学［M］. 4版. 北京：高等教育出版社，2007.

[8] 严家禄. 工程热力学［M］. 3版. 北京：高等教育出版社，2002.

[9] 刘建军，章宝华. 流体力学［M］. 北京：北京大学出版社，2006.

[10] Munson B R, Young D F, Okiishi T H. Fundamentals of fluid mechanics［M］. 6th ed. New

York: John Wiley & Sons, 2009.
[11] 张也影. 流体力学 [M]. 2 版. 北京: 高等教育出版社, 1998.
[12] Frank M W. Fluid Mechanics [M]. 7th ed. New York: McGraw-Hill, 2009.
[13] Theodore L B, Adrienne S L, Frank P I, et al. Fundamentals of heat and mass transfer [M]. 7th ed. New York: WILEY, 2011.

第 3 章 热设计研发流程

电子产品温度控制的重要性在前面的章节已经做了阐释。所谓热设计，就是需要用合理的手段保障产品的温度要求。必须明确的一点是，热设计并不是一次设计，工程师提出了初步的设计方案后，需要密切关注产品开发过程中的各项更新，与结构工程师、硬件工程师、软件工程师、力学工程师等研发人员持续协作，保持对产品最新需求的实时跟踪，迅速、及时调整散热设计方案，保证产品散热安全。这是因为，一个产品的开发过程中，产品缺陷发现的越早，解决起来所耗费的代价越低。一个广为人知的例子是2016 年三星 NOTE 7 手机电池爆炸事件。产品开发阶段，设计人员没有发现这一隐患，产品流通到市场之后安全事件频发。三星公司不得不采取全球召回，造成的直接经济损失高达数十亿美元。这一事件带来的品牌损失更是难以估量[1]。

热设计工程师的工作将贯穿项目开发全程。对于某些产品，当产品上市后，在其服役过程中现场出现的一些散热、噪声等问题也需要热设计工程师提供方案去解决或者改善。本书后面的章节会以热设计工程师的工作流程为序，依次讲解各个环节需要用到的理论及工程技术。

热设计开发流程如图 3-1 所示。

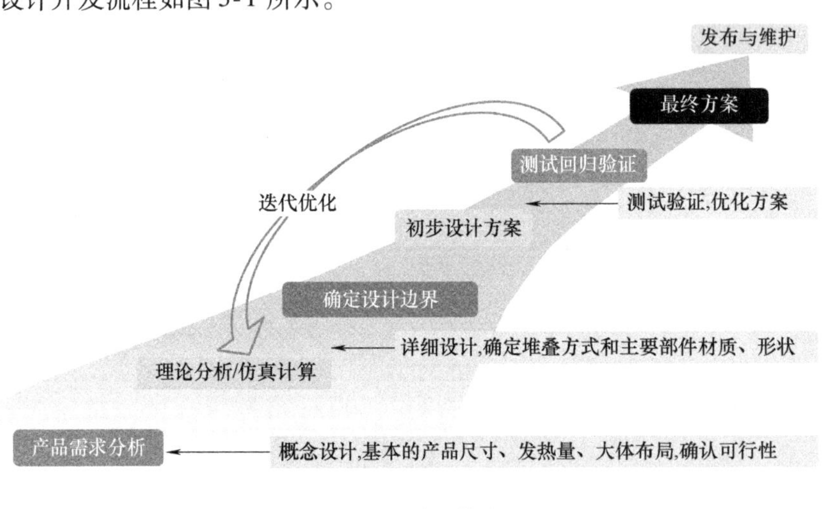

图 3-1　热设计工作流程

即包含需求分析、方案评估、设计及测试验证、发布及生产维护四个阶段。

3.1 需求分析

任何方案的设计都需要基于特定的需求，热设计也是如此。需求信息的收集有时并不容易，因为这需要其他工程师的配合。一些特殊情况下，热设计工程师甚至需要向其他工程师解释为什么需要拿到这些信息才能评估（随着热设计师专业性被项目组承认，这种情况会减少，但初期可能是很大的工作障碍），见表3-1。在这种情况下，热设计工程师需要对相关基本需求信息进行排序，确保必要信息快速到位，赢取时间。

表3-1　热设计需求分析所需信息必要性排序及相关解读

所需信息	理论原因	对热设计方案的影响
产品尺寸和形态	热传导、对流传热、辐射换热中涉及的传热面积、角系数、对流换热系数等与产品尺寸和形态紧密相关	产品形态尺寸对内部热管理部件的选型设计（如风扇、散热器、冷板、热电冷却器等）、具体热方案使用手段（开孔位置及开孔大小、各散热部件的摆放、风道的设计）有直接影响
发热量及热源空间分布	发热量表征需要转移或吸收的热量大小，对温度有直接影响	结合产品尺寸和形态一起，判断热功率密度，快速预估产品温升，推测热安全性
产品使用环境，安装方式和相关热源及表面温度控制目标	绝对温度影响元器件力、电、化学属性，导致可靠性下降；绝对温度还影响产品表面温度触感，环境温湿度、压强等还影响所用移热流体的热物理性质；产品安装方式影响移热流体在设备外往环境中转移热量的效率	结合环境温度、产品温升推断各发热元件或产品表面绝对温度，根据温度控制目标，判断热风险，根据热风险分布，设计内部热空间分配，选择能适应相关温湿度环境的散热部件（如风扇、导热材料、泵等），根据计算结果反馈热设计意见
产品各组成部分材质，各发热元件的热特性（热阻、热容）	材质影响部件的导热系数、密度、比热容等热物理性质，从而影响热传递效率。元器件的热特性是芯片内部多种复杂材质热效应等效热阻、等效热容，影响器件内热量转移量在各个路径上的分配和内外温差	结合产品固有非热方案引入的结构件、电子元件的热属性选择相匹配的热管理物料。必要时，根据热相关设计准则，在兼顾产品结构、硬件要求的前提下，调整、更换固有设计，达到设计平衡

（续）

所需信息	理论原因	对热设计方案的影响
各项要求：噪声、防护等级、寿命、环保要求、成本等	噪声和防护等级通过影响移热流体的流速、流动路径而影响产品热效应	风扇、泵等噪声源性质的热物料选型，防护等级对散热方式选择的影响（高防护等级更多考虑自然散热），环保要求对物料材质的限制，所有部件的可靠性、性能、成本平衡点把握

需求信息的收集是后续所有工作行进的基础。热设计工程师需要根据产品的具体需求，通过经验公式的换算，或概要性的热流仿真，提出相关初步方案。需求分析（Requirement Analysis）的关键是快速高效，其给出的结论是非常粗略的，精度很有限。设计者必须在短时间内提供大体的设计思路，确定努力方向，减少试错方向，便于项目组在研发初期根据产品散热需求做出相应调整。

例如，设计一款室外基站，当应用场景不同时，设计的难点可能完全不一样。当产品应用在南北极时，环境温度在 -70 ~ -20℃，器件的热控制可能相当容易，但低温启动可能成为一大难题，产品内部需要预留合理的空间用来设计加热设备，保证产品的正常冷启动；当产品应用在中东的沙漠地带时，户外温度最高可以达到约 60℃，全年都在 35℃以上，冷启动完全不是问题，而器件的超温问题则成为关键难点。

又如，产品设计初期定义的功耗是 90W，而产品大小为 200mm × 200mm × 45mm。通过简单的核算，此产品的功率密度达到约 50W/L，明显超过了常规自然散热方案可解决的范畴（<25W/L）。这时，在需求分析阶段就必须告知项目成员，此产品需要使用强制风冷设计。这一评估结果给项目组其他成员带来的影响如下：

1）估算产品设计成本，进行产品定价；

2）硬件工程师设计阶段预留风扇接口；

3）软件工程师考虑风扇控速策略的执行；

4）工业设计工程师考虑进出风口的外观兼容；

5）测试工程师增加噪声、防尘、风扇调速验证测试；

6）结构工程师的减振、防水、防尘设计。

从上面的影响可以看出，如果需求分析阶段无法给出合理的预估，产品按照自然散热的思路进行的话，那么到样机测试时会发现温度问题无法解决（或者需要使用极高的成本才能解决），项目组必须再将上述六项影响考虑在内，然后对产品进行重新设计。显然，这将浪费大量的物力人力，而且对于产品的交付周期会产生非常直接甚至不可挽回的负面影响。

建议热设计需求分析时间点：结构框架、硬件初步方案以及相关温度标准制定开始时。

3.2 概念设计

概念设计（Concept Design）往往是和需求分析相辅相成的，并没有明显的区分。热设计工程师在结合产品的需求给其他项目成员提出概念性方案时，也需要考虑结构、电气等其他方面的建议。当产品不能通过简单的公式断定哪种方案可行时，就需要进行相对更加详细的方案探究。

概念设计需要更多的信息。相对需求分析来讲，这个阶段要细致得多。在这个阶段结束时，热设计工程师需要输出比较具体的热设计方案。通常，这个阶段热设计工程师需要与结构、硬件工程师通力协作，设计出各方都可兼容的方案。可以采用的技术手段通常有以下三种：

1）公式快速推算，直接设计模拟样机测试散热方案的效果，迭代提升；

2）仿真计算，通过仿真分析，初步设计符合要求的散热方案；

3）仿真和模拟样机测试相结合。

目前，随着计算机计算能力的提升，仿真建模分析已经相当便捷高效，其在概念设计阶段的作用越来越显著。然而热仿真过程中不可避免地会引入一些计算误差，包括芯片功耗信息误差，产品建模过程中的各项简化带来的误差，仿真所用数值模型固有误差等。因此，热仿真不可能完全替代样机测试。尤其对于传热与流体理论知识不甚扎实的工程师，需要对热仿真结果保持一定的怀疑态度（仿真建模中的设置繁杂细碎，有可能会出现错误或不合适的设置），热测试是最终验证设计方案是否通过的根本标准。

值得注意的是，在概念设计这个阶段存在一个信息时间差：热设计工程师要想提供基本方案，就必须获取产品结构、硬件等基本信息（如 3D 结构图、元器件布局图、各元器件功耗等），而此时，由于项目刚启动以及热风险的极大不确定性，结构、硬件工程师未必能给出这些具体信息。建议使用试错法（Trial and Error）推进产品设计：热设计工程师先确定哪些信息是标准、规范或从结构、硬件角度判断不能改变的信息，在这个边界限制下，对于可改变的信息进行假定，迭代计算，在与结构、硬件等工程师持续沟通的前提下提出方案。

这个阶段应该提出两个端点式方案：

1）与结构、硬件、ID 等项目组进行简要沟通，在充分保证他们设计意图的前提下，施加简便但非常有效的散热强化手段，理论/仿真计算或模拟样机测试得出当前产品方案的热风险——说明其他工程师可欣然接受的产品设计方案热风险。

2）固定不可变要求，计算获得做何种调整才能满足热设计要求——引导其他工程师做出改变，大家共同完成产品设计方案。

作者认为，评估那些明显散热无法通过的方案是低效且不负责任的，因此在端点1中也建议热设计工程师先对结构和硬件提出的框架方案做一些基本改进后再行评估。端点1需要设计师了解常见散热物料的属性，相关方案施加难度以及通常情况下其带来的效果。而端点2的有效性和接受度（或者说找到方案的试错次数）则复杂很多。因为这些调整可能是非热学专业的（如加大开孔，加厚或减薄结构件，改变器件布局，改变单板敷铜含量和敷铜位置等），设计师需要了解更多力学、电气、机械加工工艺、声学等方面的知识。

建议概念设计时间点：基本结构草图已具备，且硬件有示意性方案时。

3.3 详细设计

经过需求分析和概要设计，产品的方案往往已经基本定型。此时，需要对设计细节进行完善，输出最终的设计方案，这就是详细设计（Detail Design）。在这一阶段，热设计工程师的工作包括：

1）完善设计方案，与项目组其他成员沟通协调确保方案各方可接受；

2）与供应商沟通，确保各部分工艺可行，成本可控；

3）制定详细的打样、测试计划，确定相关产品供应链安全性。

从某种程度上讲，这一阶段基本确定了产品形态，后续的优化改进幅度相对较小。

建议详细设计时间点：项目组认可并倾向于概念设计阶段提出的基本方案之一后。

3.4 测试验证

测试验证（Test and Verification）是设计的重要组成环节。本书第14章将有详述。

从其他成员角度看，测试是验证产品外观、结构可装配、软硬件功能的重要手段，从热设计角度来看，测试扮演以下类似的角色：

1）使用产品详细样机进行测试，验证详细设计方案是否满足要求；

2）根据测试结果，结合仿真/理论计算，分析确定调整方向，优化性价比，合理控制设计冗余；

3）测试多种方案，建立测试数据库，积累设计经验；

4）输出相关测试文档，并制定产品热设计安装维护指导书。

建议测试验证时间点：在不影响其他设计方法进度的前提下，尽早启动，可以与其他设计阶段并行。

3.5 回归分析

分析后期测试和先期计算结果的差别，摘出整个设计环节中由于计算粗略甚至错误而引入的误差，并通过进一步精细测试或计算把这种差别减小，从而将理论/仿真计算与后期实际测试结果对应起来，就是回归分析（Regression Analysis）。回归分析更多是为提高后续项目热设计效率服务的。

对于渐进式或家族式产品设计，回归分析能够有效持续细化设计。另外，多数情况下，回归分析中处理的误差包括测试误差、数值计算误差，先期结构、硬件误差是多方位的。因此，回归分析需要多个项目、多类工程师的协同才能完成。作者认为，回归设计是持续优化公司设计数据库，最终实现智能/自动化设计的必要举措。

建议回归分析时间点：测试验证完成后。

3.6 发布与维护

产品在量产以及后续现场使用过程中可能会反馈相关问题，需要结合具体场景进行定位分析，提出改善措施，这就是发布与维护（Launch and Maintenance）。量产和现场问题的处理，对于研发阶段的设计有非常关键的指导意义。设计者应当充分借鉴这些处理经验，在设计阶段尝试优化，尽量规避产品发布后出现的各类问题。

3.7 本章小结

无论作用如何重要，热设计都只是产品研发中的一个组成部分。协作和沟通对于最终产品的完成是非常重要的。不同专业的工程师之间对同一问题的见解很难统一，这对于产品的设计方向是不利的。沟通和协作就是让整个项目的工程师理解各方需求，避免因为对问题认知方向不一致导致设计失误。产品研发流程（或研发体系）就是这样一个协作机制，它通过发现产品设计中面临的难题来配置相应的资源，解决这些难题，最终开发出产品，并将产品研发过程中的有益经验积累下来，服务于未来的产品。产品研发体系是一个公司的核心竞争力之一，作为研发人员，理解和协助建设公司产品的研发机制是非常必要的。这有助于研发人员合理分配工作时间，确定沟通协作模式，甚至理解自己工作的意义和价值。

参考文献

[1] SHAMSI, AAMIR F, MUNTAZIR H A, et al. Samsung Note 7-An Unprecedented Recall That Created History: Exploding Phones Recovered-Exploded Trust? [J]. International Journal of Experiential Learning and Case Studies 2017, 2 (1): 44-57.

第 4 章 散热方式的选择

热设计开发流程中，第一步就是要确认产品需要使用哪种散热方式，以便在产品初期预留相应的设计空间。当前，电子产品冷却方式主要分为以下四类：

（1）自然散热　电子产品没有风扇、泵等动力元件，所有热量都是通过辐射换热和自然对流换热散逸（在太空中，由于真空，热量将只能通过辐射换热散逸）。自然散热又称为被动散热（Passive Cooling），目前，绝大多数电子产品都采用这一冷却方式。

（2）强制风冷　电子产品中装配风扇等能够主动搅动空气流动等元件的散热方案。相对于自然散热，强制风冷中流体流速通常更大，因此通常情况下，其散热能力强于自然散热。强制风冷又称为主动散热（Active Cooling）或强迫风冷。目前，较高功率密度的电子产品普遍采用强制风冷设计。

（3）间接液冷　发热源的热量先传递到固态的冷板上，冷板内充有液态的循环工质，液态工质将电子产品发出的热量转移到换热器上，热量在换热器上散失到环境中。在间接液冷中，电子元器件并不直接接触液态的传热介质。目前，高集成度、高功率密度的电子产品会采用间接液冷散热方式。

（4）直接液冷　元器件直接浸泡在液体中进行散热，又称为浸入式液冷或浸没式液冷。目前，这一技术正在兴起，部分数据中心已经使用了这一冷却方法。直接液冷换热效率极高，温度控制所耗能量相对风冷而言明显降低。因此，使用浸没式液冷的数据中心总设备能耗/IT 设备能耗（Power Usage Effectiveness，PUE）值可以大大降低，有报道称甚至已可实现比 1.05 更低的数值[1]。

决定产品散热方式的三个主要因素是：①产品使用环境；②产品功率密度；③产品温度要求。因此，在产品立项开发初期，必须确认这三个边界条件，以便得出合理的结论。

4.1 散热方式选择的困难性

对于散热方式的精准选择，需要大量的工程实际设计经验。通常快速评估产品散热风险的依据有两个：①不同温升幅度下表面热流密度；②不同温升幅度下，产品的体积功率密度。由于细节的散热强化手段不同，因此即便对于同一类散热方式，其散热能力相差也非常大。如图 4-1 所示，以空气自然对流散热为例，当允许的表面温差为 40℃时，合理的热流密度范围为 $0.015 \sim 0.035\text{W/cm}^2$，最大值比最小值高出 2 倍多。下面以一个具体的实例来阐述这一范围有多大。

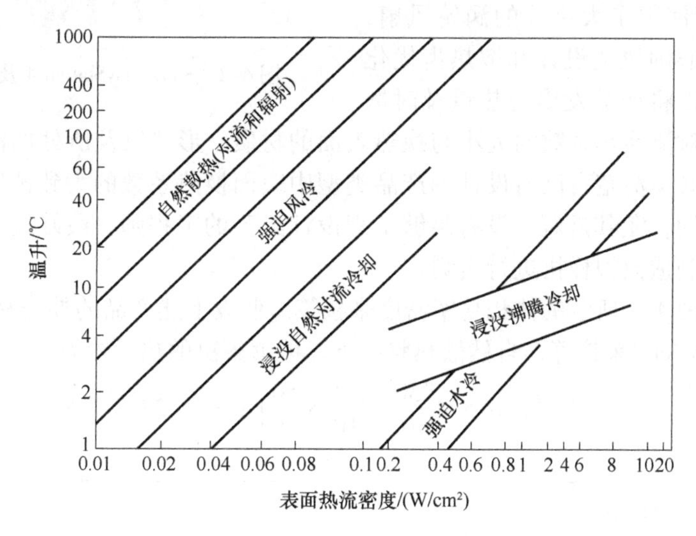

图 4-1　不同散热方式表面热流密度对应的温升曲线示意[2][3]

产品热设计要求：

1）外观尺寸：250mm×300mm×50mm；

2）表面允许温升 40℃；

3）要求使用自然散热方案。

产品启动会议时，项目组要求热设计工程师根据上述信息现场粗略给出该产品支持的功耗，以便电子工程师进行电路板设计。

先根据表面热流密度来估算：

1）计算产品表面积。根据尺寸获知，其表面积为 2050cm^2。

2）确定表面热流密度。在没有任何工程经验的情况下，只能参考图 4-1。在限定使用自然散热的情况下，产品可解的功耗将达到：

① 按照表面热流密度为 0.015W/cm^2 计算：$P = 0.015\text{W/cm}^2 \times 2050\text{cm}^2 = 30.75\text{W}$

② 按照表面热流密度为 0.035W/cm^2 计算：$P = 0.035\text{W/cm}^2 \times 2050\text{cm}^2 = 71.75\text{W}$

项目评审初期，在没有任何工程热设计经验的前提下，解决 100W 或许有难度，但似乎 70W 是有把握的。于是给到项目上的结论就是：70W 以内可以安全地使用自然散热。

实际上，对于这类产品，使用自然散热解决70W是非常困难的。与这一产品尺寸类似的索尼PlayStation经典机型PS4，如图4-2所示，其设计功耗约为150W，内部使用了大尺寸的涡轮风扇，并进行了精心的风道设计和散热齿优化设计，才得以将产品发出的热量及时散失掉。自然对流换热系数的大小与换热表面的材质、形状以及所处的温度紧密相关，设计者必须清楚自己所设计的产品类型中表面换热系数的大致范围。这一数值在设计前期，尤其是对于没有足够工程设计经验的工程师，最好进行建模仿真模拟，或者制造模拟样机进行实测。

图4-2　Sony PlayStation 4及手柄

再根据图4-3所示的体积功率密度来核算。假设上述产品的外壳材质是塑料，按照0.015W/cm³来核算，自然散热状态下，能够解决的热量约为

$$P=\left(0.015\times\frac{250}{10}\times\frac{300}{10}\times\frac{50}{10}\right)\mathrm{W}=56.25\mathrm{W} \tag{4-1}$$

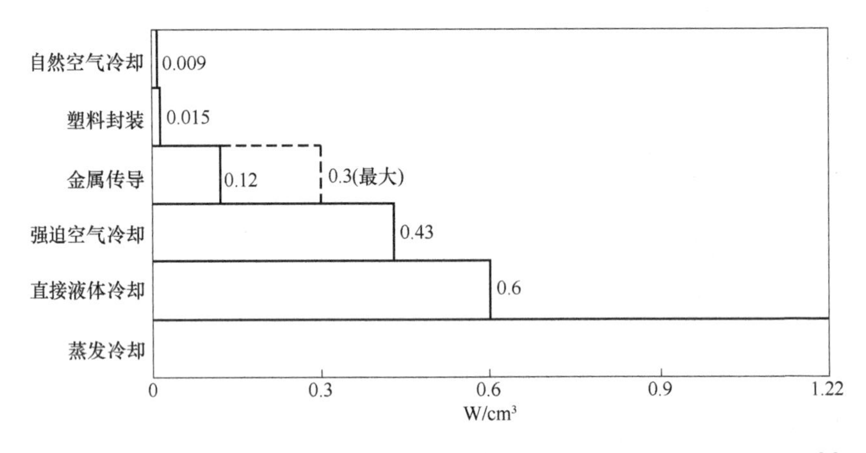

图4-3　温升为40℃时产品体积功率密度限值（适用于密封单元内部的冷却）[3]

通过体积功率密度限制计算的结果介于前述表面热流密度计算出的30.75W和71.75W之间。不难发现，经验公式计算出的结果范围是很广的。对于体积功率密度限制这种方法，很明显的一个漏洞是：相同体积的产品，表面积可能完全不同，比如超薄的平板和立方体式的智能音箱。这将导致估算结果与实际情况差异很大。因此，散热形式的选择必须结合产品特点和温度相关需求进行具体分析，上述分析被认为可以用来定性评估当前措施的风险大小。上述虚构的例子，可以断定解决30W风险不大，但假如设计目标进入了计算结果的重叠区，比如期望设

计功耗为 55W，关于散热风险的结论就不好给出了。在这种情况下，务必要实事求是，秉持对项目组负责的态度，客观说明原因，通过咨询有足够设计经验的工程师，或制造模拟样机进行测试后再下断言。

4.2 自然散热

自然散热应用广泛，大街小巷随处可见的手机、平板、智能手表等，全部都是自然散热设计。宏观来讲，任何没有动力元件的电子产品，其散热方式均为自然散热。自然散热是目前应用最为广泛的散热方式，如图 4-4 所示。与其他散热方式相比，其优势是稳定性高、不引入噪声和振动、不主动引入灰尘和成本相对较低。

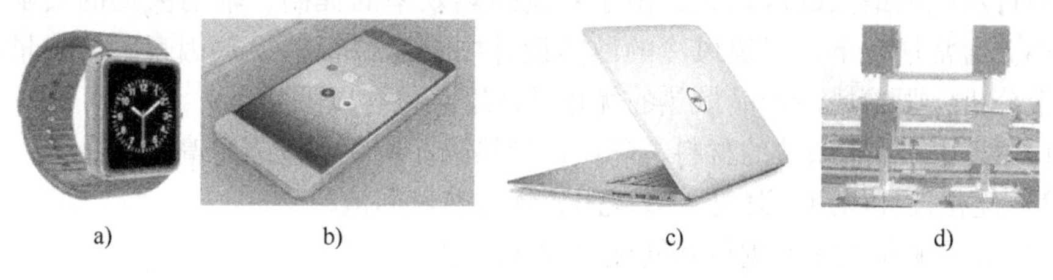

a)　b)　c)　d)

图 4-4　常见的自然散热产品

a）智能手表　b）智能手机　c）超薄笔记本电脑　d）户外基站

在自然散热中，空气流速相对较慢，产品与空气之间的对流换热强度不高。这时，辐射换热所占的比例往往不可忽略。从热量传递角度上讲，自然产品散热的优化设计思路包含以下几点（详细阐述见第 16 章）：

1）使用高导热系数的材料，降低传导热阻，避免出现局部高温点；

2）利用有限的空间优化设计散热器，强化对流换热；

3）采用高辐射率的表面处理方式，加强辐射换热。

4.3 强迫风冷

当产品功率密度较大时，自然对流散热无法将元器件温度控制在合理的范围内，就需要装配动力元件，加强内部空气的流动，提高换热效率。最常见的动力元件就是风扇。一般来讲，装配有风扇的产品，其散热方式就认为是强制风冷。

相对自然散热，强迫风冷的优点是散热能力更强。其缺点除了成本更高和可靠性更差之外，还引入了噪声和灰尘两个因素。另外，通风的设计通常需要设备外壳开孔，从而会影响外观和防水、防尘设计。正因如此，强迫风冷的环境适应性远不及自然散热（许多场景，比如多灰尘、要求安静、需要严格防水等情况不适宜使用强迫风冷）。

图4-5所示为几种常见的强制风冷产品。

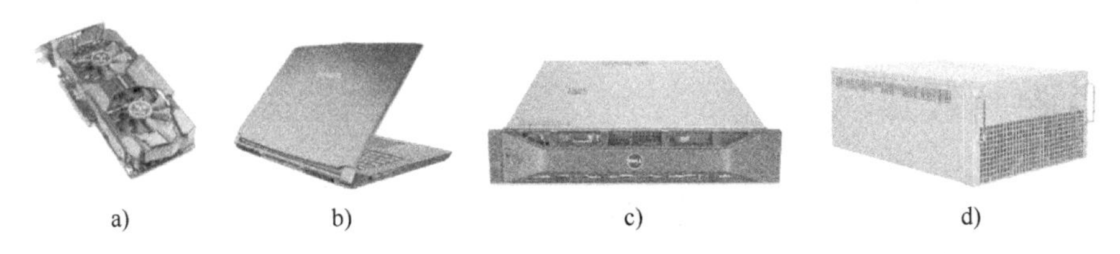

图4-5 常见的强制风冷产品
a）显卡 b）笔记本电脑 c）服务器 d）光伏逆变器

在强制风冷散热中，由于加入了风扇这一主动元件，热设计的灵活性大大增加。与自然散热最大的区别是，由于对流换热效率的提高，辐射换热的贡献大幅度减小。通常情况下，强迫风冷的散热设计中会忽略辐射换热因素。从热量传递角度上分析，强迫风冷产品散热的优化设计思路包含以下几点：

1）使用高导热系数的材料，降低传导热阻，避免出现局部高温点；

2）优化设计风道，降低无效风阻，规避热风回流；

3）对风扇和散热器进行协同优化设计选型。

强制风冷中，风扇的选型是整个产品热设计的核心要点。风扇的选型将全面影响风道设计、散热器设计、噪声控制、防尘设计等多个方面。而且，由于是主动元件，风扇的可靠性还是强制风冷方案长期稳定性的重要风险点。因此，强制风冷的设计中，需要尤其关注风扇的设计选型。在众多散热物料中，风扇的生产制造过程相对导热界面材料、散热器等也复杂一些（涉及空气动力学、电磁、噪声、材料等），热设计工程师需要深入了解其散热相关特性参数（风量、风压、噪声等）。

4.4 间接液冷

当产品功率密度进一步增加，或者温度控制要求更加严格时，就需要换热效率更高的散热设计手段。汽车发动机是最早使用间接液冷的产品之一。在电子产品领域，间接液冷目前也已经广泛用于服务器、动力电池包、逆变器等设备中，如图4-6所示。

在间接液冷中，电子元器件并不直接接触液态的传热介质。换言之，此处的液冷介质只是一种移热介质，它的作用是将元器件发出的热量转移到便于与外界进行换热的空间。根据热力学第一定律，热量既不会增多，也不会减少。热量被液体转移到远离热源的位置后，仍然需要流经换热器将热量传递给外界。这样就组成了一个闭环：元器件的热量传递给液冷介质，液冷介质温度升高，高温的液

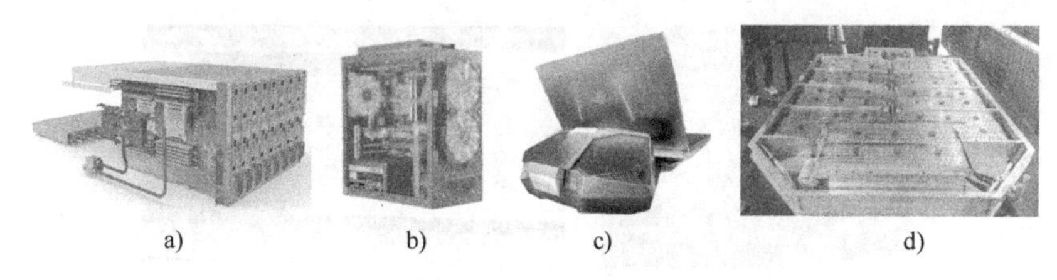

图 4-6　间接液冷的产品
a）服务器　b）个人电脑　c）游戏笔记本　d）动力电池包

冷介质流经换热器时与外界进行换热，温度降低，又流回元器件侧，吸收热量。整套的间接液冷系统不仅包括移热部分，还包括与之匹配的换热系统。需要注意的是，如果以整套的热设计部件占用的总空间来计算，则间接液冷的解热能力与强制风冷差异并不大。这也是许多不方便施加外设或者设备既有空间已经标准化的产品不使用间接液冷的关键原因之一。

间接液冷的优点：

1）由于液体的移热能力更强（相同体积流量的液体转移的热量远超空气），因此间接液冷中不同位置的热源温度级联效应比风冷弱（热级联的概念在 16.2.2 节有详述）；

2）分体式间接液冷能够兼顾产品的防水防尘设计；

3）液体比热容高，能够降低发热元件的温度变化速率，对于功耗高频跳动的元器件，有助于提高可靠性。

间接液冷的缺点：系统复杂、成本高、可靠性差。

间接液冷的设计，需要尤其关注的是冷板的设计、液冷工质的选择以及换热器的设计。

4.5　直接液冷

从液态工质与元器件的接触形式上来区分，直接液冷可以分为两种：①浸没式或浸入式液冷，是指将电子产品浸泡在液态的电气绝缘、化学稳定、无毒、无腐蚀性的冷却介质中；②喷淋式液冷，即通过往发热元器件上喷洒绝缘液，实现冷却。一个生活化的比喻是，浸没式液冷类似泡澡，喷淋式液冷则类似淋浴，如图 4-7 所示。

直接液冷中，当采用的冷却液沸点足够低时，液体工质将在发热元器件表面或元器件上方的散热扩展面上汽化，对流换热系数极高，可以极低的温差带走大量热，是目前已知的已经商用的换热效率最高的散热方式。图 4-7 中浸没式液冷展示机内的气泡就是汽化的冷却工质。气态的冷却工质密度低，气泡在顶端聚集，

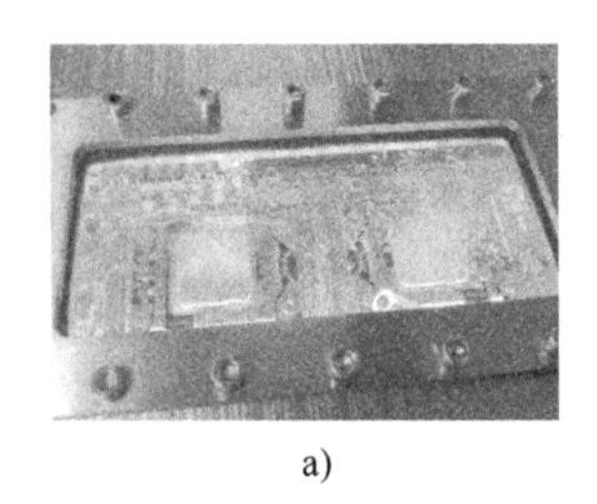

a)

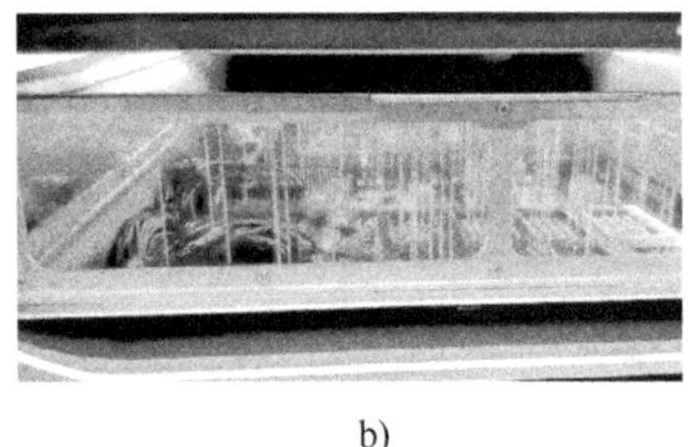

b)

图 4-7 a）浸没式液冷设计示意图 b）喷淋式液冷设计示意图

通过换热器冷凝回液体，然后再返回到腔体中，完成冷却循环。

注意，部分表面热流密度极高的发热元器件，为扩大与液态工质的接触面积，芯片上方会贴合均温板等热扩展面。

直接液冷的关键技术是冷却空间的密封和系统气液泄漏控制。有相变的直接液冷系统中，如果温度控制不当，则会导致设备腔体压强迅速变化，冷却液汽化逸出。极端情况下，设备甚至可能产生“爆裂”。目前来讲，低沸点的绝缘冷却液价格都极其高昂。而对于高沸点的冷却液，虽然不易汽化逸出，但如果密封不严，由于热胀冷缩，工质仍然可能渗出，导致换热能力变差。另外，高沸点的冷却液往往黏度很大，在冷却液中取出设备后，上方会滞留大量冷却液，不便维护。

4.6 本章小结

确定散热方式是开展散热工作的第一步。可以说，散热方式奠定了后续热设计的基调。从本章讲述的内容可知，散热方式的精准确定，需要丰富的设计经验和合理的理论计算预估，没有任何一个公式可以直接给出准确答案。当前，由于各种产品功率密度不断提升，市场竞争推动着任意一种散热方式的效果都不断逼近其能达到理论极限。散热能力最终表现出来的是产品实际市场竞争力，而不是温度数值的高低。在这个意义上，热设计水平的提升不存在上限。市场竞争越激烈，热设计工作者就要愈加明确各类强化换热的方法，深悉热设计相关物料的最新发展动向，并将其融入自身所做的产品中，来保证产品的性能符合市场要求。否则，产品被淘汰，对应的设计者也只能被淘汰。

参考文献

[1] PUE 值低至 1.049 网宿液冷数据中心刷新节能新记录 [Z/OL]. [2017-06]. http://www.ecooling.net.

[2] 余建祖. 电子设备热设计及分析技术 [M]. 北京：高等教育出版社，2001.

[3] 全国电工电子设备结构综合标准化技术委员会（SAC/TC 34）. 电工电子设备机械结构 热设计规范：GB/T 31845—2015 [S]. 北京：中国标准出版社，2015.

第5章 芯片封装和电路板的热特性

5.1 IC 芯片封装概述

采用一定的工艺，把一个电路中所需的晶体管、二极管、电阻、电容和电感等元器件及布线互连在一起，制作在一小块或几小块半导体晶片或介质基片上，然后封装在一个管壳内，成为具有所需电路功能的微型结构，称为集成电路（Integrated Circuit，IC），如图 5-1 所示。当前，几乎所有看到的芯片都可以叫作 IC 芯片。

大多数芯片，表观上看到的都是其封装外壳，内部的引线、电容、晶体管等并不可见。

芯片的封装包含但不局限于如下三个方面的意义[1]：

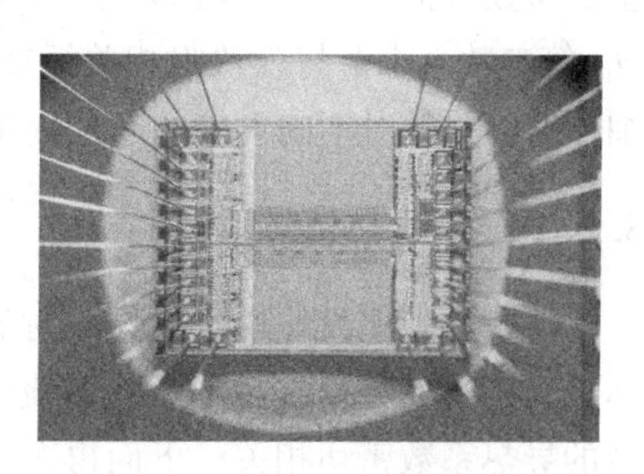

图 5-1 IC 内部包含大量晶体管、二极管等器件

（1）固定引脚系统，实现芯片与外部的数据信息交换　芯片不能单独工作，它必须与外部设备进行连接和数据交换，封装最基本的作用就体现在这里。芯片内部的金属线极细（通常小于 1.5μm，多数情况下只有 1.0μm），无法将芯片内的引脚直接与电路板连接。通过封装，可以将外部的引脚用金属铜与内部的引脚焊接起来，芯片便可以通过外部的引脚间接与电路板连接以起到数据交换的作用。外部引脚的材质和形式需要根据芯片的具体功能和使用场景来选用。通常情况下，芯片内部的引脚和焊接点会被埋藏在基体中，外观上看到的引脚全部是外部引脚，如图 5-2 所示。

（2）保护芯片，避免其受到物理、化学、电气等损伤　芯片的封装材料可以保护芯片免受微粒、湿气、机械力、电磁场等外界因素对它的损害。其中电气保护还包含降低芯片本身产生的电磁场对外部的影响。实现物理性保护的主要方法是将芯片固定在一个特定的芯片安装区域，并用适当的封装外壳将芯片、芯片连线以及相关引脚封闭起来，从而达到保护的目的。应用领域的不同，对芯片封装的等级要求也不尽相同。

图 5-2 QFP 封装的四面引脚

(3) 增强散热 根据热力学第二定律，所有半导体产品在工作时都会产生热量，而热量会导致芯片温度升高。当温度达到一定限度时，芯片的性能就会受到影响。因此，封装在满足电气、保护功能之外，还需要考虑散热特性。当前，无论是自然散热、强制对流散热还是液冷散热，芯片的热量都是从内部结点发出，经由封装材料散逸到低温介质中。封装材料的导热特性对芯片的散热性能有关键影响。随着芯片功率密度的加速提升，芯片封装在散热特性方面的研究越来越多。

本章的主要内容就是阐述当前普通封装技术的各个热特性参数。

5.2 芯片封装热特性

IC 封装的热特性参数是芯片的关键性能指标之一。当前，标准封装的热特性主要参数包括：结壳热阻 Θ_{JC}、结板热阻 Θ_{JB}、结到空气热阻 Θ_{JA}、壳到空气热阻 Θ_{CA}等参数。本节将就热阻相关标准的发展、物理意义及测量方式等相关问题做详细介绍，并针对不同性能的芯片提供热设计具体建议。

5.2.1 芯片热特性基础

热量的传递只能通过传导、对流以及辐射三种方式进行。芯片内部全部被固体充满，热量传递显然不涉及对流和辐射。因此，芯片的热特性参数将与封装材料的导热系数密切相关。下面再次回忆描述导热规律的公式傅里叶导热定律

$$q'_x = -k\frac{\partial T}{\partial x} \tag{5-1}$$

式中，q'_x为 x 方向的热流密度，表示 x 方向上，单位时间内在单位面积上通过的热量，单位为 W/m^2；T 为温度。如果要计算整个 x 方向在通过面积为 A 的导热面的热通量，则式 (5-1) 变为

$$q_x = -kA\frac{\partial T}{\partial x} \tag{5-2}$$

宏观上，图 5-3 所示的两个平壁之间的导热可以用以下公式描述：

$$\Phi = kA\frac{\Delta t}{\delta} = kA\frac{t_{w1} - t_{w2}}{\delta} \tag{5-3}$$

理解这个公式，对于后面理解热特性参数的意义有重要作用。

5.2.2　热阻的概念

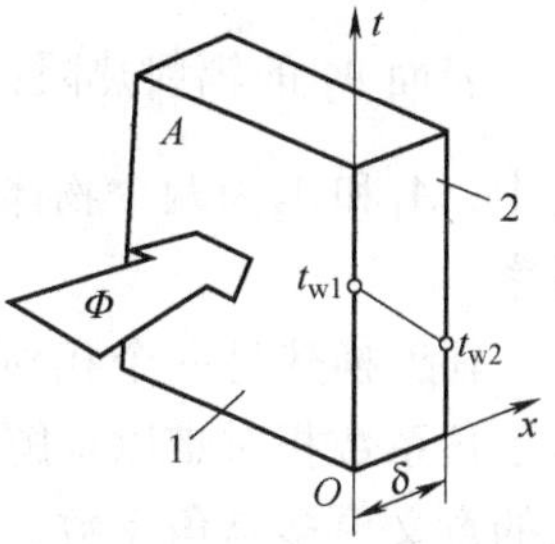

热阻（Thermal Resistance）表示热量在传递过程中所受到的阻力，为传热路径上的温差与热量的比值。根据传热方式的不同，热阻又分为导热热阻、对流换热热阻和辐射换热热阻。

图 5-3　傅里叶导热定律关系式参数示意图

1. 导热热阻

当热量在物体内部以热传导的方式传递时，遇到的阻力称为导热热阻。对于热流经过的截面积不变的平板，导热热阻为

$$R = \frac{\delta}{kA} \tag{5-4}$$

式中，δ 为平板的厚度；A 为平板垂直于热流方向的截面积；k 为平板材料的热导率。用热阻来描述图 2-1 所示的平板传热过程，则为

$$\Phi = \frac{\Delta t}{R} \tag{5-5}$$

热阻的提出更形象地描述了传热过程。很容易理解，温差是热量传递的动力，而热阻是热量传递的阻力。这样，热量传递的速率就等于温差除以热阻。

2. 对流换热热阻

在对流换热过程中，固体壁面与流体之间的热阻称为对流换热热阻，计算公式为

$$R = \frac{1}{hA} \tag{5-6}$$

式中，h 为对流换热系数；A 为换热面积。

用对流换热热阻来描述对流换热过程，式（5-6）变为

$$\Phi = \frac{\Delta t}{R} \tag{5-7}$$

式（5-7）的形式与导热热阻表示的热量传递描述公式完全相同。但需要牢记，对流换热热阻完全不同于导热热阻。

3. 辐射换热热阻

两个温度不同的物体相互辐射换热时的热阻称为辐射热阻。辐射热阻不能将辐射换热公式换算为单纯的温差除以热阻的形式，因为辐射换热公式中，温度是以四次方差形式出现的。而且，辐射换热还与角系数、表面辐射率等有关联。

辐射热阻分为空间辐射热阻和表面辐射热阻两种。如果两个物体都是黑体或灰体，忽略两物体间的气体对热量的吸收，则[2]

空间辐射热阻：

$$R = \frac{1}{A_1 F_{1\text{-}2}} \tag{5-8}$$

表面 A_1 的辐射热阻：
$$R=\frac{1-\varepsilon_1}{\varepsilon_1 A_1} \tag{5-9}$$
式中，A_1 和 A_2 为两个物体相互辐射的表面积；F_{1-2} 为辐射角系数；ε_1 为表面 A_1 的辐射率。

辐射换热是一个相对复杂的过程，辐射热阻通常应用于热阻网络法计算中。由于角系数相对难以求解，辐射热阻在电子产品散热设计中应用较为有限，它提示的意义更多是角系数、辐射率等对辐射换热的影响。角系数指一个表面发射出的辐射能中，落到另一个表面的百分数，是反映相互辐射的不同物体之间几何形状与位置关系的系数。角系数是一个几何因子，与两个表面的温度及发射率没有关系。

通过辐射换热热阻的公式可以看出，提高角系数和增大辐射表面积都有助于缩小空间辐射热阻，而增大表面辐射率，则可以减小表面辐射热阻。这就是自然散热设计中强化辐射换热的根本理论依据。

5.2.3 芯片热特性的热阻描述

在芯片的规格书中，对散热设计最有帮助的有三个值为功耗、温度要求和热阻参数，本节将介绍芯片的各类热阻参数的意义。

芯片的温度通常会根据不同位置点命名为芯片结温、壳温、底部温度、顶端温度等多个温度概念。理解这些温度名称的意义对掌握芯片封装热阻的物理意义非常关键。

芯片的结温通常用 T_j 表示，为芯片 Die 表面的温度（结温），下角 j 是 junction 的简写；T_c 为芯片封装表面的温度，下角 c 为英文 case 的简写。芯片的基本热阻特性参数有结到空气热阻 Θ_{JA}、壳到空气热阻 Θ_{CA}、结壳热阻 Θ_{JC}、结板热阻 Θ_{JB}等四个，如图 5-4 所示。

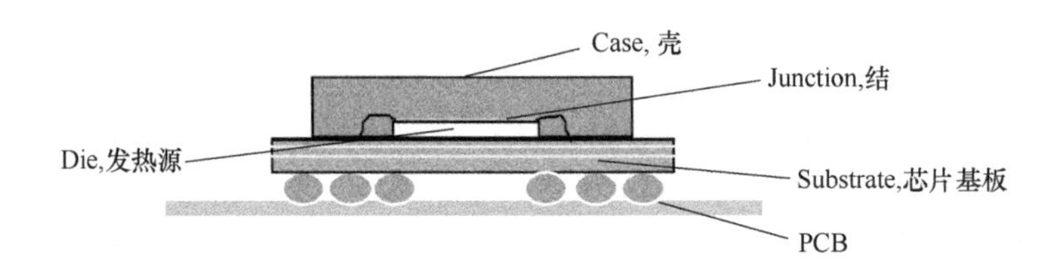

图 5-4　芯片结、壳测温位置示意图

1. Θ_{JA}——结到环境热阻

Θ_{JA}是芯片 Die 表面到周围环境的热阻，单位是℃/W。周围环境通常认为是热量的最终目的地。Θ_{JA}取决于 IC 封装、电路板、空气流通、辐射和系统特性，强迫对流设计时，辐射的影响可以忽略。通常情况下，芯片规格书中的 Θ_{JA}会有对应的环境通风条件设置和加装的散热器设置。不同的测试设置会导致 Θ_{JA}的测试结果

值差异巨大。根据热阻的定义可知，这一值的具体测试换算公式是

$$\Theta_{JA}=\frac{T_j-T_a}{P} \tag{5-10}$$

式中，T_j 为测得的芯片结温；T_a 为芯片所处环境的空气温度；P 为芯片功耗。

举例：环境温度为25℃时，测得芯片的结温为65℃，芯片的功耗为5W，则此时测试结果 $\Theta_{JA}=(65-25)/5=8℃/W$。

由于 Θ_{JA} 与测量设置条件有关，因此这一数值对于具体的热设计方案有非常有限的参考价值。它仅可以用于定性地比较封装散热的容易与否[3]。

2. Θ_{CA}——壳到环境热阻

Θ_{CA} 是芯片封装表面到周围环境的热阻，单位是℃/W。显然，Θ_{CA} 与 Θ_{JA} 有相似的物理意义，只是芯片侧的温度变成了芯片封装表面的温度。根据热阻的定义可知，这一值的具体测试换算公式是

$$\Theta_{CA}=\frac{T_c-T_a}{P} \tag{5-11}$$

式中，T_c 为测得的芯片封装外壳温度；T_a 为芯片所处环境的空气温度；P 为芯片功耗。

举例：环境温度为25℃时，测得芯片的外壳温度为50℃，芯片的功耗为5W，则此时测试结果 $\Theta_{CA}=(50-25)/5=5℃/W$。

与 Θ_{JA} 类似，由于这一数值与测量的具体设置条件有关，因此这一数值的参考价值也非常有限。

3. Θ_{JC}——结壳热阻

Θ_{JC} 是芯片 Die 表面到封装外壳的热阻，外壳可以看作是封装外表面的一个特定点。Θ_{JC} 是芯片热特性的关键参数之一，是对芯片进行散热强化设计的重要参考指标。这一值的具体测试换算公式是

$$\Theta_{JC}=\frac{T_j-T_c}{P} \tag{5-12}$$

Θ_{JC} 取决于封装材料（引线框架、模塑材料、管芯粘接材料）和特定的封装设计（管芯厚度、裸焊盘、内部散热过孔、所用金属材料的热传导率）。对带有引脚的封装来说，Θ_{JC} 在外壳上的参考点位于塑料外壳延伸出来的引脚1，在标准的塑料封装中，Θ_{JC} 的测量位置在引脚1处。该值主要用于评估散热片的性能，在测试结壳热阻时，测试装置会迫使芯片热量全部从芯片顶部散失（即芯片底部绝热）。

注意，Θ_{JC} 表示的仅仅是散热通路到封装表面的热阻，因此 Θ_{JC} 总是小于 Θ_{JA}。Θ_{JC} 表示特定的、通过传导方式进行热传递的散热通路的热阻，而 Θ_{JA} 表示通过传导、对流、辐射等方式进行热传递的散热通路的热阻。通常，有这样的公式关系：

$$\Theta_{JA}=\Theta_{JC}+\Theta_{CA} \tag{5-13}$$

4. Θ_{JB}——结板热阻

Θ_{JB}是指从芯片结到电路板的热阻，是芯片散热强化设计的另一关键参数。Θ_{JB}对芯片 Die 到电路板的热通路进行了量化，表达了芯片内部热量到单板一侧的传热阻力。Θ_{JB}包括来自两个方面的热阻：从芯片 Die 表面到封装底部参考点的热阻，以及贯穿封装底部的电路板的热阻。在测试结板热阻时，测试装置会迫使芯片热量全部从芯片底部散失（即芯片顶部绝热）。相对结壳热阻，结板热阻的概念提出较晚，且部分传热路径严重不对称的芯片（大部分 TO 封装的元器件）目前尚无该热阻的定义标准。

5. 双热阻模型

在常用的热仿真软件中频繁提到的双热阻模型就是使用的 Θ_{JB}和 Θ_{JC}两个热阻来描述的芯片的热量传递特性[4]，如图 5-5 所示。

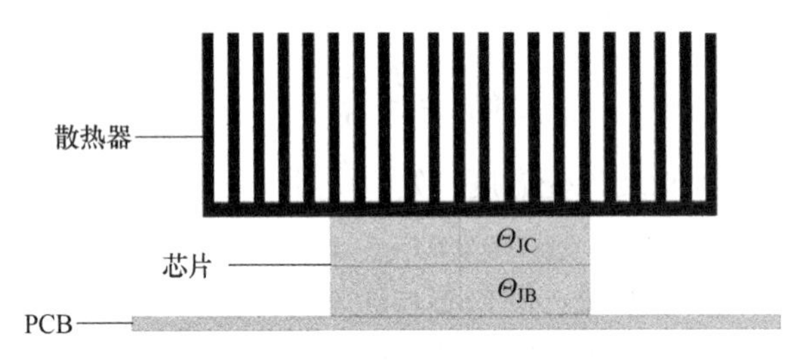

图 5-5　双热阻模型示意图

从芯片层面的封装特征来总结，热量的传递主要有三条路径，如图 5-6 所示：第一，热量从 Die 通过封装材料（Mold Compound）传导到器件表面然后通过对流换热/辐射换热散到周围环境中；第二，热量从 Die 到焊盘，然后由连接到焊盘的印制电路板进行对流/辐射散；第三，Die 热量通过引线和引脚传递到 PCB 上散热。

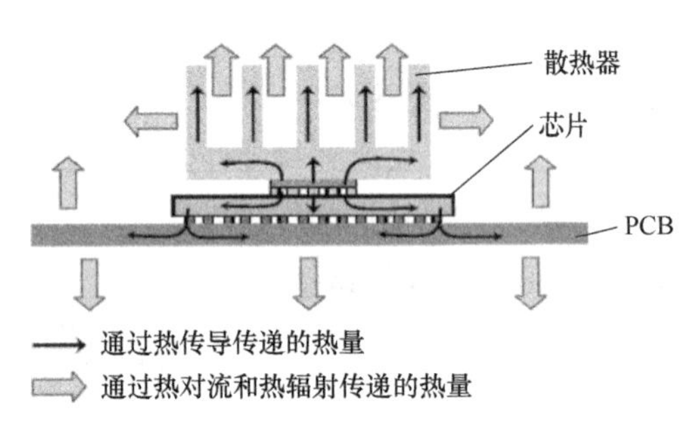

图 5-6　芯片的热量传递路径示意图

6. 实际情况下的热特性参数 Ψ

除了这些对测试条件有严格规定的热阻特性参数 Θ，芯片还有一个不受严格测试情景约束的热阻 Ψ。Ψ 和 Θ 热物理学意义类似，都是热阻，且计算公式也相同，如结壳热特性参数（或称为结到顶部的热特性参数）的定义为

$$\Psi_{JT}=\frac{T_j-T_t}{P} \tag{5-14}$$

式中，T_t 为顶部温度，与 T_c 意义相同，但热特性参数习惯使用 T_t（即 T_ top）来指代壳温。虽然计算公式相同，但如果查看芯片的规格书，则会发现热特性参数和热阻值并不相等。这是因为 Ψ 是指芯片在实际的运用中的热阻，而 Θ 则由于单侧施加了绝热措施，是指热量传递全部沿顶部，或全部沿底部传递时的热阻。以结壳热阻和结壳热特性参数为例，材料本身的导热系数是固定的，在 Ψ_{JT}的测试场景中，因为没有施加强制措施，所以热量并不会全部沿顶部传输，根据傅里叶导热定律可知，相同传热面积、相同物质导热系数的情况下，热流量低意味着更低的温差，因此 Ψ_{JT}中测量所得的结壳温差会小于 Θ_{JC}中测得的温差，而分母中的 P 仍然取总功耗，故而 $\Psi_{JT} < \Theta_{JC}$。对于其他种类的热特性参数和热阻，其大小关系的原理也与此类似，如图 5-7 所示。

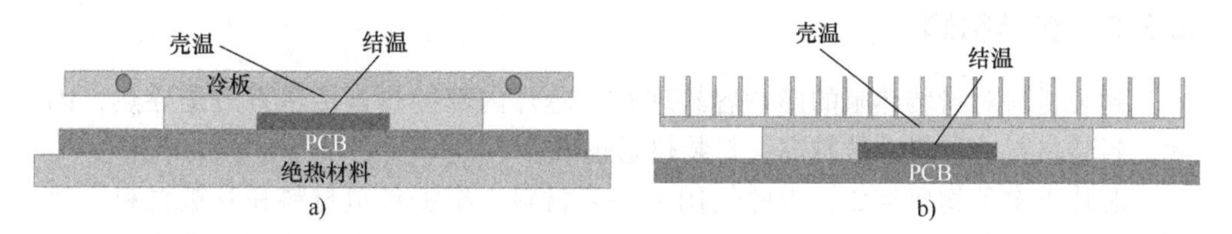

图 5-7　测试装置及测温点示意图[6]

a）结壳热阻 Θ_{JC}　b）结壳热特性参数 Ψ_{JT}

在实际的电子系统散热时，热会由封装的上下甚至周围传出，而不一定会由单一方向传递，因此 Ψ 的定义更加符合实际系统的测量状况。与芯片封装热阻类似，Ψ 同样有多个值，如芯片结到芯片顶部的热阻 Ψ_{JT}，芯片结到底部的热阻 Ψ_{JB} 等。Ψ 的测试值并不固定，它与芯片所使用的散热强化手段有关，当测试用的散热器更大时，热量会更多地沿顶部散出，往往会测得更高的值，因此，除非能够确定热特性参数测试条件设定，否则前期设计时一般不建议采用这一数值来理解芯片的封装热特性。

关于热阻 Θ 的测试方法，从事芯片封装热设计的工程师可以参考 JEDEC 标准[5]。

5.3　芯片封装热阻的影响因素

5.3.1　封装尺寸

从之前的公式可以看出，封装热阻并没有引入面积的概念，而热量的交换效率却与面积紧密相关。根据傅里叶导热定律不难理解，芯片的封装热 Θ_{JA}、Θ_{CA}、Θ_{JC}和 Θ_{JB}均与封装表面积和封装引脚的密度与数量成反比。面积越大，引脚越多，意味着热量向外传递的路径和总截面积越大，从而热阻相应降低。如在相同封装材料下，小外形 IC 封装（Small Outline IC，SOIC）热阻高于四方引脚扁平式封装（Quad Flat Package，QFP），如图 5-8 所示。

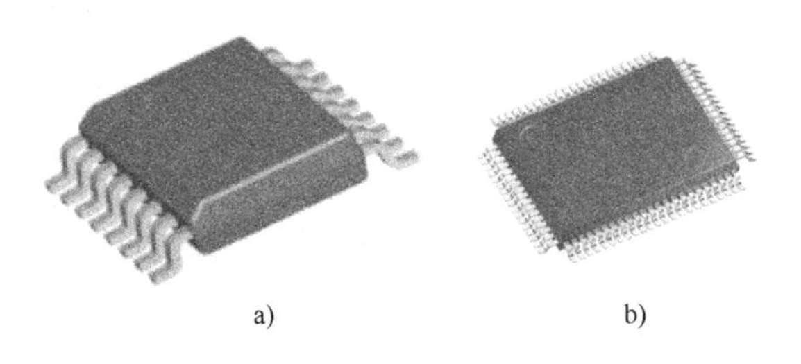

a)　　b)

图 5-8　a）小外形 IC 封装　b）四方引脚扁平式封装

5.3.2　封装材料

封装材料对封装热阻的影响容易理解。芯片内部的热量传递方式是导热，因此，封装材料的导热系数越高，封装热阻越低。

芯片由多种物质组成，因此使用了许多材料。根据包覆材料和基板材料，封装通常分为金属封装、玻璃封装、陶瓷封装和塑料封装四类，其宏观优缺点分别如下：

1）金属封装：军品——密封性、热传导、电屏蔽都较好，用于军工；

2）玻璃封装：可靠性高——成本高，可靠性高，耐温性强，用于军工；

3）陶瓷封装：可靠性高——陶瓷热膨胀系数与 Si 更加接近，且导热系数高于塑料，导致其耐温性远强于塑封，可用来做基板和封盖。

4）塑料封装：成本低，工艺简单，应用最为广泛——热膨胀系数与 Si 差距较大，导热系数低，耐温性较差，占据 90% 的市场。

近年来，由于芯片功率越来越高，芯片封装热阻成为电子元器件散热的关键控制因素之一。例如，当使用液体冷却时，由于介质移热效率很高，芯片顶部到冷板之间的热阻往往很低。这时，如果要将芯片结温控制在较低的范围，则控制芯片结壳热阻是非常关键的。Intel 推出的代号为 Cascade Lake 的第二代可扩展 Xeon 至强服务器处理器，热设计功耗达到了 400W。在这种情况下，即使结壳热阻仅有 0.1℃/W，在极限情况下，其结壳温差也将高达 40℃。

5.3.3　热源尺寸

一个芯片的发热源尺寸往往比外观尺寸小很多，这就会产生扩散热阻。从图 5-9也可看出，CPU 上实际 Die 的尺寸远小于外面看到的金属盖的大小。芯片的封装热阻中会包含扩散热阻这一项。发热源尺寸与封装尺寸之间差异越大，扩散热阻产生的效果越明显，芯片整体的封装热阻也就越高。

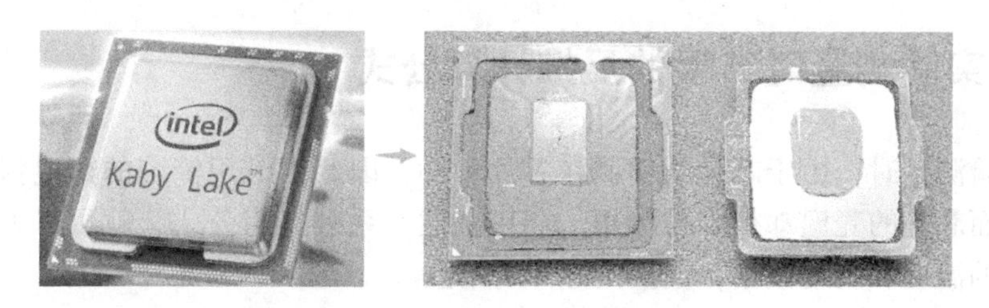

图 5-9　Intel CPU 上的金属盖

5.3.4　单板尺寸和导热系数

从热量转移的角度讲，单板实际上相当于安装在芯片背面的散热器。当单板尺寸变大，导热系数升高或芯片底部增加热过孔（见图 5-10）时，其对芯片的冷却效果会加强，此时，芯片结到空气的热阻也会降低。但当板的面积比芯片自身面积大很多时，单板尺寸加大则不会对热阻的降低起到明显作用，因为单板离芯片越远的区域，其对芯片的冷却效率越低。另外，需要注意的是，虽然单板的尺寸和导热系数会改变结到空气热阻，但结板热阻是内部导热热阻，是不会随着单板的属性变化而变化的。

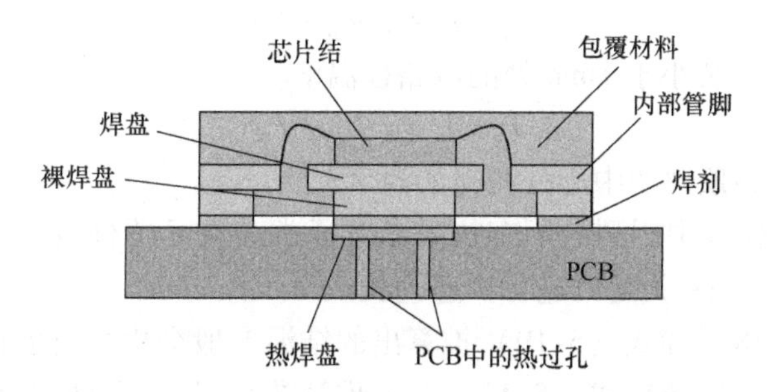

图 5-10　QFN 封装的芯片底部 PCB 加装热过孔来增强 PCB 导热性能，减小元器件结板热阻

5.3.5　芯片发热量以及外围气流速度

芯片发热量高时，通常情况下芯片温度会升高，此时，如果外部环境温度保持恒定，则芯片外表面的自然对流换热强度和辐射换热强度都会提高，从而使得结到空气的热阻降低。如果芯片不是自然散热，而是使用风扇等部件提高外围的气流速度，则会使芯片温度显著降低，从而大大降低 Θ_{JA}。可见，芯片发热量和外围气流的速度对热阻的影响原因，都是由于其加强了芯片外部的换热强度。结壳热阻和结板热阻都是芯片内部的导热热阻，这两个值并不会随着外部环境的变化而变化。

5.4 实验测量时结温的反推计算公式

实验测量时，由于芯片结埋藏在芯片中心，因此很难用传统的热电偶测量其温度。而芯片的壳温却很容易测得。利用上述一系列热阻公式，就可以方便地根据测得的温度和功耗数据，反推出芯片的结温。

$$结温\ T_j = T_a + (\Theta_{JA} \cdot P) \tag{5-15}$$

式中，T_j 为结温，T_a 为周围环境温度；P 为功耗，单位为 W。

$$结温\ T_j = T_c + (\Theta_{JC} \cdot P) \tag{5-16}$$

式中，T_j 为结温，T_c 为芯片封装表面温度；P 为功耗，单位为 W。通常，使用这一公式推算的结温要比实际值大，因为实际过程中，芯片发出的功耗不可能全部经由芯片顶壳传出。

$$结温\ T_j = T_b + (\Theta_{JB} \cdot P) \tag{5-17}$$

式中，T_j 为结温，T_b 为芯片封装表面温度，P 为功耗，单位为 W。通常，使用这一公式推算的结温要比实际值大，因为实际过程中，芯片发出的功耗不可能全部向封装底部经由单板传出。

T_j 也可用 Ψ_{JB}或 Ψ_{JT}的值来估算[8]。

$$T_j = T_b + (\Psi_{JB} \cdot P) \tag{5-18}$$

式中，T_b 为距离封装小于 1mm 处的电路板温度。

$$T_j = T_t + (\Psi_{JT} \cdot P) \tag{5-19}$$

式中，T_t 为在封装顶部的中心处测得的温度。

注意，上述公式中用到的所有热阻参数通常会在元器件规格书中体现，可以检索 thermal resistance 关键词进行快速查找。

使用式（5-18）和式（5-19）推算出的结温一般会更接近实际值。但即便如此，仍推荐使用（5-16）或（5-17）式来推算芯片温度。虽然其推算出的结果比实际结温大，但这符合可靠性设计原则，在无法确定前后散热量配比的情况下，这是更为稳妥的推算方式。芯片热特性参数推算的结温虽然更接近实际，但由于热特性参数的测试值会跟随测试所用散热强化手段相关，因此通常无法保证实际使用的散热方案中芯片热量前后配比与规格书中所述热特性参数测试条件下的一致，因此不能确定推测出的值到底比实际值大还是比实际值小。这不符合研发阶段的热设计原则。

5.5 常见的芯片封装及其热特性

电子产品中，封装或者连接分为 6 个等级，分别为：

0 级连接：晶圆内部门电路之间的连接；

1 级连接：晶圆与封装外围电路之间的连接；

2 级连接：元器件与单板之间的连接或元器件与元器件之间的连接；

3 级连接：PCB 之间的连接，如装有多块单板的背板或主板；

4 级连接：子系统之间的连接，如插箱与插箱之间的连接；

5 级连接：独立系统之间的连接，如网线连接。

1 ~3 级连接如图 5-11 所示。

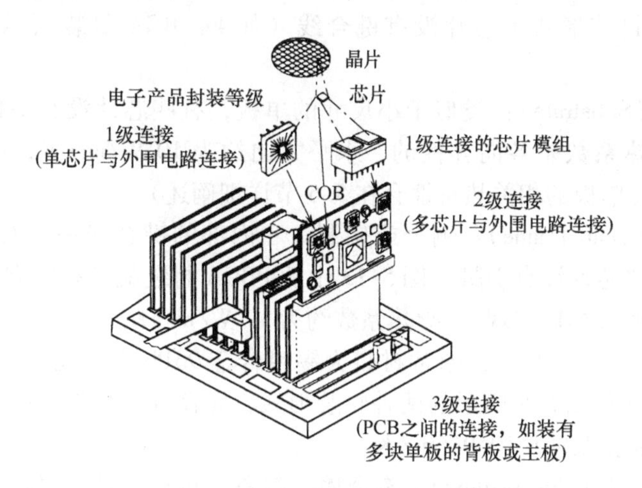

图 5-11　1 ~3 级连接示意图[9]

芯片封装热特性一般只涉及 1 级连接和 2 级连接（见图 5-12），但对于一些超高功率密度，需要在芯片内部实施微纳尺度冷却通道的芯片还需要考虑 0 级连接。

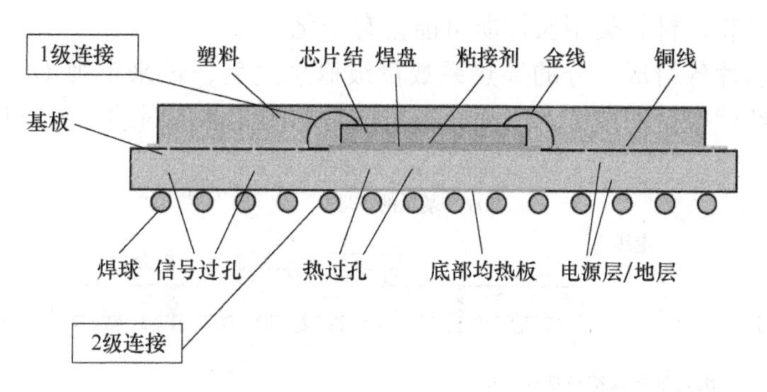

图 5-12　典型 PBGA 封装元器件的 1 级连接和 2 级连接

在分别分析各类常见封装形式的热特性之前，先对典型芯片的内部组成物质（可以参考图 5-13）进行定性的热分析。

1）芯片结（或晶圆，Die）：硅或砷化镓材料，芯片内部主要发热源，导热系数约为 100W/m · K。

2）黏结剂（Die Attach）：将 Die 固定到焊盘上的中间介质，导热系数较低，可以添加高导热填料（银）增加导热系数，导电银浆就是一种常用的黏接剂，黏接剂的导热系数约为 10^0W/m·K。

3）芯片焊盘（Die Pad）：一般是铜材，有热扩展和机械固定的作用，导热系数约为 10^2W/m·K。

4）键合线（Bond Wire）：金或铝制，数目等同于外面引脚数，信号传输、热量传输，有些封装形式中芯片没有键合线（如 FC-BGA 封装），导热系数约为 10^2W/m·K。

5）基板（Substrate）：类似于小尺寸的单板，有些芯片没有基板。与单板类似，基板的导热系数是各向异性的，水平方向约为 10^1W/m·K，厚度方向约为 10^{-1}W/m·K（单板的相关热特性会在 5.6 节详细阐述）。

6）引脚（Lead Frame）：铜金或铝制，和内部的键合线一一对应信号传输、热量传输，有些芯片没有引脚（图 5-13 中的 PBGA 封装就没有引脚，元器件与单板之间的连接通过焊球实现），导热系数约为 10^2W/m·K。

7）焊球（Solder Ball）：通常材料为锡铅合金 95Pb/5Sn 或 37Pb/63Sn，有些芯片没有焊球（如图 5-8 所示的两种封装形式，元器件与单板之间的连接通过引脚实现），导热系数约为 10^1W/m·K。

8）密封材料（Encapsulant）：有金属、陶瓷、塑料三种，塑料是最为常用的外围的、保护晶圆的材质，有些芯片（如裸 Die 封装的芯片）没有密封材料。密封材料的导热系数和材料类型紧密相关，塑料封装导热系数约为 10^{-1}W/m·K，金属或陶瓷封装则可高达数十甚至上百 W/m·K。

注意，上述各个组成部分的材料参数参考的是典型元器件中可能出现的物质。部分特殊的封装，材料类型及性质可能会有变化。

建立了芯片各组成部分的导热系数量级概念之后，再来审视不同封装形式元器件的热特性就变得简单了。下面介绍当前常见的元器件封装形式及其热特性。

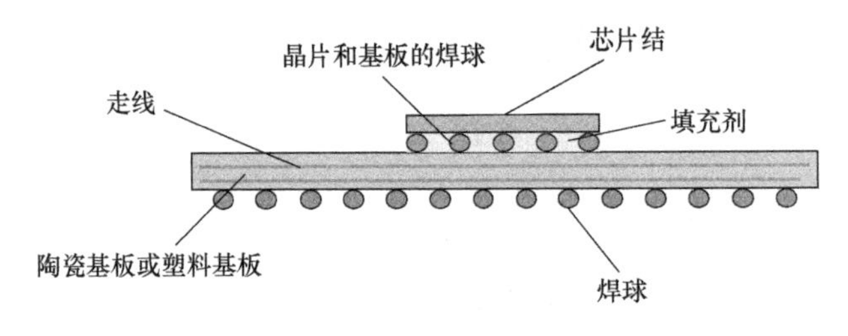

图 5-13　典型裸 Die 封装各组成部分

5.5.1　球栅阵列式封装

球栅阵列式（Ball Grid Array，BGA）封装是当前高集成度芯片最常用的封装，几乎所有高端 IC 均在使用这一封装。BGA 封装的最显著特征是其 2 级连接是以圆形或柱状焊点按阵列形式分布在封装晶圆下面，并且以二维分布的形式阵列开来。

根据晶圆外围封装材料和基板材质的不同，BGA 封装又分为如下三种：

塑料球形封装（Plastic Ball Grid Array Package，见图 5-12）：晶圆外围包覆材料为塑料，基板为常见 FR4 基板，由于塑料导热系数低，故其热阻相对较高。

陶瓷球形封装（Ceramic Ball Grid Array Package）：使用陶瓷基板，结板热阻相对较低。

裸 Die 封装（见图 5-13）：晶圆外围不再包覆材料，而是直接裸露在外，结壳热阻极低。

BGA 封装与单板之间的连接点是二维的形式，连接面更广，从热的角度上讲，相当于传热面积更大，因此结板热阻相对较低。另外，结到单板上的热阻可以通过在基板上施加热过孔，或在基板底侧正对芯片结处施加铜片来进行降低。裸 Die 封装的 BGA 芯片结直接暴露在外，最大程度降低了结壳热阻。

5.5.2　晶体管外形封装

晶体管外形（Transistor Outline，TO）封装是较早期的封装形式，多用在电源开关芯片，如图 5-14 所示。从热特性角度上分析，TO 封装的元器件有如下特征：

1）插针接触单板，插针与芯片结通过键合线连接，热量传递有限，通过单板的散热阻力较大；

2）芯片结外层往往包裹塑胶材料，故塑胶侧热阻较高；

3）金属侧热阻较低，是主要的传热路径；

4）TO 封装的结板热阻非常难定义，或者说，其值受工况影响较大。

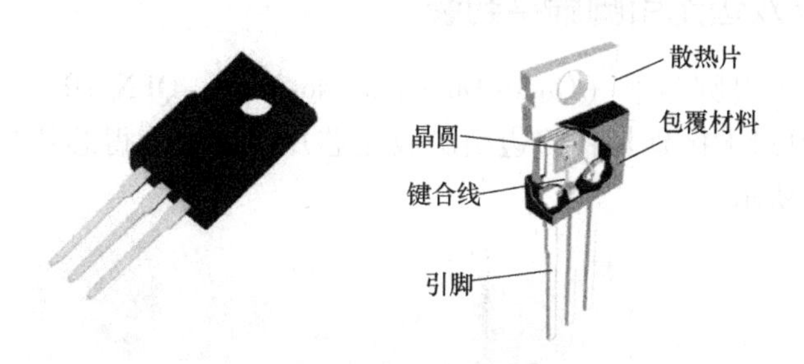

图 5-14　TO 封装元器件示意图

5.5.3　四边扁平封装

四边扁平封装（Quad Flat Pack，QFP）的元器件，其二级连接是一维分布，即只分布在芯片四边。四周引脚通过键合线与内部晶圆进行一一对应连接，引脚另一侧连接到单板上，如图 5-15 所示。

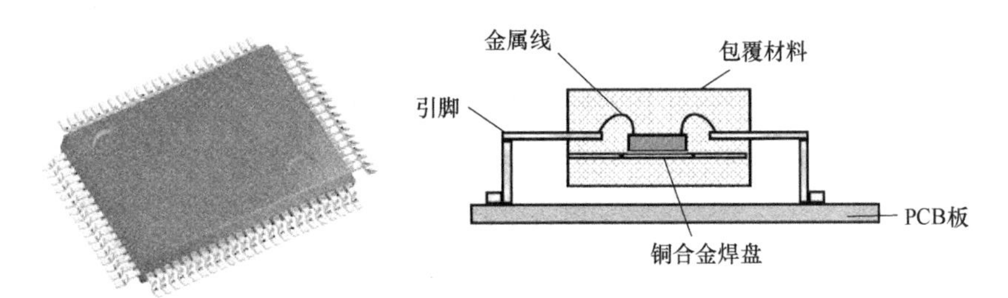

图 5-15　QFP 外形示意及典型内部结构和材料分布简图

从热特性角度分析，QFP 的元器件有如下特征：

1）热阻高，引脚成为传热的重要途径（一般仍小于 15%）；

2）多数 QFP 芯片底部不与单板接触，底部加热过孔收效甚微，特殊情况下可以在底部施加界面材料，连通芯片底壳和单板，降低结板热阻；

3）顶部由于大多采用塑料封装，故结壳热阻也比较大；

4）内部铜合金焊盘有助于在包覆材料内部均热；

5）塑料包覆材料导热系数低，当晶圆相对封装尺寸较小时，芯片正顶部温度较高，金属散热片均热效果好，可能导致热量回流，致使引脚温度变高，如图 5-16 所示。当引脚温度是芯片热可靠性控制参数时，应当注意热量的引流方向（如应加高而不是加长、加宽散热器）。

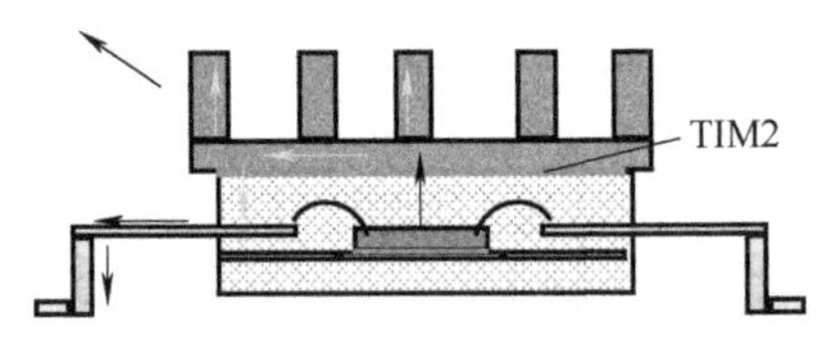

图 5-16　QFP 芯片的热量回流现象（灰色箭头表示热量流动路径）

5.5.4　四边/双边无引脚扁平封装

四边/双边无引脚扁平（Quad/Dual Flat No-Lead，QFN/DFN）封装是由 QFP 演变而来的。其最大区别是将四边引脚收至芯片内部，使得芯片封装体积大大缩减，如图 5-17 所示。

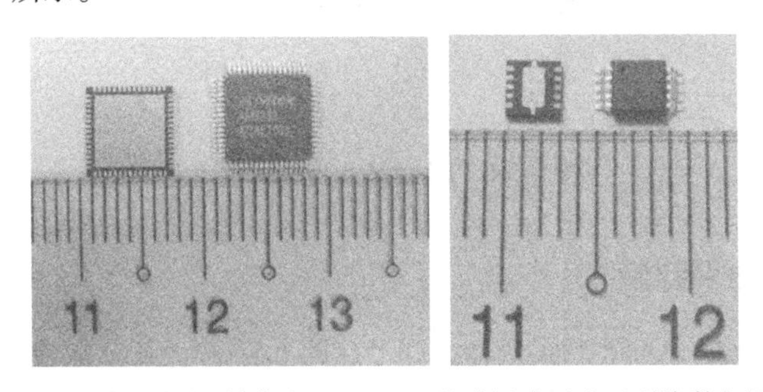

图 5-17　QFN/DFN 封装和 QFP/DFP 芯片尺寸对比（引脚数相同）

QFN 封装的基本热特性如下：

1）QFN 封装中 Die 所占封装的比例往往很大，故 R_{jc} 和 R_{jb} 都较小；

2）主要传热路径：Die→焊盘→裸焊盘→PCB；

3）次要传热路径：Lead；

4）QFN 芯片底部一般直触 PCB 地层（见图 5-18），因此芯片板下添加热过孔可以有效加强散热。

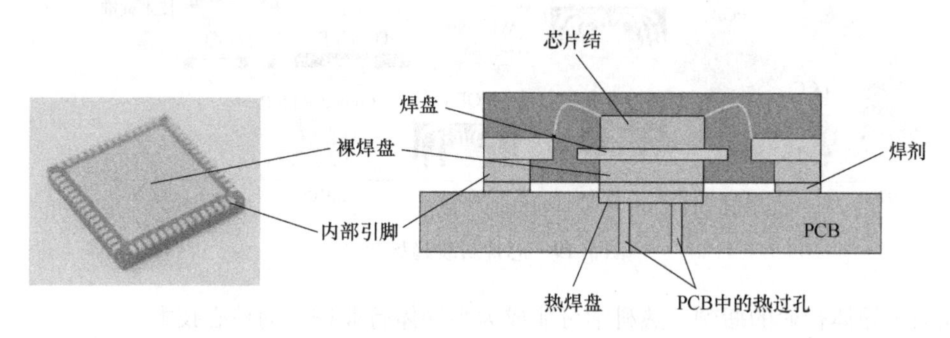

图 5-18　QFN 封装芯片内部结构及其单板之间的连接示意图

5.5.5　封装演变趋势和热设计面临的机遇与挑战

体积是目前所有电子设备面临的共同挑战。所有的产品经理都希望在尽可能小的设备上实现尽可能强大的功能，这一需求促使着所有相关行业飞速进步。元器件的封装也是如此。在尽可能小的空间内挤入更多晶体管，并使用封装技术保证芯片的可靠性正变得越来越难。图 5-19 描述了 1980～2010 年件芯片封装形式的演进，可以清楚看到单板和芯片之间的连接正从管脚连接演变为晶圆底部焊球连接，并且人们正不断尝试提高晶圆所占比例，20 世纪 90 年代就出现了芯片级封装（Chip Scale Package，封装相对于 Die 尺寸不大于 20%）。从芯片设计层面，人们开发出了 SOC（System on a Chip），而从封装技术角度出发，人们一直在努力实现 SIP（System in a Package）。对空间的持续追求和半导体制程的发展速度限制还促使人们开发出了 3D 封装及芯片堆叠，甚至晶圆级堆叠。

芯片封装集成度的提升为产品散热设计带来了前所未有的挑战。虽然架构的优化设计可以提高芯片的能效比，但晶体管的增多带来的发热量提升仍然会导致元器件平均功耗逐年攀升。晶体管本身的形式也正在进化。正在研究中的鳍式场效晶体管（FinFET，由于静电电流问题，业内当前认为 5nm 是 FinFET 的合理上限）的升级版闸极全环场效晶体管（Gate-All-Around FET，GAAFET）将进一步大幅度提升晶体管的密度，从生热机理角度分析，5nm 后更先进工艺的芯片热流密度会再次上涨。封装精度要求不断提升，晶体管尺寸不断减小，芯片对温度变化带来的力、电效应也越来越敏感。随着半导体制程濒临物理极限，热问题可能

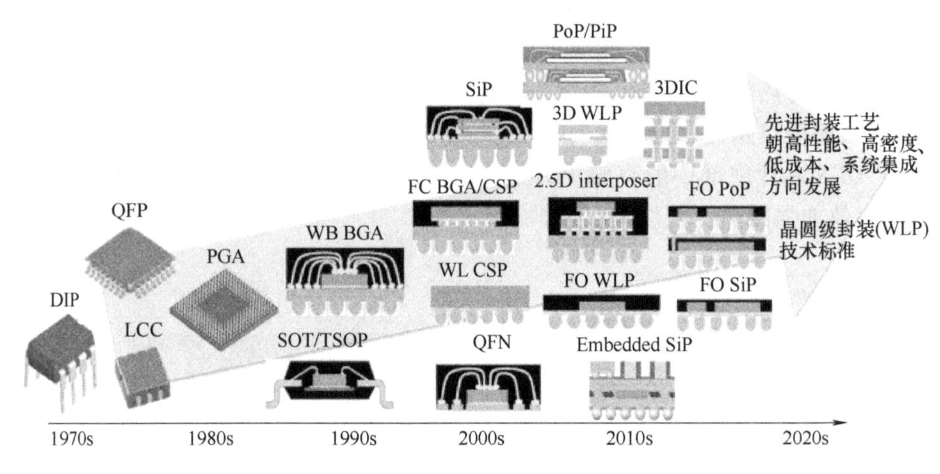

图 5-19　芯片封装趋势图[10]

成为半导体行业的瓶颈，热科学可能成为半导体行业进步的核心技术。

5.6 印制电路板热特性及其在热设计中的关键作用

印制电路板（Printed Circuit Board，PCB）又称为印刷线路板，是重要的电子部件。PCB 是电子元器件的支撑体和电子元器件电气连接的载体[11]。由于它是采用电子印刷术制作的，故被称为“印刷”电路板。

随着电子产品技术的发展，元器件的表贴化、小型化趋势越来越明显，产品的紧凑程度也不断增加。反映到电路板上，就是元器件密集度的不断增加。而从散热角度上考虑，则是热流密度的不断提升，从而导致产品散热问题日渐严峻。为了控制元器件温度，增强元器件与外部的热交换效率是关键举措。通过分析元器件的热阻路径可知，芯片有一部分热量可以通过引脚传递到单板上。在 LED 灯珠封装中，这一点尤为明显，几乎所有的灯珠热量都需要透过 PCB 进行散失[12]，如图 5-20 所示。

当元器件主要通过 PCB 进行热量散失时，PCB 自身的热特性对其温度影响就会变得非常明显。

5.6.1 PCB 热传导特点

目前，在电子行业遇到的单板绝大多数是多层板，如图 5-21 所示。多层复合结构的 PCB 主要由基板树脂材料和铜箔组成，信号层、电源层及地层之间等必须通过绝缘的树脂材料进行隔开。而实际上信号层，也就是铜箔层往往非常薄，树脂层才会占据大量空间。同时，因为树脂材料（FR4）的导热率［约 0.3W/(m·℃)］

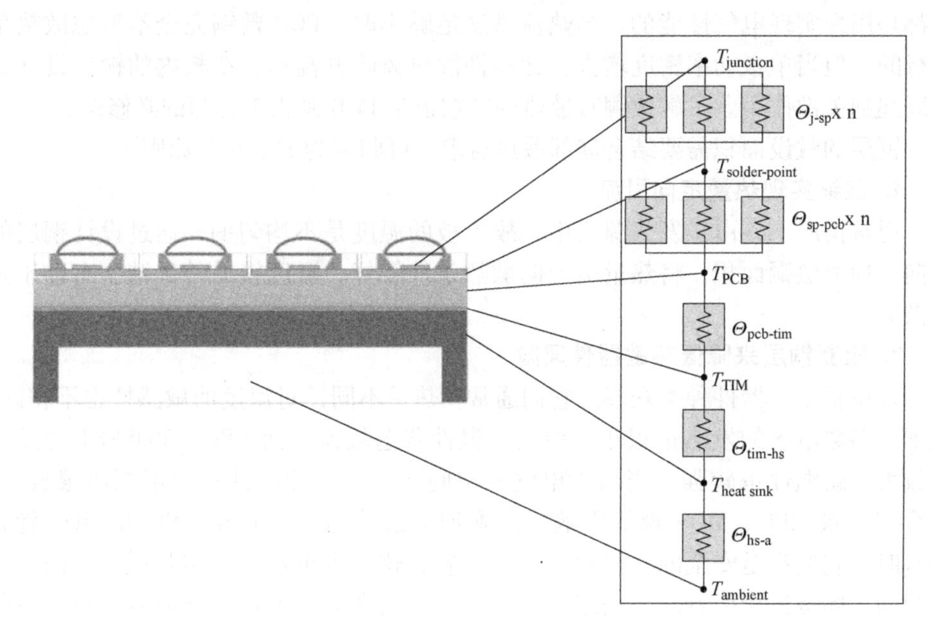

图5-20　阵列式LED灯珠的热阻网络简图[13]

远低于铜箔［约398W/(m·℃)］，因此PCB在厚度方向上的综合导热系数很低。通常，PCB在平面方向上的导热能力比法向上的导热能力强数十倍，多数PCB厚度方向的导热系数甚至低于0.5W/m·K，而平面方向却可以达到约30W/m·K。

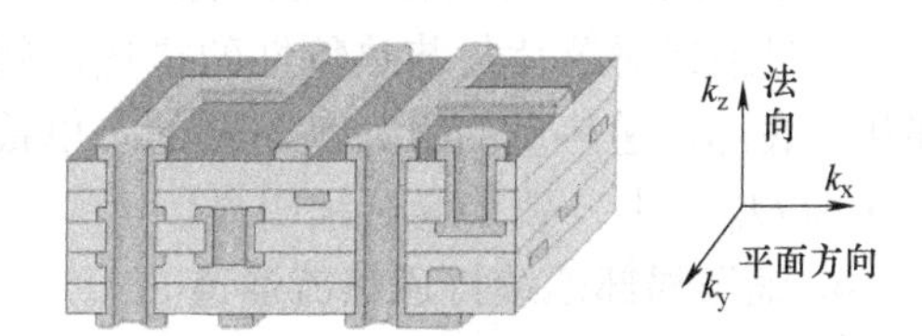

图5-21　单板的多层结构示意图

一个PCB板的宏观等效导热系数可以简单地通过傅里叶导热定律推算出来。

$$法向：\frac{1}{k_z}=\frac{\varphi_{FR4}}{k_{FR4}}+\frac{\varphi_{Cu}}{k_{Cu}} \tag{5-20}$$

$$平面方向：k_z=k_{FR4}\cdot\varphi_{FR4}+k_{Cu}\cdot\varphi_{Cu} \tag{5-21}$$

式中，φ_{FR4}为FR4的体积含量；φ_{Cu}为铜的体积含量；k_{FR4}和k_{Cu}分别为FR4和铜的导热系数。需要指出的是，式（5-20）和式（5-21）是在铜层均匀分布前提下推导出的，对于实际的单板，由于铜含量并非各处均匀，因此其导热系数不仅法向和平面方向导热系数不同，单板不同位置的导热系数也不相同。这样，就有了通过设计局部敷铜来改变单板的热传导能力，从而控制元器件温度这一热设计方法。

5.6.2　PCB铜层敷设准则——热设计角度

PCB敷铜可以提高抗干扰能力，降低压降，提高电源效率。一定程度上，这些都是用来实现电气性能的。当热流密度足够小时，PCB 敷铜完全不考虑散热是可行的。但当单板功率密度增大，元器件散热风险升高后，单板内的铜层设计就可以起到关键作用。了解敷铜对散热的影响也是 PCB 画板工程师的必修课。

铜层的敷设面积需要结合局部散热需求，可归纳为如下几个原则。

1. 敷铜实现热量定向引流

通常情况下，由于发热源集中，故单板的温度是不均匀的。通过设计铜层的走向，加大敷铜面积，将热量引导向散热条件较好、温度较低的区域会有助于热量散失。

2. 阻断铜层来降低热敏器件风险

在单板中，器件种类众多。它们通常发热量不同，对温度的敏感性也不相同。例如，多数电容的发热量很小，但其耐温性普遍较差。而 CPU、MOSFET 等发热量较大，耐温性也较强。当出于电气或空间要求，两种器件不得不距离很近时，电容就会被 CPU、MOS 管等影响。当施加的散热器可以保证 CPU 和 MOS 管在 95℃时，它们都是安全的，但对于一些电容，这个温度已经不可接受。这时，通过阻断、缩减连接两者间的铜层，可以从一定程度上缓解这些高温器件对低发热量且不耐温器件的烘烤作用。

3. 根据器件的封装特点定制铜层

通过前述对芯片封装热特性的描述可知，不同封装形式的芯片内部热量往顶部和往底部传递热量的阻力是不同的。单板敷铜对那些热量主要从底部散失的芯片（即 Θ_{JB}较小）效果会更加明显。

4. 铜层局部连续打通热流通道

由于 FR4 的导热系数极低，故铜层如果被隔断会极大降低单板热量的传递效率。可以看到，在厚度方向上，由于单板铜层被 FR4 隔断，单板厚度方向导热系数远低于平面方向。为了提高单板传热性能，在部分需要特殊强化散热的芯片底部，通过施加热过孔可以将导热效率高的铜层连接起来，从而提高芯片热量传递到单板上的效率。

5.6.3 热过孔及其设计注意点

当热量从芯片结发出，经过衬底传导到芯片底部后，就需要进入 PCB。这时，如果不施加过孔，则热量在进入 PCB 后，就必须经由导热性能极低的 FR4 才能散发到单板的背面来。这显然非常不利于热量的散失。

当过孔位于芯片下方时，其直接洞穿 PCB，过孔孔壁材料一般为铜，孔内如果填锡，则整个过孔都是由金属组成，纵向的导热系数相对无过孔时大大提高。同时，过孔贯穿 PCB，相当于将平面方向导热率较高的信号层、电源层、地层的铜箔层连接起来了，芯片自身的热量可以更顺畅地在单板平面方向铺展开来。因此，过孔可以大大降低底部散热器件的温度。施加热过孔后，芯片在单板测的主要传热路径如图 5-22 所示。

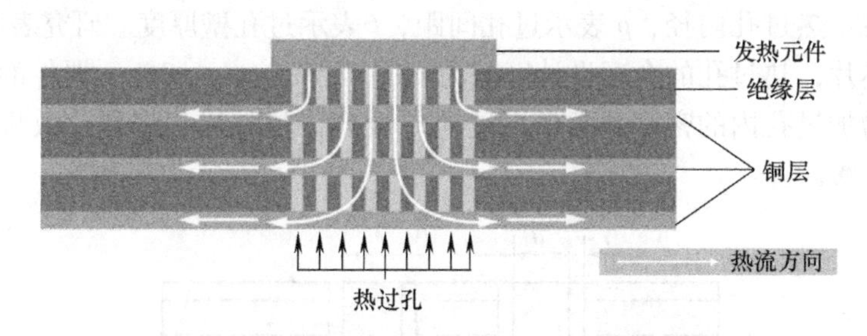

图 5-22　施加热过孔后芯片的主要传热路径

注意，虽然绝缘层导热系数很低，但仍然会有一小部分热量通过绝缘层往四周扩展，图 5-22 中未画出。

1. 配合芯片封装

需要注意的是，热过孔改善的是 PCB 到单板侧的传热。而芯片的热量要传递到单板上，还需要经过芯片内部的封装材料。当封装工艺使得结到板的热阻 Θ_{JB}很低时，如图 5-23a 所示的 QFN 封装，IC 芯片底部的焊盘直接可大面积接到地层，这时在其下方的单板上施加热过孔对芯片温度控制将有非常明显的效果；而当芯片结板热阻 Θ_{JB}较大时，如图 5-23b 所示的 QFP，芯片底部与 PCB 之间甚至存在空隙，芯片热量难以导向 PCB，从而导致施加热过孔改善幅度较为有限。

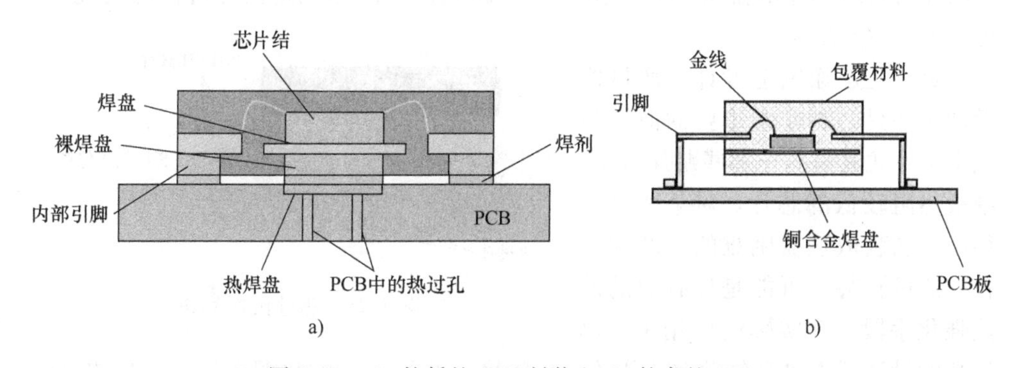

图 5-23　Θ_{JB}较低的 QFN 封装和 Θ_{JB}较高的 QFP

2. 连接方式、几何参数和填充材料

热过孔有两种连接方式，一种是铜线连接方式，一种是敷铜连接方式。这两种不同连接方式对器件结点温度的影响也不相同。敷铜连接方式热通路面积大，对于散热效果的强化优于铜线连接。有时，为进一步加强散热，在空间允许的情况下，还会对芯片位置处单板正反两面的散热焊盘敷铜区域进行周向扩展，加大换热面积。

热过孔的几何参数包含过孔内径、孔间距和孔壁厚度等。合理设计热过孔的几何参数能有效改善 PCB 的散热能力，同时不过度增加制板成本。如图 5-24 所示，用 d 表示热过孔内径，p 表示过孔间距，t 表示过孔壁厚度。研究表明[14]，对于常见的芯片，热过孔的合理设计区域为 $d/p>25\%$，$t/p>2\%$，器件的结温在此区域内再增加过孔内的密度和孔壁厚度对单板的传热效果仍有强化效果，但强化曲线变得平缓。

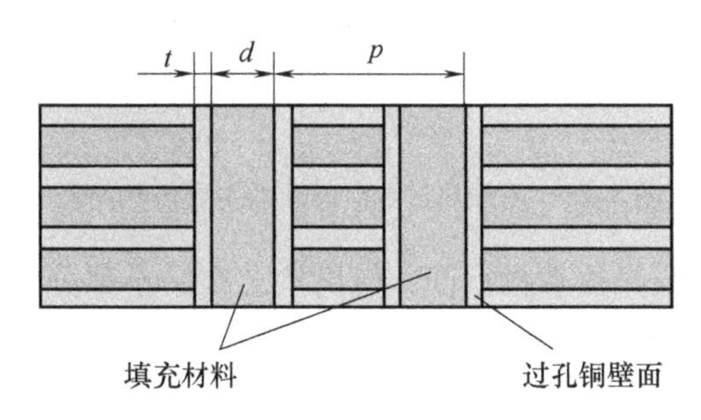

图 5-24　热过孔的几何参数示意

热过孔的孔壁材质是铜，孔内根据需要可以选择是否填充其他材质。图 5-25 所示为未填充的过孔，中间将会是空气。显然，在过孔中填充高导热系数的物质会进一步提升过孔对单板厚度方向上导热的强化作用。但这些填充会带来成本增加以及单板生产过程中的溢锡（当填充物是金属锡时）问题。有计算表明，热过孔填充与否对芯片的温度影响甚微[14,15]。因此，在散热风险已经可控的情况下，可以考虑放弃填充。

热过孔是除风道设计、散热器设计之外另一种非常重要的散热强化手段。尤其是对于那些贴片封装、结板热阻较低的芯片。对某些尺寸很小、加装散热器困难的小芯片而言，热过孔甚至可能是最有效的散热强化手段。在实际的应用中，热过孔的设计还需要充分考虑芯片的功率密度、芯片周边的热源布局、芯片的具体封装特点、单板内铜层的敷设特点以及芯片正面的散热强化手段等因素。热设计工程师应当对其建立深刻认知，在产品中视具体需求充分体现。

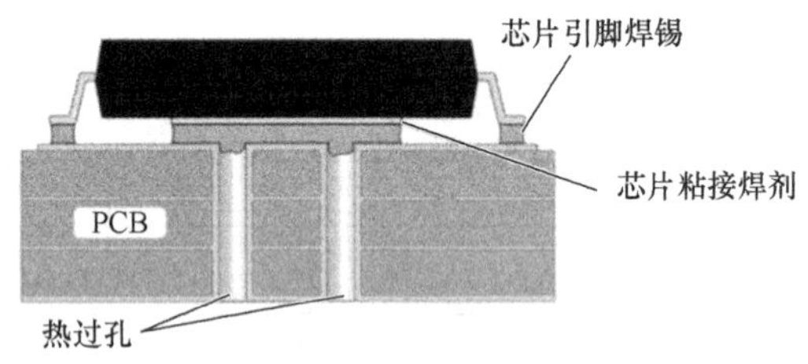

图 5-25　热过孔放大图

5.7 本章小结

元器件是发热源，其内部构造和发展趋势对热设计方案及其研究方向有重要影响。封装材料和工艺的进步正是 1.2 节所述温度问题的内部解决方案。过去，外部空间足够，热流密度相对较低，仅利用这些资源就可以保障器件的热安全性，但这种情况已经不复存在了。热设计者必须洞察所有对温度有影响的环节和因素，才有可能将整个设计做到极致，这其中显然包括元器件的封装工艺和材料选择。元器件的封装是一个宏大而复杂的课题，它横跨电气、材料、化学、热学、力学、光学等多个学科，作者水平有限，仅从表面上叙述了对散热最为关键的封装概念。可以断言，芯片层面的热控制技术将是未来高端芯片的核心技术之一。

参考文献

[1] 李可为. 集成电路芯片封装技术 [M]. 2 版. 北京：电子工业出版社，2013.

[2] 杨世铭，陶文铨. 传热学 [M]. 3 版. 北京：高等教育出版社，1998.

[3] DARVIN E，HIEP N. Semiconductor and IC Package Thermal Metrics [Z]. 2016.

[4] JESD15-3. Two-Resistor Compact Thermal Model Guideline [S]. 2008.

[5] EIA/JESD51-1. Integrated Circuits Thermal Measurement Method—Electrical Test Method (Single Semi-conductor Device) [S]. 1995.

[6] Thermal Characterization of IC Packages [Z/OL] [2020-01-15]. https://www.maximintegrated.com/en/app-notes/index.mvp/id/4083.

[7] YOUNES S. 传热学：电力电子器件热管理 [M]. 余小玲，吴伟烽，刘飞龙，译. 北京：机械工业出版社，2013.

[8] JESD51-12. Guidelines for Reporting and Using Electronic Package Thermal Information [S]. 2005.

[9] SERGIO LOPEZ-BUEDO，EDUARDO BOEMO. Electronic Packaging Technologies [Z].

[10] Trends in Package Development. [Z/OL] [2020-01-15]. http://www.fujitsu.com/downloads/MICRO/fma/pdf/a810000114e.pdf.

[11] Printed circuit board. [Z/OL] [2020-01-15]. https://en.wikipedia.org/wiki/Printed_circuit_board. 2018.

[12] LASANCE C J M，POPPE A. Thermal Management for LED Applications [J]. Solid State Lighting Technology & Application，2014，2.

[13] Thermal Management of Cree® XLamp® LEDs. [Z/OL] [2020-01-15]. www.Cree.COm/XlAmp.

[14] 黄云生. 电子电路 PCB 的散热分析与设计 [D]. 西安：西安电子科技大学，2010.

[15] 李增珍. 印刷电路板散热过孔导热率计算方法及优化 [J]. 现代电子技术，2014，419 (12)：143-147.

第6章 散热器的设计

在传热学理论中可以看到，增大面积是强化传热的有效手段。散热器的本质就是一个可以在相同空间内扩大传热面积的部件，当然，扩大到什么程度，如何扩大，需要综合许多工程因素。本章将讲述为什么这些因素有影响，以及如何考虑这些因素。

6.1 散热器设计需考虑的方面

散热器的设计主要考虑以下几个方面：

1）发热源热流密度；

2）发热元器件温度要求；

3）产品内部空间尺寸；

4）散热器安装紧固力；

5）成本考量；

6）工业设计要求。

6.1.1 发热源热流密度

热量从发热元器件到散热器之间的传递方式是热传导。通常情况下，散热器的基板面积会大于发热元器件的发热面积。当元器件热流密度较大时，扩散热阻（Spreading Resistance）对热量传递的影响就会显现。

扩散热阻一个简化直观的定义是：当热源与基板的面积相差比较大时，热量从热源中心向边缘扩散所形成的热阻叫扩散热阻。

下面将通过一个实际的仿真来描述散热器设计时需要如何考虑扩散热阻，模型如图6-1所示。

主要情景设置：

1）环境温度：20℃；

2）冷却方式：强制对流；

3）风量：固定，5 CFM；

4）芯片功耗：20W；

5）芯片模型：块简化，导热系数15W/(m·K)；

6）散热器三维尺寸：40mm×40mm×20mm，材质为Al6061；

7）界面材料：为了显性化散热器设计，先不考虑TIM，仿真中不设置TIM；

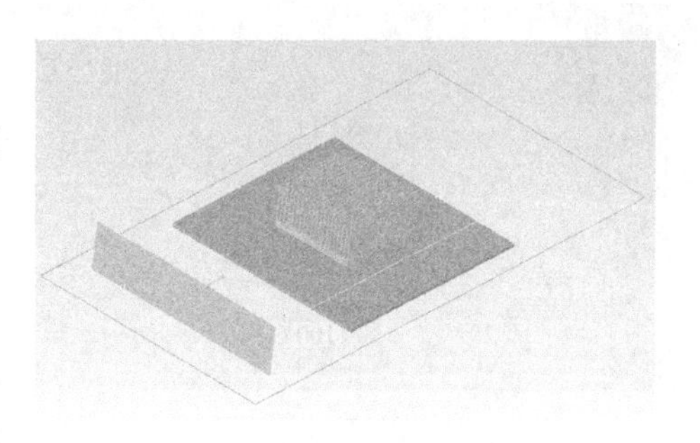

图6-1　仿真模型图示

8）仿真工具：Flotherm 12.0。

维持主要场景所有设置，芯片尺寸分别设置为30mm×30mm和10mm×10mm。仿真结果如图6-2所示。

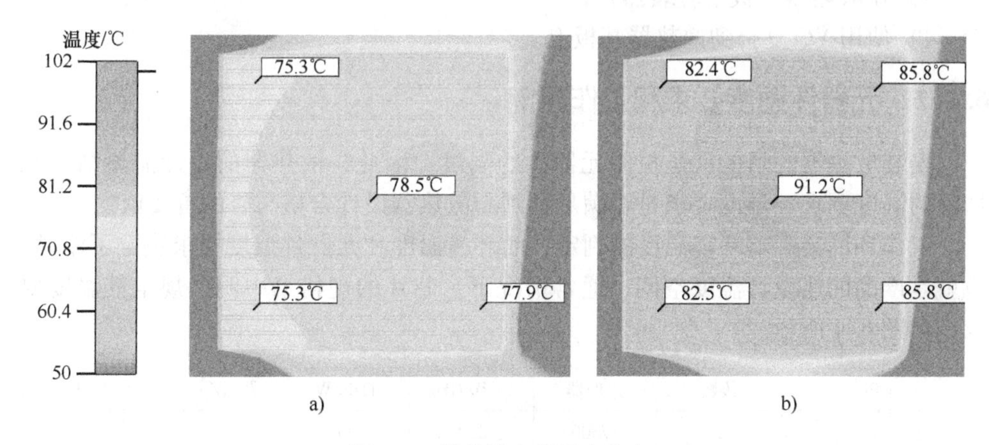

图6-2　散热器底部温度分布

a）芯片尺寸：30mm×30mm　b）芯片尺寸：10mm×10mm

两种芯片尺寸下，表面热流密度分别为

30mm×30mm：$P_{dens}=20/30/30=0.022\text{W/mm}^2=2.22\text{W/cm}^2$

10mm×10mm：$P_{dens}=20/10/10=0.2\text{W/mm}^2=20\text{W/cm}^2$

芯片尺寸缩减后，热流密度增大了9倍。散热器在没有做任何变更的前提下，就造成了芯片约20℃的上升，如图6-3所示。

可以看到，由于扩散热阻的存在，芯片热流密度增大时，散热器边缘的温度会明显低于贴合芯片处的温度，散热器边缘处的利用率下降。结论：同样一个散热器应用于相同的场景，当发热源的热流密度增加时，其有效热阻将增加。

对于热流密度比较大的芯片，常见的减小扩散热阻的方法有以下几个：

1）加厚散热器的基板，降低热量在平面方向上的传输热阻；

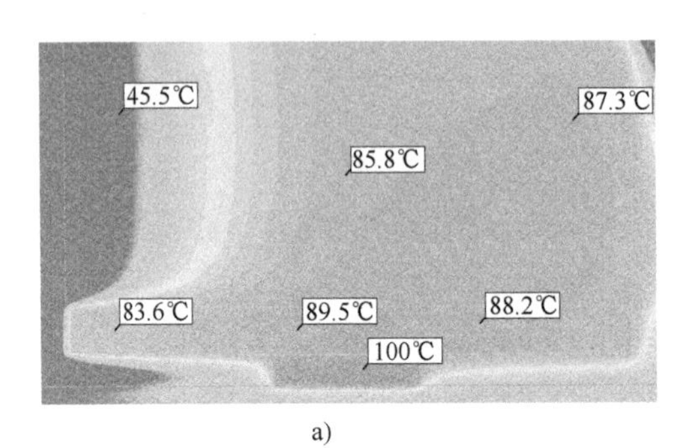

a)

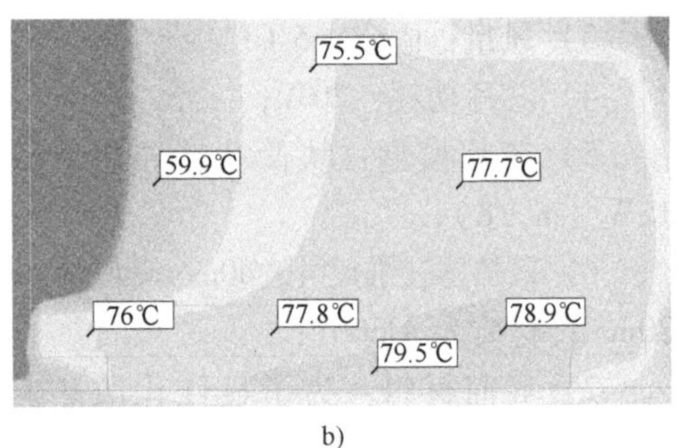

b)

图 6-3　散热器界面温度分布

a）芯片尺寸：10mm×10mm　b）芯片尺寸：30mm×30mm

2）使用导热系数更高的散热器材料；

3）在散热器基板上埋装热管；

4）使用 VC 复合到散热器基板上。

6.1.2　元器件温度要求和工作环境

安装散热器的目的就是控制元器件的温度，因此，散热器的设计需要结合元器件的温度要求。温度要求是否满足是判断散热器设计合格与否的首要依据。

工作环境会影响环境温度的判定，而环境温度和元器件温度要求决定了温升，也就是产品的热设计温度空间。通常情况下，芯片的规格书中明确规定其温度要求，如图 6-4 所示。

CPU	核数	处理器	频率/GHz	TDP/W	T_{jmax}/℃	T_{jmin}/℃
Intel® Core™2 Duo 处理器	2	T7500	2.2	35	100	0
	2	T7400	2.16	34		
	2	L7500	1.6	17		
	2	L7400	1.50	17		
	2	U7500	1.06	10		

图 6-4　某 Intel 芯片最高允许温度（来自 www.intel.com）

值得指出的是，一个系统中，并不是温度越高的元器件风险就越大，因为不同元器件的温度规格不同。例如，MOSFET 通常可在 120℃ 时仍保持长期稳定运行，而普通水桶电容此温度一般为 84℃（水桶电容有寿命计算公式，84℃ 约对应 2.5 年的持续使用时长）。对于这两种器件，110℃ 的 MOSFET 实际上比 100℃ 的水桶电容更加安全。

元器件的工作环境影响的另外一个因素就是散热器的材质和表面处理方式。散热器应用于室内和海边时，其所处的环境显然差异很大，对于后者，散热器表面的处理必须考虑防腐蚀。当散热器直接暴露于阳光下使用时，其对可见光的吸收率也必须得到合理控制。

6.1.3　产品内部空间尺寸

常见的电子产品中，散热器是热设计方案的核心体现，也是产品中最占据空间的部件之一。散热器的设计需要与结构工程师通力合作，确保符合空间尺寸要求。

产品内部的空间尺寸是散热设计的关键边界条件。散热器强化换热的根本依据在于其能够扩展换热面积，而空间尺寸的限制，实际上限定了散热器的尺寸，这在某些情境下，将会限制产品的散热能力。例如，通常服务器的宽度为 19in，高度常有 1U、2U、3U、4U、5U、7U 系列；对于笔记本电脑，厚度是产品的核心竞争力，散热器的齿高因此受到限制。一些结构非常紧凑的产品中，几何尺寸是产品的核心竞争力之一，如图 6-5 所示。散热器的尺寸缩减需要考虑产品内部的构造，充分利用各处空间来强化散热。

图 6-5　Mac Pro 紧凑的内部空间

6.1.4　散热器安装紧固力

从传热角度上讲，散热器安装的紧固力主要影响导热界面材料的热阻。当散热器紧固力加大时，柔性的导热界面材料会被更好地压缩，从而实现更低的热阻。设计散热器时，需要结合产品的热流密度选用合适的界面材料，然后根据材料属性确定安装紧固力，最终将这一力的要求反馈给结构工程师和力学工程师，设计能够满足要求的紧固螺钉。

显然，紧固力并不是热设计工程师要求多少，就可以施加多少。紧固力必须符合器件的承受要求。例如，Intel Duo 系列 CPU 能承受的最大压力是 15lbf（1lbf = 4.44822N），换算成芯片表面的压强，约为 66.7psi（1psi = 6894.757Pa）。如果超出这一限定，则芯片焊锡球将无法承受相应的力。同时，由于芯片表面的导热界面材料需要有一定的压紧力才能保证接触热阻，因此 Intel 官方推荐的最小压强为 20psi。

6.1.5 成本考量

散热器设计中成本的影响不言而喻。散热器的成本影响因素包括但不限于以下几点：

1）加工工艺；

2）散热器外形复杂程度；

3）散热器材质；

4）表面处理方式；

5）是否需要开模；

6）需求量。

其中，5）表示散热器可以直接借用历史项目中应用的版本，不用做更改，可以节省成本和提高效率。

除此之外，热设计工程师还必须掌握常见的机械加工工艺知识，保证设计的方案在工程上是可实现的。设计前期，与加工商充分沟通，从散热效果和加工成本两个角度进行权衡，获得综合性价比最高的散热器设计方案是十分必要的。

6.1.6 外观设计

部分产品中，散热器会直接裸露在外，或者产品自身特点决定散热器的外观必须受到约束时，就必须考虑其外观造型，如图 6-6 所示。外观造型不仅指其几何形状，还有表面处理方式。散热器设计时，表面处理方式导致的热阻增加往往是容易忽略的一点，设计时应当尤其注意。

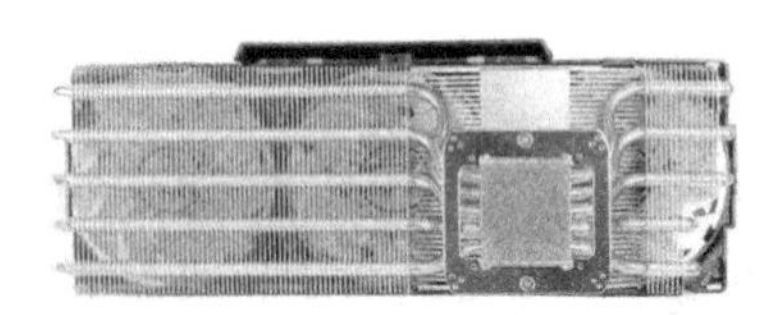

图 6-6　一些注重外观的散热器设计，从左至右分别为：显卡散热器、个人计算机用 CPU 风冷散热模组、小功率 LED 灯散热器

6.2 几种常见的散热器优化设计思路

散热器是电子产品热设计中最常用到的散热强化部件，其强化原理是增加换热面积。同热设计所有部件的设计类似，散热器的优化设计思路也需要从热量传递的三种基本方式出发。

6.2.1　热传导——优化散热器扩散热阻

当电子元器件上方附加散热器时，热量从器件内部传递到散热器上，以及热量在散热器内部的传递都属于热传导。经典传热学中热传导可以用傅里叶导热公式描述

$$q'_x = -kA\frac{\partial T}{\partial x} \tag{6-1}$$

式中，q'_x 为 x 方向的传热速率，单位为 W；T 为温度；A 为导热方向截面积；k 为导热系数。

从式（6-1）可以看出，导热系数和导热截面积是热传导中影响传热效率的两个关键变量。

在常见的金属中，铝合金和铜合金的导热效能和经济性综合表现较好，因此常见的散热器材质主要是铝合金和铜合金，见表 6-1。

表 6-1　常见机加工材料在常温下的导热系数

材料名称	导热系数/[W/(m·K)]	材料名称	导热系数/[W/(m·K)]
银 99.9%	411	6061 型铝合金	155
硬铝 4.5% Cu	177	1070 型铝合金	226
纯铜	398	黄铜 30% Zn	109
铸铝 4.5% Cu	163	1050 型铝合金	209
金	315	钢 0.5% C	54
纯铝	237	6063 型铝合金	201

提高导热系数是为了降低扩散热阻，扩散热阻尤其在芯片热流密度较高，或者翅片长厚比较大时表现明显。但材料的导热系数提高是有限的，提高散热器基板厚度、翅片厚度等从导热截面面积出发的手段又受到空间的限制。这样，热管和均温板的使用在某些热流密度大的场景就非常有优势，如图 6-7 所示。

热管和均温板的具体选用和散热强化原理将会在第 9 章详细阐述，简单来讲，可以将其视为一种导热系数极高的传热部件。在高热流密度的场景中，通过在散热器底部镶嵌热管或均温板，可以有效降低扩散热阻，优化散热。

6.2.2　对流换热——强化对流换热效率

元器件的热量通过热传导传递到散热器上之后，需要通过对流和辐射换热将热量散逸到环境中去，完成热量的散失。散热器翅片和周围流动的空气之间的换热方式是对流换热。先来看用来描述对流换热的牛顿冷却定律

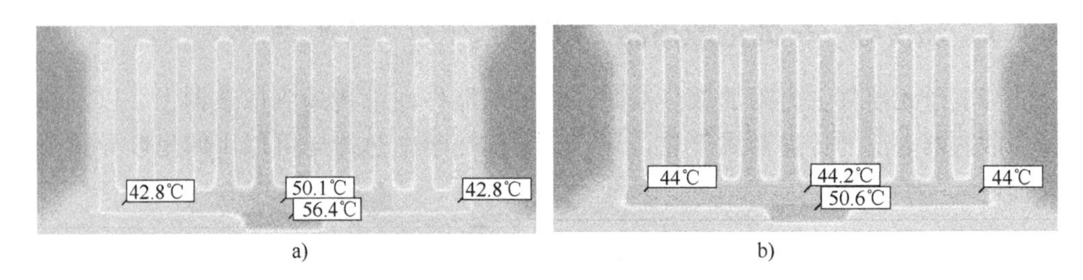

图 6-7　均温板的效果仿真示意图

a）无均温板　b）底部镶嵌均温板

注：图示数字仅供定性示意均温板的效果，具体情况以实际场景为准。

$$q = hA(T_w - T_f) \tag{6-2}$$

式中，q 为传热量；h 为对流换热系数；A 为换热面面积；T_w 为固体表面温度；T_f 为流体温度。

显然，通过提升对流换热面积可以直接强化换热，但提升换热面积通常意味着散热器要做的尺寸更大，进而导致产品整体尺寸变大。这不符合电子产品越来越紧凑的趋势。另外，绝大多数情况下，加大散热器还意味着散热成本提升。当空间给定时，加大散热面积还必须要考虑系统风阻，因为细密的散热器在加大散热面积的同时还会增加风阻，影响内部空气流动，进而降低对流换热系数。一个常规的现象足以说明翅片密度和风阻之间的关系这一点，即强迫风冷的产品中散热器翅片密度通常比自然散热产品中散热器翅片密度大，如图 6-8 所示。

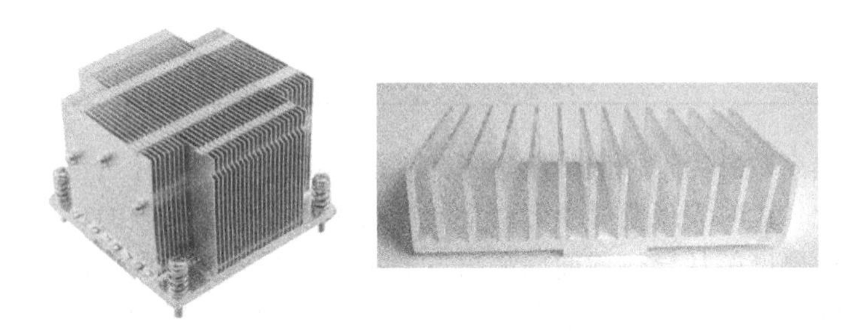

图 6-8　强迫风冷服务器中的细密齿散热器和自然散热产品中的稀疏齿散热器

可以看到，在牛顿冷却定律中，换热面积和对流换热系数是一个乘积的关系，要获得最佳的散热面积和对流换热系数的综合最优值，需要多次测试优化对比。由于仿真软件的广泛使用，在打样测试前，为节省成本，提高效率，通常会进行仿真预测最优的散热器设计方案。寻找散热面积和对流换热系数的综合最优点是热设计工程师的重要工作内容。

除了单纯改变散热器齿间距来获得更高的对流换热系数，散热器的断齿、斜齿、开花齿等，如图 6-9 所示，都是在散热面积与对流换热系数之间做权衡。通过降风阻、间隙吸入冷风的效应来优化散热效果。

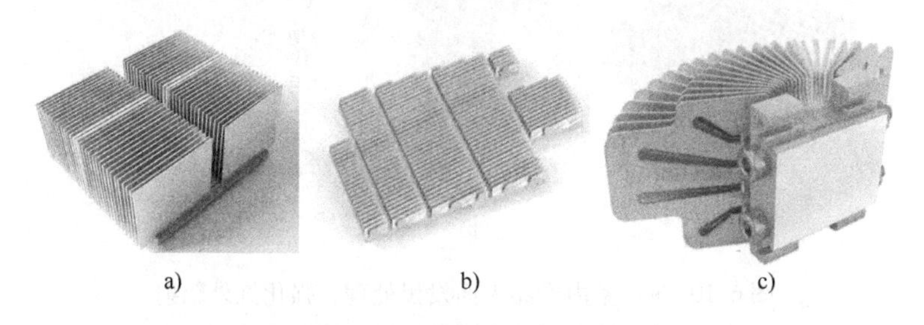

图 6-9　一些通过扰动空气流动提高换热效率的散热器设计
a）断齿设计　b）斜齿 + 断齿设计　c）开花齿设计

在系统级的产品中，散热器设计、风扇选型和风道设计三者之间的组合优化是相当复杂的。当存在多个发热点、多个散热器、多个风扇时，需要各部件之间相互配合，做到有效利用系统风量，弱化彼此热点间的级联效应，从而达到最优的设计组合。

6.2.3　辐射换热——选择合适的表面处理方式

使用自然散热的电子产品，辐射换热往往占有不可忽略的比例。当散热器几何结构设计已经完成时，表面处理方式会显著影响换热效果。电子产品工作的温度范围内，红外线是主要的辐射波长，辐射换热强度与产品的红外辐射率成正比。对于暴露在阳光下的户外产品，设备表面与太阳之间的辐射换热则与其可见光辐射率成正比。常见表面的红外辐射率见表 6-2。

表 6-2　常见表面的红外辐射率[1]

表　　面	红外辐射率	表　　面	红外辐射率
铝　　箔	0.05	氧　化　铜	0.5 ~ 0.8
铝（表面抛光）	0.03	黑漆	0.97
铝（阳极氧化）	0.7 ~ 0.9	白漆	0.93
铝（拉丝）	0.2	白纸	0.9
铜（表面抛光）	0.03	白雪	0.97

注：表面的红外辐射率与其表面温度有关，列示的值仅供参考。

由上可知，对于辐射换热，表面处理应当按照如下思路进行设计（见图 6-10）：

1）室内产品：结合散热器的工作温度，提高表面红外辐射率；

2）散热器暴露在阳光下的产品：提高表面红外辐射率，降低表面可见光吸收率。

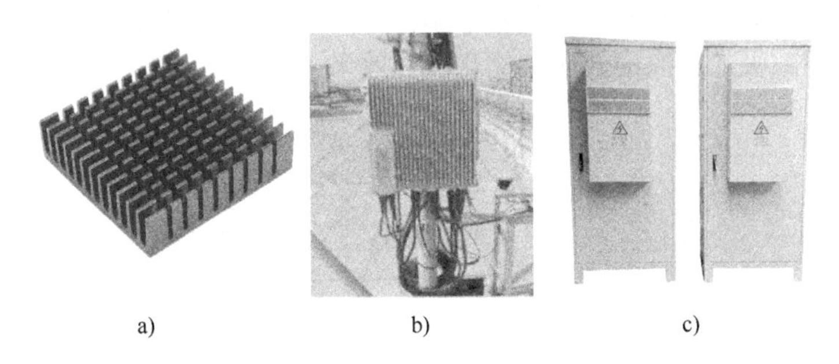

a)　　b)　　c)

图 6-10　a）室内产品表面发黑处理，强化红外辐射
b）、c）室外产品表面喷涂浅色涂料，降低可见光吸收率

6.2.4　总结

假定产品内部其他部分设计都已定型，从三种基本热量传递方式的角度进行归纳，散热器的主要优化思路汇总见表 6-3。

表 6-3　散热器优化思路汇总

传热方式	对应优化思路
热传导	1）使用高导热系数的材料 2）使用热管/均温板等均热部件，降低扩散热阻 3）齿厚、基板厚度等影响扩散热阻的散热器参数
对流换热	1）改变齿数、齿高、基板厚等关键形状参数，使得散热器达到传热面积和流动阻力的综合最优值 2）散热齿异形、断齿、错齿、斜齿设计，配合系统风道，充分利用产品内部空间，提高换热强度
辐射换热	1）辐射换热主要影响室内自然散热的产品和室外暴露在阳光下的产品，除了扩展散热器面积，还需要选择合适的表面处理方式 2）室内产品：结合散热器的工作温度，提高表面红外辐射率 3）散热器暴露在阳光下的产品：提高表面红外辐射率，降低表面可见光吸收率

6.3　散热器设计注意点汇总

散热器的选型性能要求检查包含如下几项，需要与结构工程师配合完成：

1）几何尺寸：齿厚、齿高、基板厚、散热器整体长宽高；

2）散热器底部平面度是否符合要求；

3）如果要求来料自带硅脂，检查硅脂型号和涂抹面积；

4）散热器热阻：在要求工作状况下，热阻满足要求；

5）散热器材质；

6）热管要求：热管布局、热管传热量、热管热阻、热管可靠性；

7）VC 要求：VC 尺寸、VC 传热量、VC 热阻、VC 可靠性；

8）散热器表面处理；

9）螺钉紧固力；

10）支持运行的温度及湿度；

11）支持的存储温度及湿度；

12）UL、RoHS 和 HF 等环境要求。

6.4 本章小结

散热器是热设计核心物料。广义上讲，任何有助于通过扩展面积来降低发热源温度的对象都可称为散热器。散热器表面上看起来仅仅是个结构件，但因为它并非单一可变量，故其真正的优化设计并不容易。仅就空间一个因素来谈，空间越大，散热器可实现的表面积就越大，但散热效能的提升和空间的扩展并非呈线性关系：空间翻倍，而效能无法翻倍，这涉及产品空间的利用。而空间对所有工程师都是至关重要的设计资源：硬件工程师希望摆放元器件，结构工程师可以放置安装孔位或加强强度的结构件，工业工程师期望利用这些空间实现更好的外观。热设计师必须能够澄清不同位置的空间用到散热上带来的价值，或者这些空间的变化会对散热造成什么影响，并且简明、有说服力地传递给各方，必须承认这是一个非常难掌握的能力。

参考文献

[1] YOUNES S. 传热学：电力电子器件热管理［M］. 余小玲，吴伟烽，刘飞龙，译. 北京：机械工业出版社，2013.

第7章 导热界面材料的选型设计

7.1 为什么需要导热界面材料

受限于机械加工精度，刚性界面间会存有极细微的凹凸不平的空隙。图7-1a所示为刚性界面间热量传递的路径，由于空气导热系数低［25℃时，空气导热系数仅为0.026W/(m·K)］，所以界面间的空隙会使得热量的传递变得困难。在界面间填充高导热柔性材料［导热系数一般在1～6W/(m·K)之间］是降低接触热阻的有效方法。由于应用场景处于刚性接触界面，因此，这类材料又称为导热界面材料（Thermal Interface Material）。在常规的电子产品中，如果元器件直接与刚性面接触（如芯片和散热器之间，元器件和水冷板之间等），一般会施加导热界面材料来保证热量的高效传递。

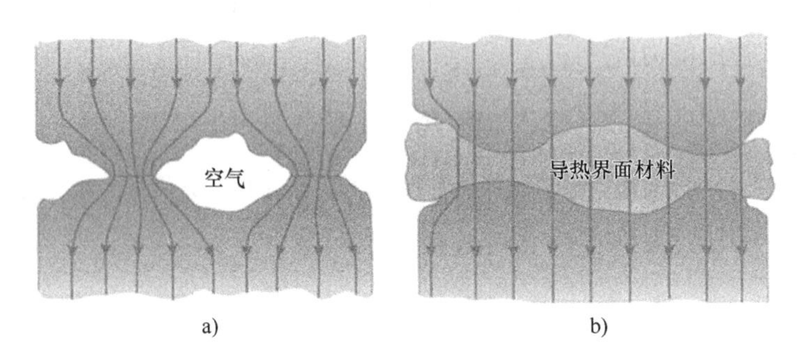

图7-1　导热界面材料对刚性界面热传递路径的改变

a）刚性界面间的热量传递路径示意　b）填充导热材料后热量传递路径示意

从上述原因上分析，如果单独从传热角度出发，那么希望导热界面材料具备如下属性：

1）足够软——能够有效驱逐刚性界面间的空气；

2）导热性足够好——驱逐刚性界面间的空气后，填充进来的材料导热性足够好。

7.2 导热界面材料的定义及种类

7.2.1 导热界面材料定义

热量传递中，传热面积很重要，但芯片面积往往很小。为了控制温升，强化换热，当芯片发热量较大时，最有效的方法是将芯片热量传递到表面积更大的结构件（散热器）中，由于这些结构件表面积较大，故其与周围环境的热量交换将非常高效，从而很好地控制发热元器件的温度。导热界面材料就是用来在发热元器件和散热器之间创建高效导热路径的，其定义如图 7-2 所示。

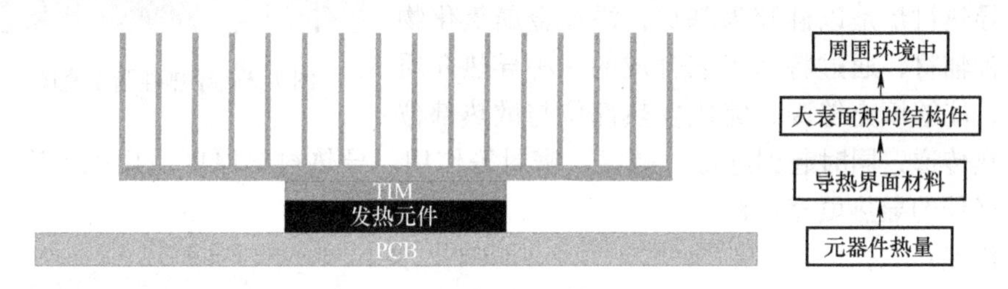

图 7-2　导热界面材料的定义

热管理的核心目的是控制元器件的温度，而接触热阻对温度的量化影响与表面热流密度正相关。在当代，一个显著的趋势是：芯片的热流密度越来越大，即相同大小的芯片发热量越来越大，或者相同功率的芯片做得越来越小。这会导致接触热阻带来的温升幅度越来越大。这要求界面材料能够在发热元器件和散热器之间创建更高效的导热路径。因此，导热界面材料在热管理设计中的作用越来越关键。

7.2.2 导热界面材料的种类

1. 导热硅脂

导热硅脂（Thermal Grease）俗称散热膏或导热膏，为半流态膏状，如图 7-3 所示。导热硅脂以有机硅酮为主要原料，添加耐热、导热性能优异的材料，制成导热型有机硅脂状复合物。

优点：厚度极小，热阻低，综合成本低。

缺点：

1）操作不便，需要特制工装；

2）稳定性难保证，多数硅脂长时间使用会出现粉化、局部空化等问题，性能有所衰减；

3）没有减振吸声效果；

4）绝缘性能不佳；

5）无法弥合高度容差。

图 7-3　导热硅脂示意图

通常，按单位重量计算，硅脂的单价高过其他常见导热界面材料。但由于施加的厚度小，单个元器件所需硅脂重量很小，故其实际成本反而较导热衬垫、导热凝胶等更低。

2. 导热衬垫

导热衬垫（Thermal Pad）又称为导热硅胶片、导热硅胶垫、导热矽胶片、软性导热垫等，以固态形式呈现，如图 7-4 所示。

导热衬垫是以硅胶为基材，添加金属氧化物等各种辅材，通过特殊工艺合成的一种导热介质材料，能够填充缝隙，完成发热部位与散热部位间的热传递，同时起到绝缘、减振、密封等作用。导热衬垫厚度适用范围广，是一种极佳的导热填充材料。

图 7-4　导热衬垫示意图

优点：

1）不同导热衬垫的导热系数的变化范围较大［1～50W/(m·K)］，设计者可根据具体散热需求进行选择；

2）导热性能稳定，耐高温；

3）较厚，可压缩，能吸收一定程度的结构件高度差，降低了对接触面加工精度的要求；

4）电绝缘，且其自身柔性可起到减振吸声的效果；

5）具有安装、测试可重复使用的便捷性。

缺点：成本相对较高；热阻相对较大；需要较大应力。

注意，目前一些超高导热系数的碳纤维导热衬垫不具备电绝缘性。而且，由于碳纤维导热衬垫是通过碳纤维的定向排列实现的高导热系数，材料的导热系数会随压缩率的变化而变化。当压缩率太高时，内部的定向排列被打乱，其导热系数会降低。通常推荐碳纤维导热衬垫的压缩率不高于 40%。另外，碳纤维导热衬垫水平方向的导热系数低于厚度方向，在大尺寸垫片场景中需要考虑这一点。

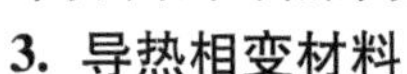

3. 导热相变材料

相变材料（Phase Change Material，PCM）是指随温度变化而改变形态并能提供潜热的物质。相变化材料由固态变为液态或由液态变为固态的过程称为相变过程。散热行业中，导热相变片是由高导热、低熔点的材料制成的，其在室温下装配时以固态片状形式呈现，可方便地贴至元器件和散热器之间，如图 7-5 所示。

当产品运行、元器件发热升温、相变片所处温度到特定值时，材料变化成类似硅脂的半固态，从而填充元器件和散热器之间的微观缝隙，降低接触热阻。

图 7-5　导热相变材料示意图

相变材料的优缺点类似硅脂。但有测试表明 PCM 的性能稳定性表现较硅脂而言更加优异。

另外，相变材料在热应用中经历了从固态到半固态的转变，高功耗瞬间冲击状态下，相变材料可以通过自身相变吸热，从而避免元器件温度的突增。由于这一特征，当前相变材料在热设计领域的应用已经突破了界面材料这一单一使用场景。在消费类电子产品中，已有产品在使用相变微胶囊作为填料做成的储热片或储热胶来控制瞬间高功耗带来的快速温升[1]。

4. 导热双面胶

导热双面胶（Thermal Tape）又称为导热胶带，兼具导热和绝缘特性，且柔软可压缩，可填补不平整的表面，如图 7-6 所示。相对于前述的导热硅脂、导热衬垫和导热相变片，导热双面胶两面涂覆了强黏性的导热胶，能够在不使用机械结构紧固件的前提下牢固地将散热片黏合到发热元器件上。

优点：用法便捷，将导热双面胶置于发热片与散热片之间，加力压紧，散热片即被牢牢固定在发热片上。

缺点：热阻较大；有脱落风险，对粘接的表面要求高，印刷和电镀的表面不宜用。

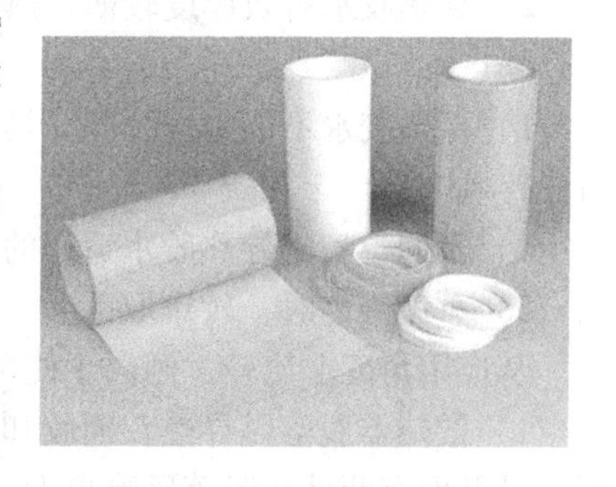

图 7-6　导热双面胶示意图

5. 石墨片

导热石墨片（Graphite Sheet）非常薄，仅十几或几十微米（厚度越薄，平面方向的当量导热系数越大），如图 7-7 所示。但石墨片弹性很小，一般而言，较少用于刚性界面之间，而是利用其平面方向的高导热性消除局部热点。石墨片散热效率高、占用空间小、重量轻，在终端等电子消费类产品中应用广泛。

优点：导热系数高；材料比较薄；性价比高；平面方向导热性能强，可有效均热。

弱点：不绝缘；材料脆。

常规的硬质石墨片由于压缩率很低，只能贴附在结构件表面用来均热，而柔性石墨膜则可以直接充当导热界面材料。柔性石墨膜如图7-8所示，其可靠性高、热阻低，而且操作便捷、可重复使用，但是目前价格较高。

图7-7　石墨片示意图

6. 导热胶水

由于操作便捷，导热胶水（Thermal Glue）广泛用于小尺寸电子产品中，用来将散热部件粘贴到元器件上，如图7-9所示。导热胶水通常配合促进剂丙烯酸酯一起使用，从而加速固化。

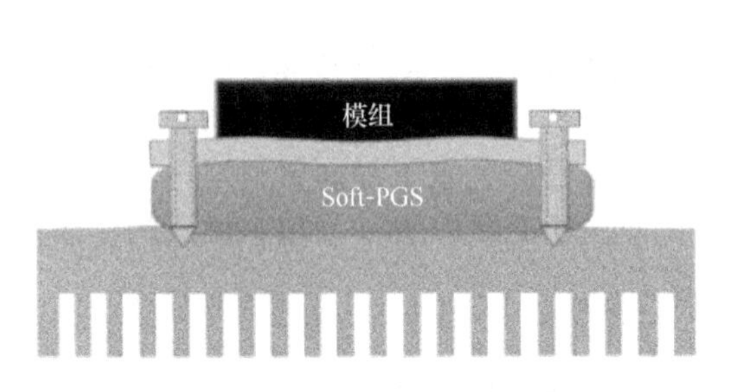

图7-8　柔性石墨膜示意图

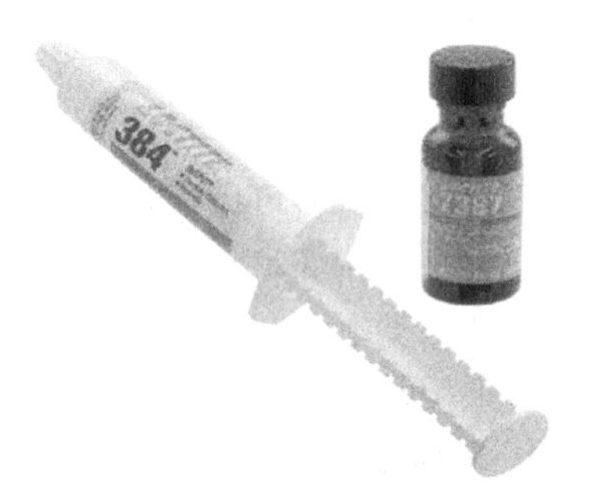

图7-9　导热胶水和促进剂

优点：

1）散热器直接粘贴在发热元器件上，无需单板打孔；

2）导热胶水有效厚度较薄，热阻相对不高。

缺点：

1）导热胶水不能弥合公差，具体装配操作中，不确定性较大，所粘贴的部件有脱落风险；

2）不同类型的导热胶水适用的工作温度、导热系数有很大差异；

3）重工维修时，较难取下。

从应用角度上比较，倾向于使用导热胶水而不是导热双面胶。这是因为：

1）散热器脱落是导热双面胶和导热胶水面临的主要风险，当使用导热双面胶时，粘贴面有两处，脱落风险更大；

2）导热双面胶引入的接触面有两个，热阻更大。

7. 导热凝胶

导热凝胶（Thermal Gel）分为单组分和双组分两类。单组分胶又分为施加后可固化和不可固化两类，双组分胶一般施加后会固化，如图7-10所示。固化后的凝胶其特征与导热衬垫非常类似。某些情况下导热凝胶又称导热填缝剂（Thermal

Gap Filler)，其导热系数一般在2～6W/(m·K)。2018年已有公司研制成功10W/(m·K)的超高导热电绝缘凝胶。导热凝胶可以弥合相对较大的高度公差，且自身可压缩性极好，当材料无法承受较大压力时，选用这一界面材料较为安全。

导热凝胶优点如下：

1）可以弥合大容差；

2）压缩率高，残余应力小；

3）绝缘性能好；

4）便于自动化操作；

5）由于自身柔软，与固体界面接触更严密，接触热阻比相同导热系数的导热衬垫更低。

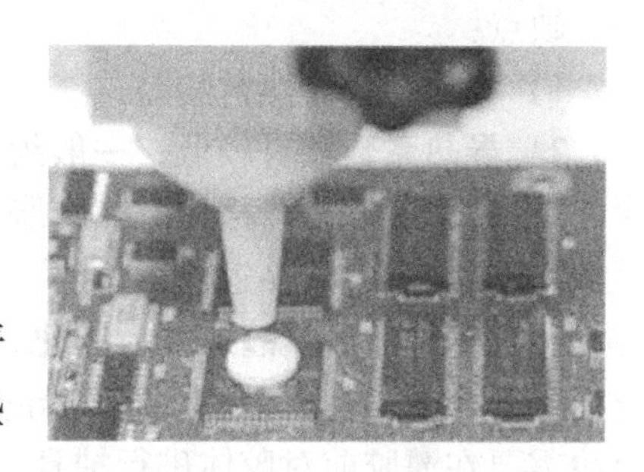

图7-10　导热凝胶

其缺点如下：

1）稳定性较导热衬垫差；

2）需要点胶机作业；

3）对于不固化的凝胶，当弥合过大高度公差时，可能产生垂流；

4）长期高温下，可能出现皲裂，影响接触；

5）容易渗入细小缝隙，重工时难以清理干净；

6）无法复用。

8. 导热灌封胶

导热灌封胶多为双组分胶，可固化。严格意义上讲，灌封胶不属于界面材料，因为它会充满整个模块的空间。灌封胶在未固化前属于液体状，具有流动性，胶液黏度根据产品的材质、性能、生产工艺的不同而有所区别。灌封胶完全固化后才能实现它的使用价值，固化后可以起到防水防潮、防尘、绝缘、导热、保密、防腐蚀、耐温、防振的作用，如图7-11所示。因此，对于独立运用的封闭模块（不限于电源模块），灌封胶是极佳可靠的物料。

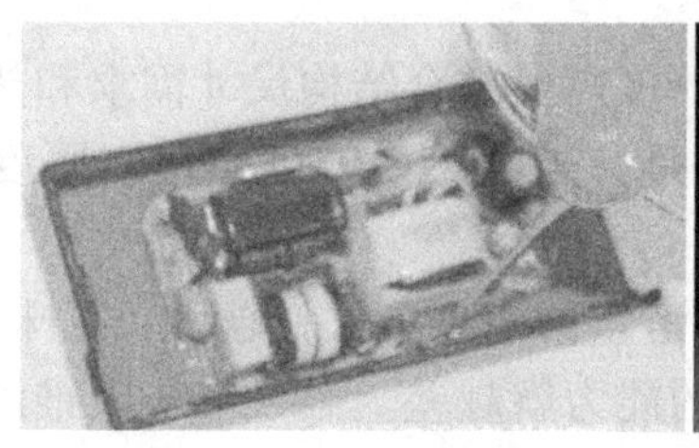
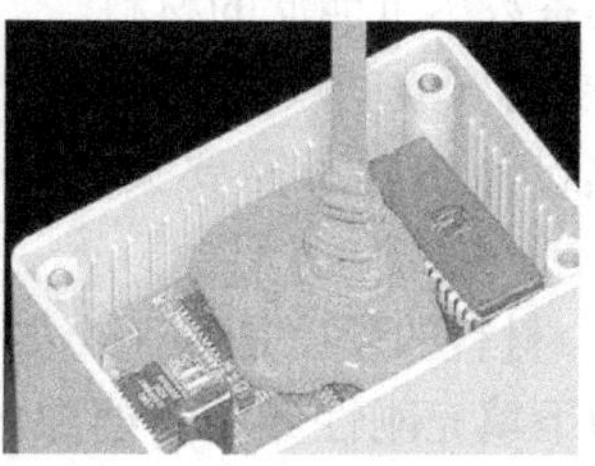

图7-11　导热灌封胶的操作使用

灌封胶广泛用于户外电源模块、充电适配器、变频器以及其他有防水、密封及导热要求的盒体中。在之前，动力电池包也曾灌注导热灌封胶来强化散热以及保障安全性。

导热灌封胶优点：

1）成本低，性能稳定；

2）绝缘，阻燃，质软。

缺点：

1）稳定性较导热衬垫差；

2）导热系数相对较低，一般约为1W/(m·K)；

3）选用时需要严格注意热膨胀系数，避免热胀时将壳体挤烂；

4）使用后，产品返修困难。

注意，施加导热灌封胶后固化，而在灌封的过程中有可能卷入气泡，导致固化后内部存在气孔，从而影响其导热效果。因此，建议在真空中进行灌封操作。至少需要在灌胶前对胶体进行抽真空除气。

7.3 导热界面材料的选用关注点

界面材料的选用，需要综合界面材料的特点和具体应用场景而定。作者结合设计经验，从内外两个方面对界面材料需要考虑的因素进行总结。

7.3.1 材料自身属性

当获取一款新的界面材料时，需要关注以下属性，方便后续选用：

1）热阻随压力的变化曲线。界面材料能够降低刚性界面接触热阻的原理是它可以将接触面间凹凸不平的缝隙填满，打通热传递路径。当接触面间的压力增加时，柔性的界面材料会被压得更薄，而材料与刚性界面也可以有更严密的接触，因此压力越大时，柔性界面材料的热阻越低。

2）导热系数。根据傅里叶定律可知，导热系数越高的材料，导热热阻越低。因此，为了获得更好的导热效果，导热系数越高越好。当然，当需要保温设计时，则要选择导热系数尽可能低的材料。

3）厚度空间（空间填充性能）。厚度需要结合结构尺寸需求和热阻性能两个方面来定。热设计工程师需要关注的是，当导热系数已定时，厚度越厚，热阻越大。

4）硬度。材料的硬度是另一个要考量的因素。材料越硬，意味着柔性越差，它在相同应力下填充刚性界面间缝隙的能力就越差。做一个极限推测，当导热界面材料硬度与其两端的刚性材料接近时，它就没有降低接触热阻的作用了，因为该材料与两端的材料之间也会形成刚性接触面。

通常来讲，单纯从散热的角度出发，相同导热系数的衬垫，优先选用硬度低的。而高硬度的导热材料，在工艺操作铺展时较为简便。

5）回弹性。回弹性考量的是设备在安装、使用过程中可能出现的短时间过电压力。例如，产品线装配时，由于加速度的存在，螺钉瞬时压力往往大于其稳定后对导热材料施加的压力。如果衬垫没有回弹，则装配完成后，衬垫与后安装上去的结构件之间将产生间隙，造成较大的接触热阻。再比如，应用在汽车中的导热材料，当车身受到颠簸或撞击时，界面材料也将受到冲击，如果这些材料无回弹，则也可能产生间隙，造成设备过热。

6）拉伸强度和伸长率。特殊的场景中，要求导热材料的机械力学性能较高。常见的 3C 产品中柔性导热衬垫往往力学强度很低，轻轻撕扯便可导致其断裂。但在一些动力部件或可能在运行中频繁对材料产生揉搓的场景，如动力电池包中电池与冷板之间的界面材料，必须要考虑材料的力学强度。

7）密度。在对设备整体重量敏感的产品中，倾向于使用密度更低的导热界面材料。例如，动力电池包中大量使用界面材料，更低的密度可以降低负载，从而提高续航里程。在超薄掌上电脑中，产品重量往往精确到克，这时也倾向于采用更低密度的界面材料。

8）阻燃等级。在大电流、高负载的场景中，导热材料保证异常状况下的安全性是非常关键的。在电源设备中，灌封胶必须具备极高的阻燃等级。新能源汽车动力电池包中的导热界面材料也要保证优异的阻燃属性，当电池出现温度异常时，能避免起火或延长逃生时间，保证乘客安全。

9）环保认证。

10）成本。

11）储存周期。

12）施加到产品上时的难度和效率。

13）可重复利用属性。导热衬垫是具备有限次复用属性的界面材料，而硅脂、导热凝胶、灌封胶、导热胶水等都无法重复使用。

14）产品返修时是否方便拆除。虽然使用时非常方便，但在产品返修阶段，导热胶水和导热双面胶会将结构件牢牢粘贴在发热源上，难以取下。

15）性能随时间的衰减曲线。导热界面材料多为硅系，其中含有的硅油是可挥发的介质。当硅油逐渐挥发后，材料内部成分将随之变化，导热性能也随之改变。在一些关键设备的设计中，需要考虑到界面材料导热性能随时间的衰减情况。

16）介电常数和绝缘属性。对于电源类产品而言，电气性能是非常重要的。例如，用于 MOS 管散热的材料，通常需要较高的绝缘属性，而施加在裸 Die 上的界面材料则对绝缘没有任何要求，为了降低接触热阻，必要时裸 Die 甚至可以使用液态金属作为界面材料。当介电常数很大时，界面材料还会影响到 EMC 特性。

17）黏度。主要针对硅脂、灌封胶、凝胶这类半固态物质而言。当使用硅脂时，如果产品竖放，则需要考虑硅脂的垂流效应，可以通过选择较高黏度的硅脂避免这一问题。灌封胶在灌封之前，黏度直接决定了它对设备内部空间角落的填充能力，如图 7-12 所示。当设备结构复杂，狭缝、窄边较多时，应选择黏度较低的灌封胶。高导热系数的凝胶有时会出现点胶困难，高导热系数的硅脂则会出现涂抹困难。另外，材料的黏度还会随温度、应变速率的变化而变化，其与工程层面的结合，需要具体问题具体分析，以求得最合适的热效果和满意的生产使用性。图 7-12 所示为灌封胶固化。

18）工作温度范围。所有的导热界面材料都有自身合适的工作温度范围，需要确保所用的界面材料在其紧贴的发热源可能出现的任何温度下性能都有保证。

图 7-12　导热灌封胶施加时为流态物质，放置一段时间后，灌封胶会固化成具有柔性的固体

19）工作状态挥发难度。硅胶中存在的低分子硅氧烷在硅胶固化时和软化后都会挥发，这除了会导致界面材料本身性能变化之外，在一定外部条件作用下，这些硅氧烷还可能生成具有绝缘特性的二氧化硅，导致电接触故障。另外，导热硅脂中的可挥发性硅油挥发后，可能在透明固体介质表面形成雾斑。因此，高端的 LED 使用的硅脂必须进行特殊处理，以避免后期硅油挥发导致透光面起雾，影响光照效果。

20）减振吸声效果。

21）抗热冲击性能。

22）渗油特性。界面材料内硅油渗出影响外观，在一些光学器件中还会影响透光性。

7.3.2　应用场景因素

界面材料归根结底是降低热量的传导难度，材料最终选用哪个型号，需要将材料属性和问题特点结合起来考虑。以下为散热问题甄选界面材料时建议使用的问题定位清单：

1）应用场景热流密度；

2）热界面材料的方向（考虑流态界面材料垂流可能）；

3）绝缘要求；

4）高度容差；

5）接触面许用应力；

6）接触面材料；

7）接触面表面处理情况；

8）介电常数需求；

9）阻燃等级要求；

10）产品环保要求；

11）界面材料运行时的温度范围；

12）散热手段允许占用的空间；

13）产品返修率；

14）产品运行过程中可能出现的受到界面材料挥发渗油的影响（如 LED 的应用可能导致影响发光质量、消费类电子产品可能影响外观）；

15）减振吸声要求；

16）成本要求。

7.4 导热界面材料的实际运用

7.4.1 导热硅脂的实际运用

从导热硅脂的特性可以看出，它的热阻很低，目前绝大多数功率密度极高的元器件，如 CPU、GPU 和 IGBT 等都不得不使用导热硅脂作为界面材料，如图 7-13 所示。

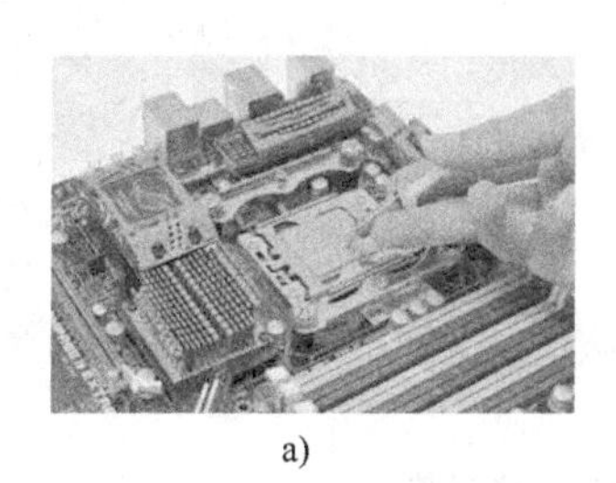

a)

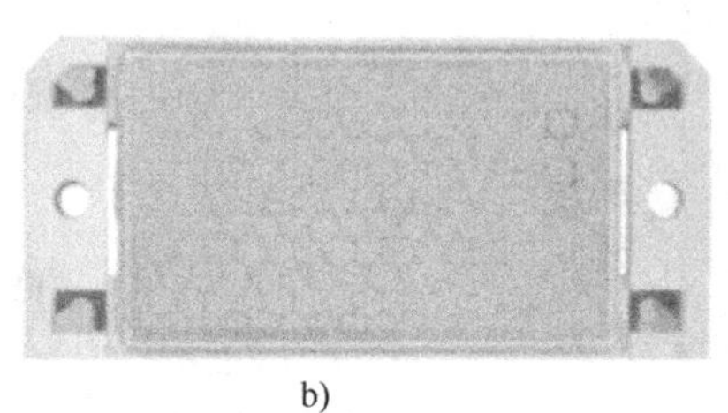

b)

图 7-13　导热硅脂的使用示意图

a）计算机主机 CPU 上的硅脂　b）IGBT 底部的硅脂

导热硅脂的主要功能性缺点有两个：一是有效厚度太薄（约 0.08mm），无法弥合大容差；二是绝缘性能较差。

无法弥合大容差的缺陷会导致多芯片共用散热器时，使用导热硅脂有较大风险。如图 7-14 所示，在笔记本电脑中，GPU 和 CPU 功率密度都很高，必须使用硅脂作为界面材料。这种情况下，硅脂虽然不具备弥合高度差的能力，但连接两处芯片的热管却具备柔性，因此硅脂也可使用。

除了在消费类电子产品、服务器和电力电子产品中有大量应用之外，LED 行业使用硅脂也非常广泛。将硅脂涂抹于基板背侧，然后贴装散热器，可以很好地降低散热器与基板之间的接触热阻，优化 LED 灯珠的散热。

7.4.2 导热衬垫的实际运用

导热衬垫具备很广的导热系数范围，但目前通常使用的导热衬垫的导热系数

图 7-14　笔记本电脑中的硅脂和热管

为 1 ~3W/(m·K)。衬垫的应用领域相对硅脂而言更加广泛，几乎所有类别的电子产品中都有导热衬垫的应用。电源模块、新能源电池散热系统、通信设备、服务器、LED 散热以及工控、安防设备等中都有大量应用。导热衬垫的应用如图 7-15 和图 7-16 所示。

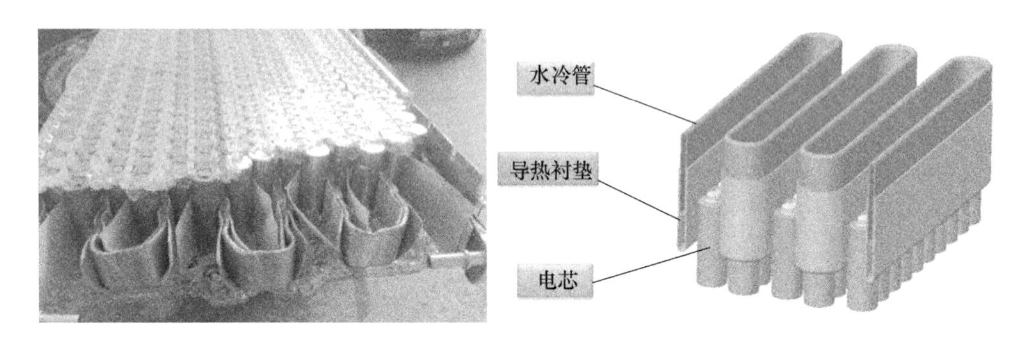

图 7-15　动力电池中的导热衬垫

图 7-16　笔记本电脑中内存和供电器件使用导热衬垫接触散热器基板

导热衬垫一般置于发热元器件与散热结构件之间，除了导热，它还可以吸波、绝缘、减振，在动力电池包中，它还可以起到阻燃作用。可以说，导热衬垫的功能已经超越了散热领域，成为一种重要的多功能材料。

导热衬垫的一个巨大优势是它拥有很好的柔软度，可以弥合一定程度的高度差。即使芯片高度不同，也可借由其柔性吸收高度差，共用散热结构件，如图 7-17 所示。

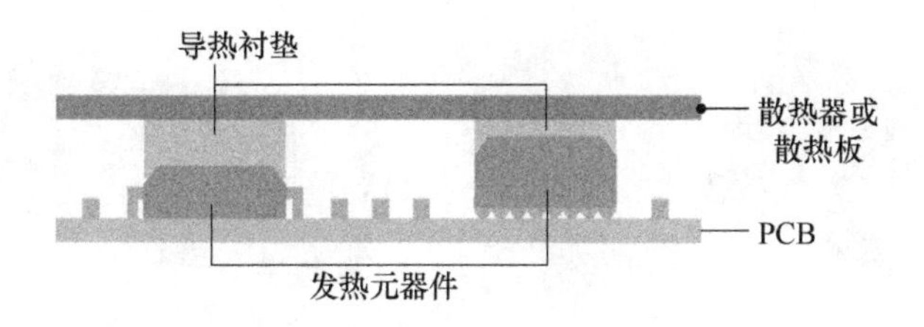

图 7-17　高度不同的发热元器件借由导热衬垫实现共用散热结构件

7.4.3　导热填缝剂的实际运用

导热填缝剂（Gap Filler）是另一种应用比较成熟的导热界面材料，通常指那些施加后可固化的导热凝胶，目前广泛用于新能源汽车、通信设备等高端电子产品散热。导热填缝剂在使用之前呈膏状，在使用后数小时或数十小时内固化，成为类似导热衬垫的固体物质。因此兼具低应力和高稳定性的优点。同样，由于使用前呈膏状，因此填缝剂可以使用在那些凹凸不平的区域而不会产生太大的应力，这一特征使得它在多元器件共用散热器的场景中更有优势（见图 7-18）。凝胶与芯片、散热结构间之间的结合相对导热衬垫而言也更加严密，因而可以在相同厚度、相同导热系数的前提下做到更低的热阻。填缝剂性能非常稳定，主要缺点是目前导热系数相对导热衬垫而言要低一些。

导热填缝剂还可以实现更高程度的机械化操作。与必须人工贴装的导热衬垫不同，填缝剂可以通过配置点胶机实现完全的自动化，如图 7-19 所示。

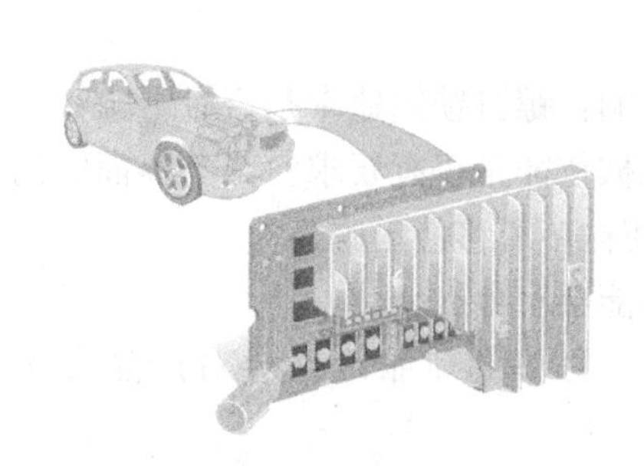

图 7-18　应用于多元器件共用散热结构件的场景

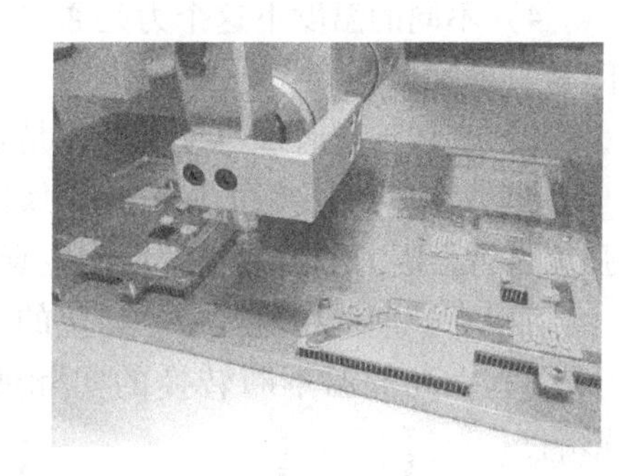

图 7-19　使用点胶机进行自动化操作

7.4.4　石墨片的实际运用

石墨片的特点是平面方向上导热系数极高，同时密度很小。石墨片主要用于手机、平板和超薄电视中，它可以在极小的空间占有量下有效消除局部热点，如图 7-20 所示。

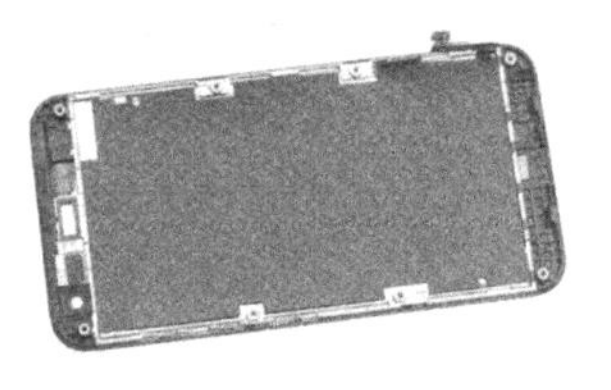

图 7-20　手机中使用石墨片进行均热

7.5 导热界面材料选用的复杂性

本章上述内容仅仅解读了当前常用的界面材料的常规选型考虑因素。这对普通的设计要求当然足够，但要赢取顶级设计赞誉仍是不够的。作为热失效最可能的两个因素之一（另一个是动力部件，如风扇或泵），导热界面材料在高可靠度、高复杂度产品中的选用需要考虑更多。下面用导热衬垫的选择来举个例子。

导热衬垫是应用最广泛、也几乎最稳定的导热界面材料，但其在应用端仍可以带来许多潜在的并且非常复杂的问题：

1）它需要多少力才能达到目标压缩率？

2）当衬垫的面积变化时，这个力和压缩率的对应关系是否会变？变化会不会造成其他风险？

3）如何通过设计吸收这种力的变化？

4）不同的温度下这个力是否会变化？变化的力是否会造成接触热阻超标的问题？

5）产线装配时螺钉锁固顺序是否有影响？螺钉锁固速率是否有影响？

6）衬垫对所接触的面的化学属性和机械特征是否有要求？其与界面间的结合强度是否会因力的持续交变而产生衰减致使衬垫滑移甚至脱落？

7）在长期使用过程中，衬垫的力学性能会有什么变化？

8）在高低温不断转换的实际使用中，衬垫的热胀冷缩会对产品带来什么影响？

9）衬垫本身的电气性能是否会因力的变化而产生影响？

10）界面材料本身是一个混合物，上述所有变化在材料本身微观层面上如何理解？粉体与基材之间的结合状态有何变化？带来的效果是什么？

11）……

这些问题揭示了导热材料的选型实质上是一个热-力-电-磁-材料深度耦合的课题。随着5G及物联网的发展，导热材料的电磁属性正被越来越频繁地提及（导热吸波材料正成为时下热点材料）。导热系数、密度等表观参数仅仅是最基本、最简单的因素。

界面材料仅是热设计中一个基本物料，在电子产品公司材料库中，其甚至常常被归为辅料这种看名字几可忽略不计的类型，其难度已然如此，热设计的综合性由此可见一斑。

7.6 本章小结

导热界面材料是热设计中非常关键，但又常被非专业人士认为不重要的物料。界面材料的选择和使用实际涉及许多非热学专业的知识：材料学、力学、表面腐蚀、吸波屏蔽、导电或绝缘等。界面材料的选择充分体现了理解产品需求的重要性。热设计工程师需要建立这样一个意识：物料本身没有优缺点，只有是否适合，必要时甚至可以创造一种材料，实际效果是唯一的衡量标准。

参考文献

[1] 华为 Mate RS Pro 采用相变微胶囊控制手机温度. [Z/OL] [2020-01-15]. http://tech.ifeng.com/a/20180330/44925625_0.shtml.

[2] 柔性石墨膜——Soft-PGS. [Z/OL] [2020-01-15]. https://industrial.panasonic.cn/ea/pgs2/soft-pgs.

第8章 风扇的选型设计

从传热学理论中可以看出，提高对流换热系数能够有效强化换热，而通过加剧流体的流动（提高流速）能够有效提高对流换热系数。风扇就是一个被设计来加剧空气流动的部件。

电子散热领域常用的风扇有轴流风扇（Axial Fan）和离心风扇（Centrifugal Fan）两类，如图8-1所示。轴流风扇的进风口与出风口平行，特点是风量大、风压小、噪声小，适合风阻低但风量需求大的场合；离心风扇则是风扇的进风口与出风口垂直，风量小、风压高，适合风阻大风量需求小的场合。工业中还有混流风扇（Diagonal Fan，又称斜流风扇或贯流风扇（Tangential Fan）。

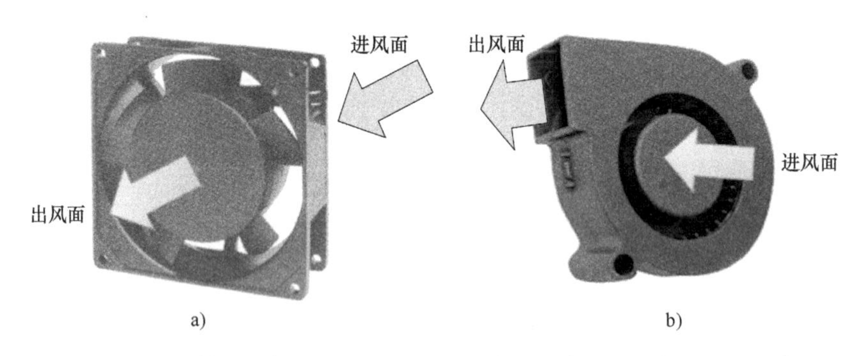

图8-1　a）轴流风扇进出风面平行　b）离心风扇进风面与出风面垂直

在选用风扇时，需要关注的核心参数如下：

1）几何尺寸；

2）风量需求风扇能提供的风量；

3）系统阻力和风扇可提供的风压；

4）风扇转速控制方式；

5）噪声要求；

6）应用环境和设备寿命；

7）成本。

强迫风冷的产品中，风扇的选型是热设计方案的核心所在，涉及风道、散热器、器件布局甚至软件控制等多方面方案的设计。

8.1 几何尺寸

风扇尺寸是选型中首先要确定的因素。通常来讲，风扇尺寸越大，动力越强，但由于它将占据更大的空间，因此在产品整体尺寸固定的前提下，这将会缩减其他组件的可用空间。设计中，风扇尺寸往往受到产品外形尺寸的约束，如 2U 高的服务器，服务器自身总高仅为 88.9mm，因此常用的轴流风扇长宽尺寸为 80mm，图 8-2 所示为风扇尺寸的定义。某些笔记本电脑，因为要把产品做薄，因此选用的离心风扇厚度往往也不超过 15mm，图 8-3 所示为轴流扇和离心扇的常用场景。

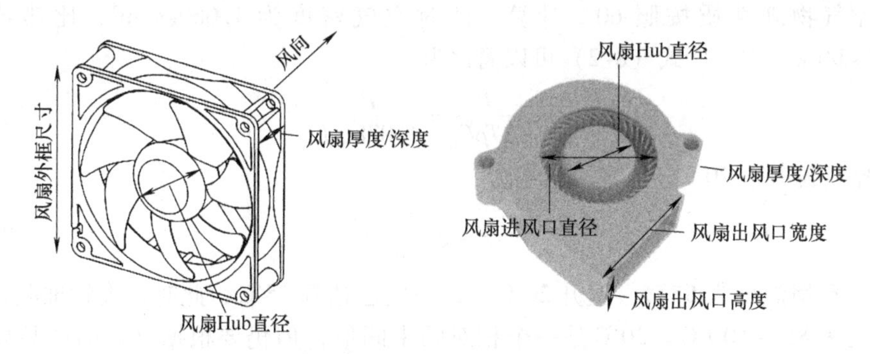

图 8-2　轴流风扇和典型离心风扇各尺寸名称定义

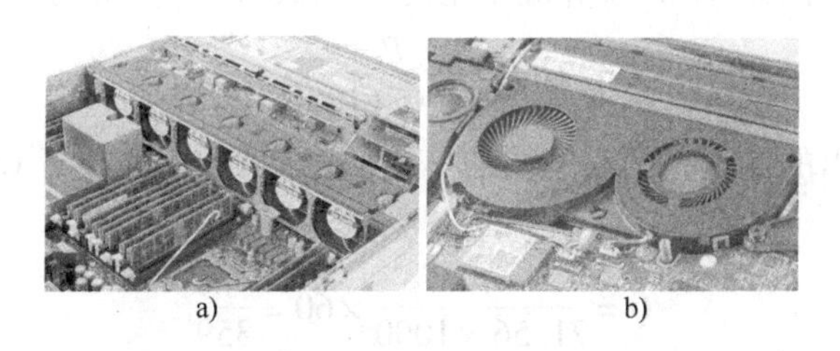

图 8-3　a）服务器中的轴流风扇　b）笔记本电脑中的离心风扇

8.2 确定风量

如前所述，风扇强化换热的原理是加剧空气的流动，提高流动的空气与固体壁面之间的对流换热效率。风量（m^3/s）意指单位时间内流过系统的空气体积，表征风扇带来的空气扰动强度。因此，风量是选择风扇的关键参考因素。

确定风量依据的是热力学第一定律，即能量守恒定律。其边界条件如下：

1）主要元器件工作温度要求；

2）产品使用环境温度要求；

3）产品发热总量。

如果已知系统设备内部散热量与允许的总温度上升量，就可在产品设计前期通过公式估算出冷却设备所需的大致风量。举例阐述其过程如下：

假定产品发热量为 P，需要的温升为 $T_{out}-T_{in}$，结合能量守能定律及空气的物理性质，风量 Q 与温升和功耗之间存在如下关联：

$$P=Q\Delta T\rho C_{p} \tag{8-1}$$

风扇需要提供的风量，可以确定为

$$Q=\frac{P}{\Delta T\rho C_{p}} \tag{8-2}$$

空气物理性质按照 60℃ 计算，此时空气密度为 1.060kg/m^3，比热容为 1.017kJ/(kg·℃)。式（8-2）可以简化为

$$Q=\frac{P}{\Delta T\rho C_{p}}=\frac{P}{1.078\Delta T} \tag{8-3}$$

空气温升取 20℃。风扇风量约为

$$Q=\frac{P}{21.56} \tag{8-4}$$

注意，环境温度为 55℃，温升 20℃时，空气已达到 75℃，此时，大致推测器件的温度为 85～100℃。20℃是一个相对的中间值，但仍要根据具体的产品要求判定。

此时功耗的单位为 kW，换算成常用的 W，式（8-4）成为

$$Q=\frac{P}{21.56\times1000} \tag{8-5}$$

风扇厂家给出的流量，常有不同的单位，比如 m^3/min 或者 CFM㊀。换算完成后如下：

$$Q=\frac{P}{21.56\times1000}\times60=\frac{P}{359} \tag{8-6}$$

$$Q=\frac{P}{21.56\times1000}\times2118.88=0.0983P(\mathrm{CFM}) \tag{8-7}$$

如果某产品预估热耗 35W，则在理想情况下，风扇需要提供的风量为（按照空气 20℃温升计算）：

$$Q=35\times0.0983=3.4\mathrm{CFM}$$

如果产品热耗为 180W，则在理想情况下，风扇需要提供的风量为（按照空气 20℃温升计算）：

㊀ 1CFM = 1ft^3/min，后同。

$$Q = 180 \times 0.0983 = 17.7\text{CFM}$$

使用这个公式计算出的风量值是产品的工作点对应的风量，并不能说某个风扇的最大风量满足这一数值就可以，因为系统阻力存在，风扇的实际工作风量总是低于最大风量。如图 8-4 所示，阻抗曲线和风扇 *PQ* 线的交点对应的风量才是系统实际获得的风量。驱动这一风量需要风扇具备对应的动力，如何根据上述值来选定合适的风扇呢？这就涉及风扇的另一个关键性能参数：风压。

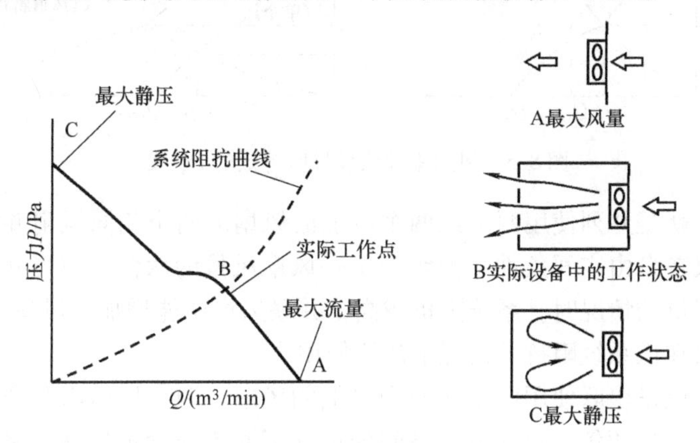

图 8-4　某风扇 *PQ* 线和工作点信息示意

注意，如果产品考虑海拔设计，则需要代入海平面空气的比热与密度的变化属性，在计算风量需求公式中，需要调整空气的相关参数。

8.3　确定风扇风压

确定风压需要掌握系统的阻抗特性。空气在流动过程中，气流在其流动路径上会遇到系统内部零件的干扰，其阻抗会限制空气自由流通。系统阻抗曲线是一个曲线，最准确的方法是风洞测试确定。

在设计阶段，当不具备测试条件时，可以使用仿真方法来获取系统阻抗。当前产品流道崎岖复杂，有时风扇供风难以使用固定的某个吹风面来替代风源，因此通常直接根据尺寸初选风扇进行仿真，结合仿真所得的压力损失来迭代选定合理的风扇。

举个例子，当通过风洞测试和公式推算，得出系统的风压要求为 42.5Pa，风量要求为 16.5CFM 时，单纯从 *PQ* 线角度考虑（当然还需要考虑尺寸、噪声、寿命等因素），选择的风扇必须满足：风扇 *PQ* 线上截取风量为 16.5CFM 的点时，风压必须不小于 42.5Pa。

某些情况下，现存的风扇性能不够，或者产品尺寸所限，可以考虑风扇的串并联运作，如图 8-5 所示。

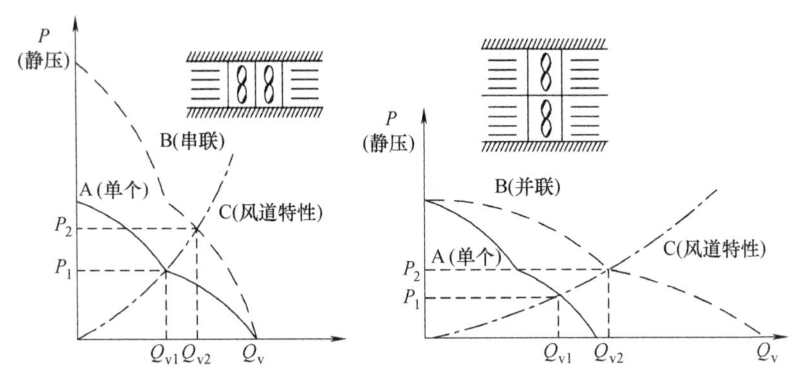

图 8-5　风扇串并联设计时等效的 *PQ* 线

并联运作就是并列使用两个或两个以上的风扇。两个相同风扇并联所产生的风量体积，仅在自由空间条件下大约为单一风扇风量的两倍。而当并联风扇应用于较高系统阻抗的情况时，系统阻抗越高，并联风扇所能增加的风量越低。因此，并联的应用仅在低系统阻抗的情况下建议使用。

串联运作就是串联使用两个或两个以上的风扇。两个风扇串联产生的静压在零风量条件下可达两倍，但在自由空间的情况下并不能增加风量。多加一个串联风扇，在较高静压的系统中可增加风量。因此，串联适用于高系统阻抗的系统。注意，风扇吹出的风一般是发散状的，并联状态的风扇，当间距较小时，相互之间会出现流场干扰，导致实际并联后两颗风扇的总风量低于风量相加。而两颗相同风扇串联时，当在风扇之间施加一些整流装置消除一些空气杂流后，零风量条件下静压甚至可超过两个风扇风压之和。

8.4　平行翅片散热器流阻计算

强迫风冷设计中的大部分散热器和液冷设计中的部分冷板中都有阵列式翅片结构。正如 8.3 节所述，在选择风扇时，除了要考虑流体流量需求，还需要结合相应流量下系统的流阻。

实际流体都是有黏性的。黏性流体流经固体壁面时，紧贴固体壁面的流体质点将黏附在固体壁面上，它们之间的相对速度等于零，在固体壁面和流体的主流之间形成一个由固体壁面的速度过渡到主流速度的流速变化区域。倘若固体壁面是静止不动的，则要有一个由零到主流速度的流速变化区域。根据牛顿内摩擦定律，存在速度梯度的流体之间就存在阻力，这是流动阻力存在的主要原因之一。其次，流体掠过障碍物时，障碍物壁面凸凹不平的地方被流体层遮盖，流体质点对管壁凸出部分不断产生碰撞，也会产生流阻。另外，在管径突然扩大或缩小，或流经直角、弯管、球体等情况下，流体会与固体壁面发生分离，产生倒流，局部流场中出现大量的漩涡。漩涡中的流体质点彼此碰撞混合，也会导致附加阻力。

系统所需流量可以根据能量守恒定律进行估算，这时，如果设定散热器或冷板的形状，将能简单地获得流体当量流速和各种水力特征长度。

图 8-6 所示为一个典型的翅片式散热器的形状。散热器翅片之间有流体经过，由于流体黏性的存在，造成流阻，宏观反映为散热器两侧存在对应的压强差。本书中所用的公式几何参数和流动方向参考图示散热器的各项标注。

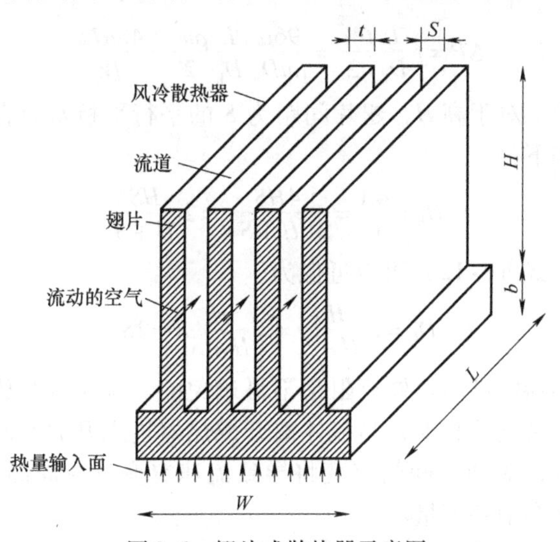

图 8-6　翅片式散热器示意图

本书所做的流体阻力计算参考 Electronics Cooling 在 2012 年发布的一篇文章来做简要说明[1]。计算在如下的假设前提下进行：

1）不考虑温度差造成的空气密度差；

2）平行翅片式散热器；

3）流动为充分发展的层流，对于平行平板间的流动，最小临界雷诺数通常被认为是 1300，适用于绝大多数散热器工作状态。

忽略入口效应和出口效应，在流体以层流状态流过一个充分发展的散热器通道时，阻力产生的原因主要是流体黏性产生的内摩擦力。这时，压降可以使用范宁公式（Fanning Formula）计算

$$\Delta P = f\frac{L}{D_{\mathrm{h}}}\frac{\rho u^{2}}{2} \tag{8-8}$$

式中，f，D_{h}，L，ρ，u 分别为摩擦阻力系数（Friction Factor）、水力直径、翅片长度、流体密度和流体流速。当流量已知，散热器的几何参数也定下来之后，式（8-8）中的摩擦阻力系数成为唯一的未知量。因此，在求解流动阻力时，确定摩擦阻力系数是关键。

在无限大平行平板层流流动中，摩擦阻力系数可按式（8-9）计算

$$f=96/\mathrm{Re} \tag{8-9}$$

式中，Re 为流体力学中最关键的无量纲数之一，即雷诺数，其计算式为

$$\mathrm{Re}=\frac{\rho u D_{\mathrm{h}}}{\mu} \tag{8-10}$$

式中，μ 为流体的动力黏度。

将雷诺数代入公式，得到压降的计算式为

$$\Delta P=f\frac{L}{D_{\mathrm{h}}}\frac{\rho u^2}{2}=\frac{96\mu}{\rho u D_{\mathrm{h}}}\frac{L}{D_{\mathrm{h}}}\frac{\rho u^2}{2}=\frac{48\mu L u}{D_{\mathrm{h}}^2} \tag{8-11}$$

在一些文献中，对于高 H，翅片间距为 S 的平行平板水力直径还经常近似为 $2S$，其推算过程如下：

$$D_{\mathrm{h}}=\frac{4A}{C}=\frac{4HS}{2(H+S)}=2\frac{HS}{H+S} \tag{8-12}$$

当 $H\gg S$ 时，式（8-12）可以近似为

$$D_{\mathrm{h}}=2\frac{HS}{H+S}=2\frac{H}{H+S}S\approx 2S \tag{8-13}$$

实质上，散热器的进出口处流阻是不可避免的。流体从开放区域进入散热器区域时，流体会出现突然收缩；当流体离开散热器进入开放空间时，又会出现突然扩展。进出口处，流动空间的突变将导致流速突变形成局部较大的速度梯度，诱发漩涡，而漩涡会消耗能量。

如图 8-7 所示，在散热器入口处，流体从开放空间进入相对窄小的翅片间隙，流线弯曲，流束收缩，在缩颈附近的流束与管壁之间形成一个充满小旋涡的低压区，在大直径截面与小直径截面连接的凸肩处也常有旋涡。所有漩涡的旋转都需要消耗能量，在流线弯曲、流体的加速和减速过程中，流体质点碰撞、速度分布变化等也都要造成能量损失。在出口处，翅片拐角与流束之间将形成旋涡，旋涡靠主流束带动着旋转，主流束把能量传递给旋涡，旋涡又把得到的能量消耗在旋转运动中，变成热而散逸。在出口处，从散热器中流出的流体有较高的速度，会

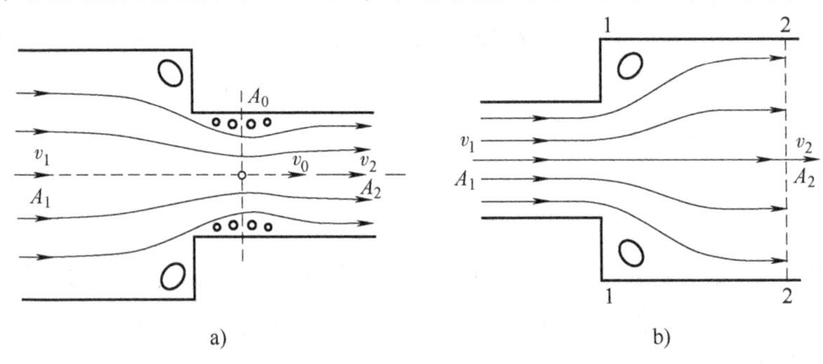

图 8-7　进出口处的局部流动突变

a）流体从开放空间流至散热器　b）流体离开散热器进入开放空间

与开放流域中流速较低的流体产生碰撞，从而造成碰撞损失。

当考虑进出口效应时，压降公式可以近似为

$$\Delta P=\left(K_{\mathrm{c}}+4f_{\mathrm{app}}\frac{L}{D_{\mathrm{h}}}+K_{\mathrm{e}}\right)\frac{\rho u^{2}}{2} \tag{8-14}$$

式中，K_c 和 K_e 分别为入口和出口处的压降效应参数；f_{app} 为表观摩擦系数。式（8-14）中的一系列参数由以下公式近似：

$$K_{\mathrm{c}}=0.42\left(1-\frac{W^{2}-N_{\mathrm{f}}^{2}t^{2}}{W^{2}}\right) \tag{8-15}$$

$$K_{\mathrm{e}}=\left(1-\frac{W^{2}-N_{\mathrm{f}}^{2}t^{2}}{W^{2}}\right)^{2} \tag{8-16}$$

$$f_{\mathrm{app}}=\frac{\sqrt{\dfrac{3.44^{2}\mathrm{Re}\,D_{\mathrm{h}}}{L}+f^{2}\mathrm{Re}^{2}}}{\mathrm{Re}} \tag{8-17}$$

$$f=\frac{24-32.527\lambda+46.721\lambda^{2}-40.829\lambda^{3}+22.954\lambda^{4}-6.089\lambda^{5}}{\mathrm{Re}} \tag{8-18}$$

$$\lambda=\frac{S}{H} \tag{8-19}$$

式中，N_f 为翅片数目。作为对比进出口效应，表 8-1 列出了某具体散热器使用经验公式计算出的压降值。

表 8-1　散热器计算结果

散热器 长度×宽度×高度/ （mm×mm×mm）	散热基板厚/ mm	翅片数目 N_f	翅片厚度/ mm	风量/ CFM	忽略进出口效应时散热器压降/Pa	考虑进出口效应时散热器压降/Pa
100×75×15	3	30	0.4	6	26.8	31.7

虽然做了大量简化，但上述计算平行翅片式散热器风阻的公式看起来仍旧相对复杂。然而，即便是这么复杂的公式，计算出的风阻也会有不可忽略的误差，准确度更高的经验公式则需要在流体力学文献中查阅大量图表才能算得。而这还仅仅是形状非常规则的平行翅片式散热器的流阻。在电子产品中，系统中与流体接触的所有的固体部件均会诱发流阻。可以说，通过经验公式去准确判定一个系统的流阻大小是非常困难的。在有风扇的系统中，风速与流阻二者还是相互确定的。当流阻不确定时，由于风扇工作点不定，流速也无法确定。这时，只能先假定一个流速，推算其流阻，然后校核此流阻与风扇在此工作风量下的风压是否匹配。如果不匹配，则要重新假设流速来进行推算，直至符合。这也是仿真计算中实际使用的方法。不难理解，当风扇工作在失速区时（很小的风阻变化会带来风量的大幅变化，导致试算难以稳定），热仿真也将难以收敛。

8.5 风扇的抽风和吹风设计

对于轴流风扇，安装方向旋转180°就可以实现从抽风到吹风的转换。从风扇强化换热的机理上看，无论是抽风还是吹风都能够达到效果。现实中，抽风和吹风设计确实也都大量存在。有些系统中甚至同时存在抽风和吹风情况。因此，抽风和吹风各有优劣，需要依据具体场景需求来定。

8.5.1 抽风设计

抽风设计中，系统内流场比较均匀，适合热源比较分散的场景。而且抽风的设计使得系统中所有缝隙都能用来做进风口，因此通常结构紧凑、阻力较大的产品也适合使用抽风，从而能够利用产品各位置的开孔。

单纯从热设计角度讲，抽风设计的缺点主要有三个方面：

1）系统内处于负压，灰尘、碎屑等容易被吸入机器内部；

2）风进入系统后，吸收器件的热量后升温，因此在抽风设计中，经过风扇的空气温度是高于环境温度的。而温度越高，风扇的寿命越低；

3）风扇进风侧的流动状态通常是层流，且流体流向相对不可控。根据传热理论，层流状态下，对流换热系数相对湍流更低，这意味着相同风量下，产品内部分位置换热效率分布相对均衡，适合热源相对分散的系统。

8.5.2 吹风设计

吹风设计和抽风设计的优缺点基本上是对应的。吹风设计中，系统内是正压状态，灰尘、碎屑等不易进入。另外，吹风设计中，风扇位于整个设备的进风口，流过风扇的空气是新鲜的、未经系统内元器件加热的，因此风扇工作在常温或低温下，风扇的寿命相对更长。

从散热的角度，风扇的出风口空气流动状态通常是湍流，且空气流向经过了扇叶的整理后更加受控。这种情况下，将个别高散热风险器件置于风扇出口处，其散热效果更好。因此，吹风设计更适合应用于热量集中的产品。

从热设计角度，吹风设计中需要特别注意的有三点：

1）风扇出风口附近，电动机区域（Hub区域）正对的地方存在流动死区，高热风险器件应当避免放置在此处；

2）风扇出风口流动速度快，出风口正对的障碍物会导致较大的流阻，同时会导致噪声大幅提高，建议障碍物与风扇前缘至少隔开一个风扇厚度的距离；

3）吹风设计中，产品目标出风口之外的各种开孔很可能是对散热不利的，因为会导致风量泄漏，设计时需要注意。

8.6 风扇转速控制方式

根据转速侦测和控制方式的不同，风扇主要分为两线风扇、三线风扇和四线风扇，如图 8-8 所示。

1）两线风扇：两根线分别为电源正负极，可通过控制输入正极的电压来控制风扇转速，无法反馈风扇实时转速，控制精度不高，但价格便宜。

2）三线风扇：相对两线风扇，多出的一根线为信号输出线。风扇转速仍仅能通过控制电压来调节，但由于有信号输出线，因此可以实时读取风扇转速；由于仍基于电压控速，故控制精度与两线风扇相同。

3）四线风扇：四根线中，有两根为正负极，一根为信号输出线，最后一根为信号输入线。四线风扇是通过产生 PWM 脉冲信号来控制风扇转速的，不同的占空比对应不同的转速。控速较为精准，且可以实时读取当前风扇转速。目前对风扇转速有较严格要求的电子产品中大多采用四线风扇。

注意，上述两线、三线和四线风扇的功能是常规情况下的定义。实质上，除了正负极两根电源线是必备的，另外线的功能都可以定制。如输出信号既可以是风扇具体转速，也可以是风扇是否在运转的提示，还可以是风扇转速是否满足预期转速的提示，也可以是一些其他的告警信号。

本书第 13 章将对风扇智能调速相关设计有系统性讲解。

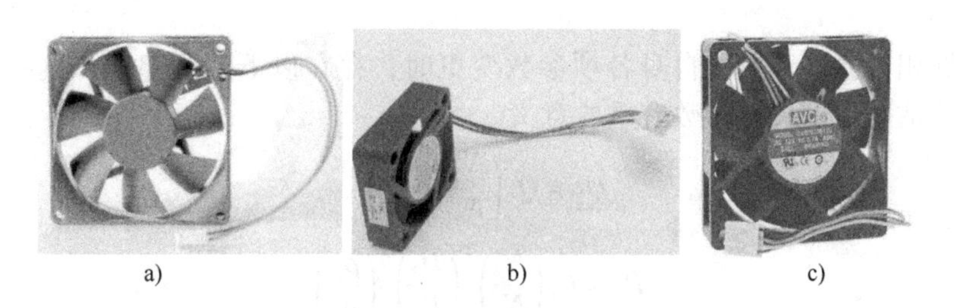

a)　　b)　　c)

图 8-8　风扇图片

a）两线风扇　b）三线风扇　c）四线风扇

8.7 风扇噪声考量

风扇运转时会产生噪声。更高的风速虽然能够强化散热，但通常情况下风速变高时噪声也将提高。热设计方案必须同时满足温度和噪声两个变量。对于终端桌面类产品，通常只考虑声压级噪声。风扇规格书中的噪声值可以作为产品设计中的一个参考值，在产品设计之初，进行风扇选型时做一个定性的判断。

通常，风扇规格书中的噪声测试环境为：额定电压满转速，自由场进风口 1m 处。这一点会在规格书中说明，如图 8-9 所示。

如果实际设计的产品噪声超标，则有以下几个经验性的解决方法：

1）降低系统阻抗，使得风扇在更低的转速下也能提供足量的风。

2）减少扰乱气流的结构件，尤其是入风口与出风口附近的部件。

3）选用低速大尺寸风扇：通常高转速风扇会比低转速风扇产生更大的噪声，因此应尽可能尝试及选用低转速风扇。一个尺寸较大、转速较低的风扇，通常比小尺寸、高转速的风扇在输送相同风量时更安静。

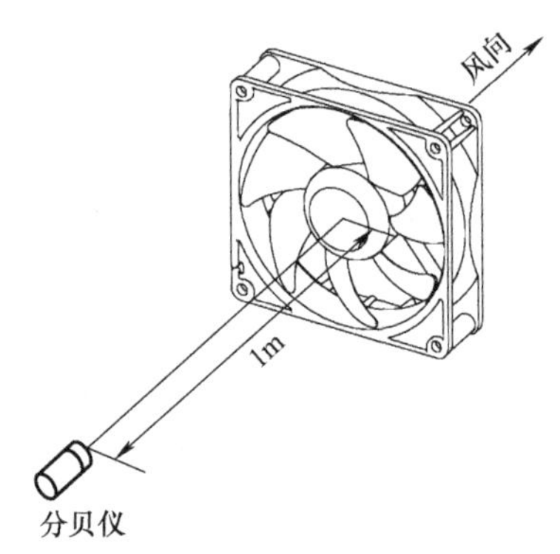

图 8-9　风扇单体的噪声测试规则

4）引入风扇智能控速，仅在需要时实施高转速。

5）柔性减振固定：采用柔软的隔绝器材，以避免风扇振动的传递。

6）风扇厂家优化风机设计：难度较大，周期较长，成本较高。

详细的噪声知识及降噪设计思路将在第 12 章进一步介绍。

8.8 风扇相似定理

依据相似原理，风扇自身各项参数变更时，存在以下的规律[2]，这些规律对于快速评估风扇的关键参数有重要意义。

$$Q_2 = Q_1\left(\frac{N_2}{N_1}\right)\left(\frac{D_2}{D_1}\right)^3$$

$$P_2 = P_1\left(\frac{N_2}{N_1}\right)^2\left(\frac{D_2}{D_1}\right)^2\left(\frac{\rho_2}{\rho_1}\right)$$

$$W_2 = W_1\left(\frac{N_2}{N_1}\right)^3\left(\frac{D_2}{D_1}\right)^5\left(\frac{\rho_2}{\rho_1}\right)$$

式中，Q 为风量；D 为风扇直径；N 为风扇转速；W 为风扇功率；P 为风扇风压；ρ 为流体介质的密度。

即：

1）风机最大风量和转速的一次方成正比，和风扇直径的三次方成正比，和流体工质的密度没有关联；

2）风机的最大风压和转速的二次方成正比，和风扇直径的二次方成正比，和流体工质密度的一次方成正比；

3）风扇的最大功率和转速的三次方成正比，和风扇直径的五次方成正比，和流体工质密度的一次方成正比。

8.9 风扇寿命可靠性

散热设计中，风扇是动件，也是最容易出现故障的部件，热设计方案的可靠性多数取决于风扇的运行寿命。风扇寿命影响因素繁多，包括但不限于材料、控制芯片、制程、转速、使用环境等。其中，轴承、控制芯片和使用温度对风扇的运行寿命影响尤为显著。在评估风扇是否满足要求时，务必要论述清楚产品使用环境，查清产品的设计寿命，向供应商确认风扇的实际寿命是否能够满足要求。

当运行环境已定时，风扇轴承是影响风扇寿命的瓶颈因素，同时也对风扇的工作噪声、制造成本有重要的影响。风扇的轴承系统按成本由低到高可排列如下：

1）含油轴承（2 sleeves）；

2）单滚珠轴承（1 ball 1 sleeve）；

3）双滚珠轴承（2B，2 balls），如图 8-10 所示。

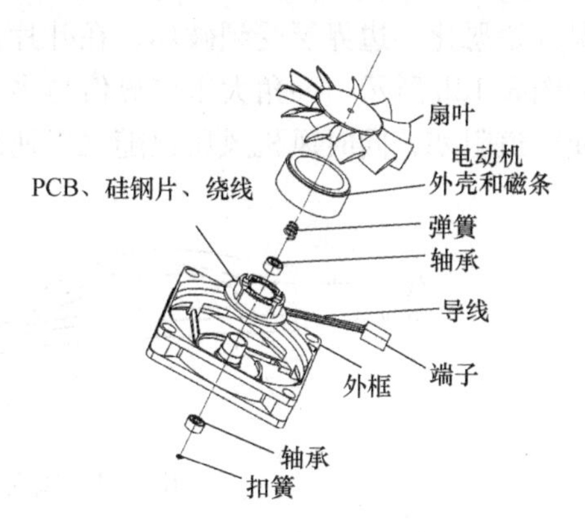

图 8-10　双滚珠轴承轴流风扇的内部结构示意图

从运行寿命看，则是双滚珠轴承 > 单滚珠轴承 > 含油轴承，如图 8-11 所示。双滚珠轴承使用滚珠支撑动静件，扇叶转动时，滚珠也转动，可靠性高，运转相对稳定，但成本较高（滚珠的机械精度要求很高），且在运行初期噪声比含油轴承大。含油轴承中使用大量润滑剂保证风扇的平稳运转，早期由于润滑剂足量，风扇噪声低，但润滑剂本身逐渐挥发，致使转动摩擦加剧，摩擦加剧又反过来使得局部温度升高，温度越高，润滑剂的挥发便越快，因此含油轴承类型的风扇寿命及其对环境（尤其是高温环境）的适应性相对较差。目前，许多风扇企业提出了各种改进的轴承类型，但实质上都是在上述三种之内，不同之处是改善轴承材质（如陶瓷轴承）或结构（如来福轴承）来提高轴承耐磨性或减缓润滑剂的挥发渗出。单滚珠轴承则是双滚珠轴承和含油轴承之间的一种综合体，成本、可靠性都介于两者之间。值得注意的是，受限于空间，微薄风扇的轴承类型仍多是含油轴承。

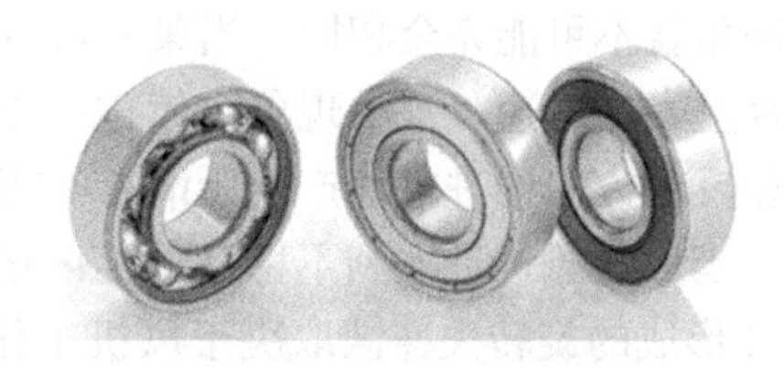

图 8-11　风扇轴承：双滚珠轴承（左）、单滚珠轴承（中）、含油轴承（右）

风扇运行寿命通常使用 L_{10} 准则，参考的标准是 IPC 9591。风扇的可靠性影响因素复杂，在不同应用场景下，寿命变化很大。读者可以参阅 IPC 9591 深入了解。

8.10 风扇失速区

散热风扇存在一个危险工作区域，就是所谓的失速区。本节将介绍这一区域的形成机理和产生危害的原因[3]。

散热风机的叶轮结构、尺寸都是按照额定的风量设计的，当散热风机在正常的风量工作时，气体进入叶轮的方向与叶片风量进口安装角基本一致，气体平稳地流过叶片，如图8-12a所示。当进入叶轮的气体流量小于额定流量时，气流与叶片进口形成正冲角，即$\alpha>0$，且此正冲角超过某一临界值时，叶片背面流动工况开始恶化，边界层受到破坏，在叶片背面尾端出现涡流区，即所谓的失速现象，如图8-12b所示。冲角大于临界值越多，失速现象越严重，流体的流动阻力越大，使叶道阻塞，同时风机风压也随之迅速降低。

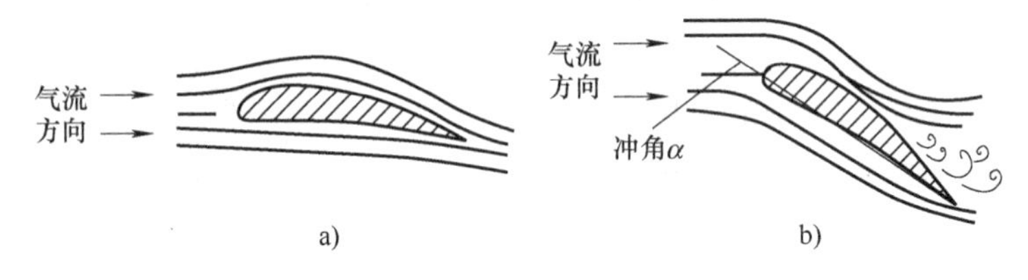

图8-12 风扇失速区形成原因[3]

散热风机的失速通常是逐叶传递的，风扇失速区在*PQ*线中的反馈如图8-13所示。风扇在加工及安装过程中，由于各种原因，其叶片不可能有完全相同的形状和安装角。因此，当运行工况变化而使流动方向发生偏离时，在各个叶片进口的冲角就不可能完全相同。当某一叶片进口处的冲角达到临界值时，会首先在该叶片上发生失速，这种现象继续进行下去，使失速所造成的堵塞区沿着与叶轮旋转相反的方向推进，即产生所谓的旋转失速现象。

当散热风机进入到不稳定工况区运行后，叶轮内将产生一个到数个旋转失速区（形成的旋转失速区取决于风机工作状态、风机叶片设计以及该风机叶片之间的差异）。由于失速伴随的是气流脱离点的迁移，因此，失速区的叶片会受到激振力。于是，在旋转过程中，叶片每经过一次失速区，就会受到一次激振力的作用，从而使叶片产生共振。此时，叶片的动应力增加，可能导致叶片断裂。对于电子产品，风量风压相对都是比较小的，因此叶片断裂的现象很少出现。但在矿山机械、能源动力等重工业中，由于乱流的增加，风机的噪声表现也会同时恶化。虽然不会出现叶片断裂，但持续的湍振对叶片造成的机械冲击会严重影响风机运行寿命。设计者在进行风机选型时，应当尽量避免使风机处于这一位置。

风扇的理想工作状态是转速、噪声波动小，能效也比较高。通常情况下轴流风扇的最优工作区间位于*PQ*线中间偏右的区域，如图8-14所示。

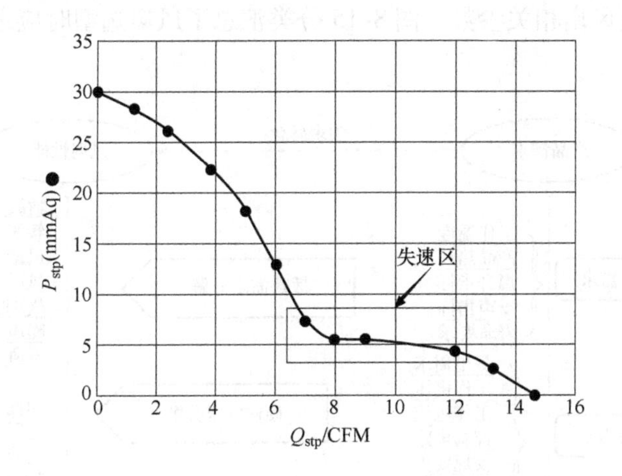

图 8-13　风扇失速区在 *PQ* 线中的反馈

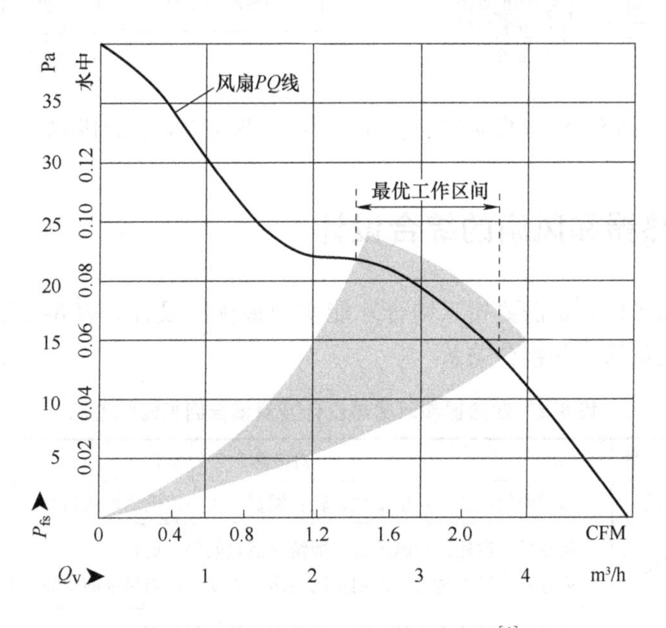

图 8-14　风扇最优工作区间示意图[4]

8.11 风扇选型方法汇总

风扇对产品形态、热设计方案影响巨大，其选型需要在产品早期阶段确定初步型号，中期尝试优化确认，后期一般无法再做改动。不同风扇的考虑因素可能各有侧重，但归根结底，都是根据产品需求，结合对热设计要求的本质理解，将具体需求转化成风扇相关参数。图 8-15 分类汇总了风扇选型时应考虑的因素和对应的风扇参数。

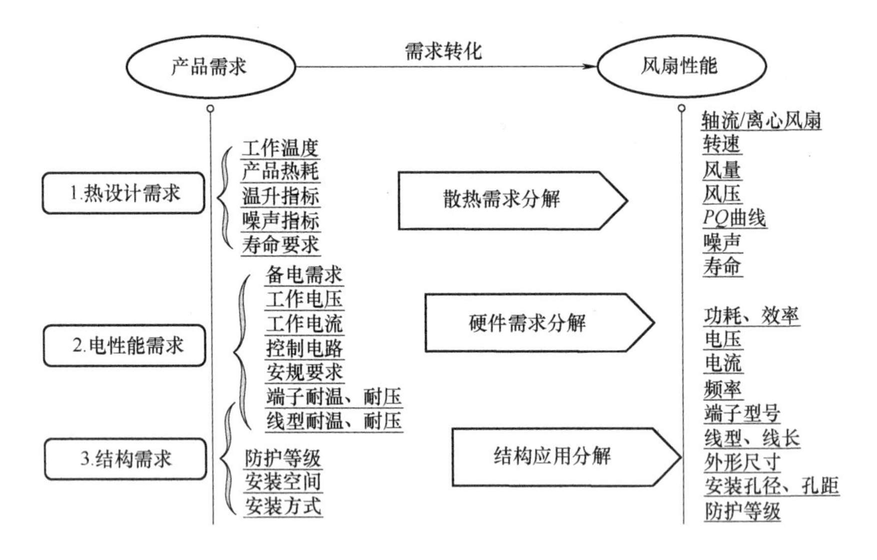

图 8-15　风扇选型因素汇总（本图由热设计高工刘剑提供）

8.12 散热器和风扇的综合设计

散热器和风扇总是需要相互结合才能实现最优的设计。表 8-2 汇总了散热器和风扇设计变量的一些耦合关系。

表 8-2　散热器和风扇热设计变量耦合因素影响汇总

类　型	变　量	对散热产生的影响
散热器	材质	通常使用铝和铜：铝便宜、轻；铜贵、重，但散热性能稍好
	齿长	齿越长，散热面积越大，一般情况散热效果会更好 齿越长，风阻越大，占用空间越多，需要考虑与风扇的空间分配
	齿高	齿越高，散热面积越大，一般情况散热效果会更好 齿越高，风阻越大，翅片效率越低，考虑与风扇的空间分配，限高要求
	齿厚	齿越厚，翅片效率越高 齿加厚，风阻增加；散热器更重，成本提高
	齿间距	齿间距缩小，齿数会增多，散热面积会增加，有时会优化散热 齿间距缩小，风阻增加，影响风量
	基板长	基板越长，通常效果越好，且可以辅助解决器件温度 需要考虑单板空间

（续）

类　型	变　量	对散热产生的影响
散热器	基板宽	基板越宽，通常效果越好，且可以辅助解决器件温度 需要考虑单板空间
	基板厚	基板越厚，越有利于克服扩散热阻 基板厚，会占用整体散热空间，使得翅片变矮，减少散热面积；加大风阻；散热器变重，成本提高
	热管（HP）	有热管，利于均温，降低扩散热阻 成本提升，散热器可靠性降低
	均温板（VC）	有均温板，利于均温，降低扩散热阻，效果比热管更好 成本比热管有提升，散热器可靠性比热管式散热器低
	表面处理	阳极氧化等措施增加表面辐射率，对自然散热产品有明显效果；翅片间做表面凸起处理会轻微强化强迫风冷散热效果 增加成本，影响外观；表面凸起处理将增加风阻；阳极氧化影响 EMC
风扇	长宽	长宽越大，实现相同风量风压产生的噪声越低；长宽越大，能够提供的最大风量和风压越高 占用单板空间，可能影响散热器宏观尺寸；风扇功率会提高
	厚度	厚度越大，最大风压会有提升 占用单板空间，可能影响散热器宏观尺寸；风扇功率会提高
	风量	风量加大，空气温升降低，有利于散热 风量是风扇固有性能，热设计工程师只能通过降风阻来实现提高风量
	风压	风压增大，有利于在相同情况下增加风量，改善散热 风压是风扇固有性能，热设计工程师只能通过提高转速来实现，而这将增大噪声
	噪声	噪声要求越宽松，风扇风量风压越大，有利于散热 客户体验差，受限于噪声设计标准

8.13 本章小结

风扇是强迫风冷中的核心物料，也是体现热设计综合性的部件之一。本章阐述了风扇的关键参数和选型准则，并将其与散热器的综合设计考虑方法汇总成表。不同于散热器、导热界面材料，风扇本身就是一个电子产品，风扇与系统结构、电磁的匹配性设计（DC 风扇本身还会产生电磁干扰）是精益产品设计必须要考虑的，是结构、热学、声学、电学四方综合点。作者水平有限，暂未总结出普适性的定律，读者可根据产品需求深入研究。感兴趣的读者也可以联系作者，针对特定问题进行讨论。

参考文献

[1] Electronics Cooling. Designing Heat Sinks When a Target Pressure Drop and Flow Rate is Known [J]. Calculation Corner，2012，2 (18)：6.

[2] Technical Bulletin TBN003. 0/1998. Fan Laws. [Z/OL] [2020-01-15]. https://wenku. baidu. com/view/861242362f60ddccda38a05d. html.

[3] 李春宏. 轴流通风机失速与喘振分析 [J]. 风机技术，2008 (2)：77-80.

[4] EBM-papst. Compact fans for AC，DC and EC [Z]. 2019.

第 9 章
热管和均温板

从传热学理论中可以看出，提高导热系数能够有效强化传热。以导热为例，当传热面积很小时，传递相同的热量，导热系数越高，需要的温差越小。当前，芯片尺寸越来越小，发热量越来越大，将这些热量转移到一定位置所“耗费”的温差也越来越大。为缓解这一趋势，人们不断采用更高导热系数的材料制成传热通路。但这些材料的导热系数多数在约100W/(m·K)，即便是石墨片，也仅约为1000W/(m·K)。而由于石墨片越厚（代表横向热流截面积），其水平方向导热系数越低，因此其热流动效率并不高。因此，设计更高传热效率的传热部件就变得越来越关键。在这种需求下，热管和均温板应运而生。

9.1 热管和均温板的特点和典型应用

热管（Heatpipe）和均温板（Vapor Chamber，VC）在高功率或高集成度电子产品中应用广泛。当使用得当时，它可以被简单地理解为一个导热系数非常高的部件。不难理解，热管和 VC 可以有效消除扩散热阻。

热管最常见的应用实例就是镶嵌在散热器中，将芯片的热量充分均摊在散热器基板或翅片上。如图 9-1a 所示，当芯片发出的热量经由导热界面材料传递到散热器上后，由于热管导热系数极高，热量可以以极低的热阻沿热管传播。此时，热管又与散热器翅片相连，热量便可以更有效地通过整个散热器散失到空气当中。图 9-1b 所示为基板中镶嵌热管的散热器，当芯片发热面积相对较小时，直接传递到散热器的基板会使得基板温度分布具备较大的不均匀性。加装热管后，由于热管导热系数很高，便可以有效缓解温度的不均匀性，提高散热器的散热效率。

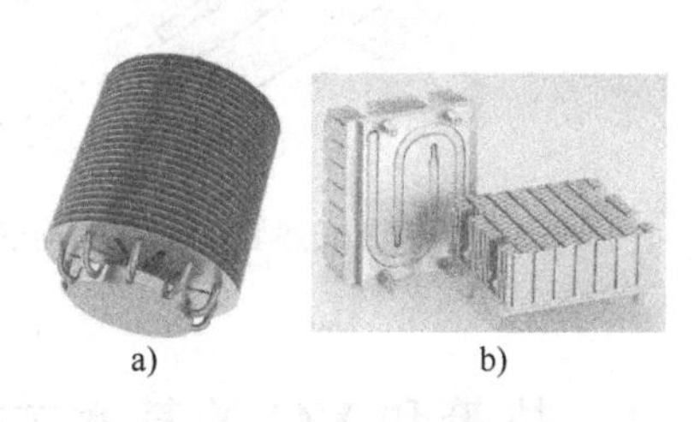
a) b)

图 9-1 热管散热器

热管的另一种应用场景是热量的高效转移，这种设计在笔记本电脑中非常常见，如图 9-2 所示。具体的设计起因是：芯片发热的地方没有足够的空间安装散热器，而在产品的另外较远处，有相关空间可以安装散热强化部件。这时，可以用热管将芯片发出的热量转移到合适的空间进行散热。

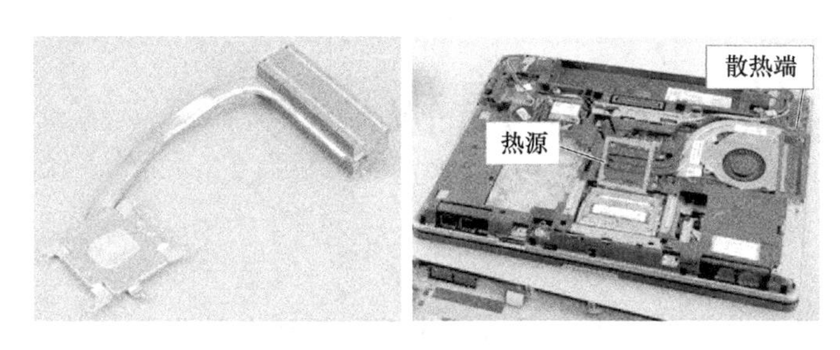

图 9-2　热管充当“热量转移桥”

VC 均温板的使用相对单纯很多，因为均温板不能像热管那样灵活弯曲。但当芯片热量非常集中时，均温板的优势就可以体现出来。这是因为均温板类似一个“拍扁”的热管，它可以将热量非常顺畅地均布到整个板面上。而使用热管镶嵌基板的设计，那些不被热管覆盖的“盲区”仍会存在较大的扩散热阻，如图 9-3 所示。

当芯片热量非常集中时，这些盲区有时会导致很明显的温差。这时，如果使用均温板，就会消除这些盲区，散热器的整个基板都会被完整地覆盖，扩散热阻被更有效地削弱，进而提高散热器的散热效率，如图 9-4 所示。

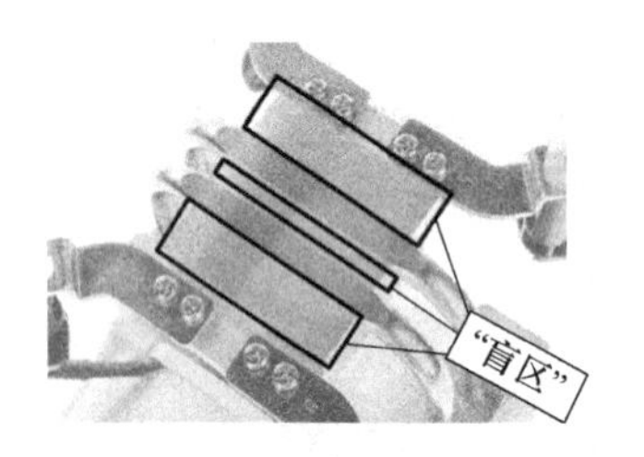

图 9-3　基板镶嵌热管时出现的均热“盲区”

图 9-4　采用 VC 作为基板的散热器

9.2　热管和 VC 的基本工作原理

热管和 VC 的工作原理类似，其实质都是利用了相变传热的高换热效率。如图 9-5 所示，热管通常分为蒸发段、绝热段（视具体情景需求设置）和冷凝段。

当热管蒸发段受热时，蒸发段内侧吸液芯内液体蒸发，此处压强升高，蒸汽在压差的作用下向冷凝段转移。当气体转移到冷凝段后被冷凝成液体。冷凝后的液体在吸液芯内通过毛细力的作用转移到蒸发段，形成循环。

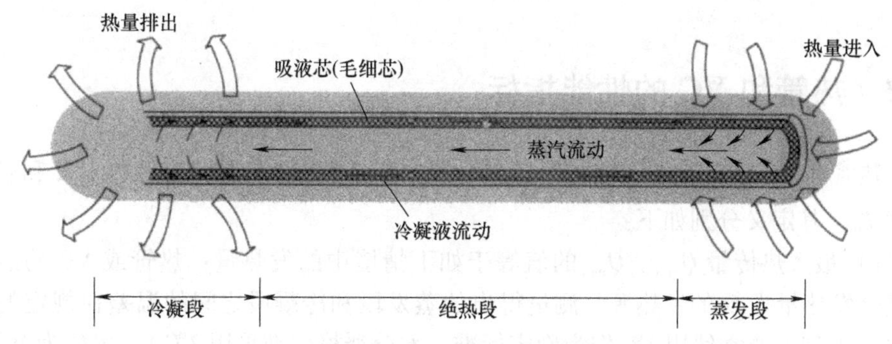

图 9-5　热管工作原理示意图

热管内的传热热阻分解如下：

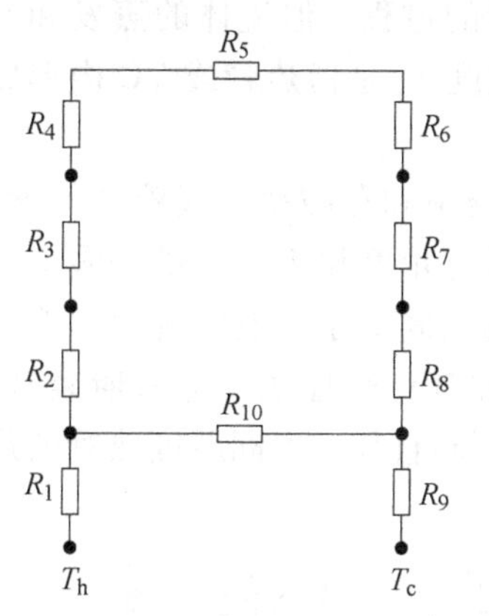

R_1：热源与蒸发段外壁面间的（对流）换热热阻

R_2：蒸发段管壁的径向导热热阻

R_3：蒸发段吸液芯的（径向）导热热阻

R_4：蒸发段内表面的蒸发换热热阻

R_5：蒸汽的轴向流动热阻

R_6：冷凝段内表面的冷凝换热热阻

R_7：冷凝段吸液芯的（径向）导热热阻

R_8：冷凝段管壁的（径向）导热热阻

R_9：冷源与冷凝段外壁面的（对流）换热热阻

R_{10}：管壁与吸液芯的轴向导热热阻

热管和 VC 的当量导热系数高，是因为它们内部的传热机理是相变换热。从第 2 章的表面传热系数范围可知，相变换热是对流换热中效率最高的，常见对流换热系数范围见表 9-1。在热管或 VC 中，蒸发段进行的就是沸腾换热，而冷凝段进行的便是蒸汽凝结。

表 9-1　常见对流换热系数范围[1]

	过　程	对流换热系数 $h/[W/(m^2 \cdot K)]$
自然对流	空气	1 ~ 10
	水	200 ~ 1000
强制对流	气体	20 ~ 100
	高压水蒸气	500 ~ 35000
	水	1000 ~ 1500
水的相变换热	沸腾	2500 ~ 35000
	蒸汽凝结	5000 ~ 25000

9.3 热管和 VC 的性能指标

热管和 VC 最重要的性能指标有三个，分别是最大热传量 Q_{max}、热阻 R 和启动温度 T_0，其定义分别如下：

1）最大热传量 Q_{max}。Q_{max}的值等于如下情境中的发热量：热管或 VC 的蒸发段贴合发热量为 Q 的发热源，测量得出的蒸发段和冷凝段之间的温差在规定的范围内（工程上通常使用5℃作为判定标准，部分严格标准采用2℃），单位为 W。

2）热阻 R。当传递大小为 Q 的热量时，实际测得的蒸发段和冷凝段之间的温差为 ΔT，热阻的值就是 $\Delta T/Q$，单位为℃/W 或者 K/W。

3）启动温度 T_0。热管内进行的是一个蒸发冷凝的过程，但流体的蒸发和冷凝必须在一定的温度、压强条件下才会发生。启动温度 T_0 是指热管或 VC 内形成相变换热循环时所需要的最低温度。

热管的这三个关键指标主要与管径、吸液芯渗透率和孔隙率、吸液芯厚度、工作流体性质、充液量、内部真空度、管壁厚度，折弯角度和工作环境等多个因素有关。当热管被拍扁或者折弯时，内部的蒸汽流动空间缩小，液体流动的毛细结构也会受到不同程度的损伤，如图 9-6 所示，因此其传热性能就会有所衰减。同样，越薄的 VC，其上述三个性能指标也会越低。不同直径、不同厚度热管的最大传热量见表 9-2。

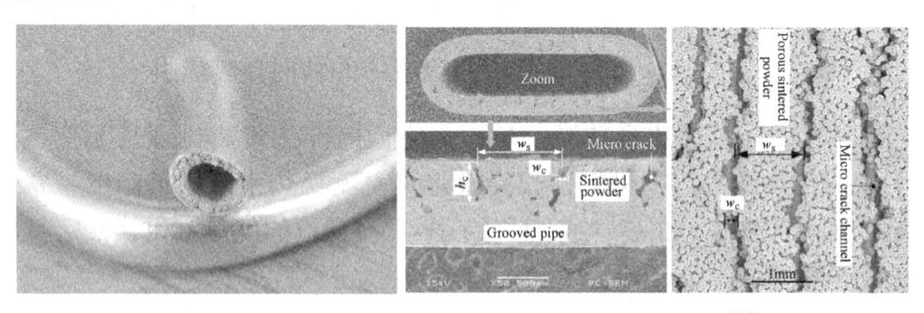

图 9-6 热管拍扁状态下内部毛细结构的微细裂痕[2]

表 9-2 不同直径、不同厚度热管的最大传热量

拍扁后热管厚度/mm	拍扁前热管直径（mm）/Q_{max}（W）（如下数值适用于的热管长度约为 200mm）				
	Φ3	Φ4	Φ5	Φ6	Φ8
2.0	9	16	20	26	31
2.5	13	17	31	45	62
3.0	14	17	40	55	70
圆管	14	17	43	57	78

除了拍扁，由于产品结构复杂，通常会将热管弯折，以便使热管贯通的面更大，提高均热效果。折弯改变了内部流道，在弯折处，蒸汽和流体的流动会受到阻滞。当折弯半径太小，或折弯角度太大时，热管性能都会大打折扣。表 9-3 是在不同弯折角度下，最小和建议的弯折半径。热管弯折参数示意如图 9-7 所示。

表 9-3　热管弯折半径设计表

热 管 直 径	折弯角度 45°	折弯角度 90°	折弯角度 135°
$\Phi 4$	$r = 8$mm	$r = 8$mm	$r = 10$mm
$\Phi 5$	$r = 8$mm	$r = 10$mm	$r = 12$mm
$\Phi 6$	$r = 10$mm	$r = 12$mm	$r = 14$mm
$\Phi 8$	$r = 16$mm	$r = 16$mm	$r = 18$mm

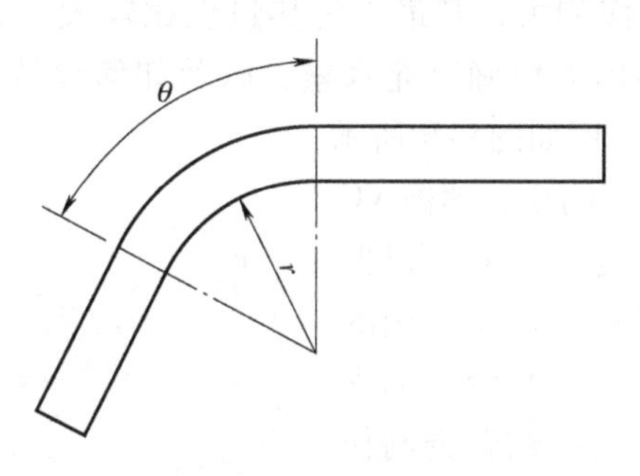

图 9-7　热管弯折参数示意

9.4 超薄热管和超薄 VC

由于拍扁会损伤热管内部的毛细结构，因此超薄热管的毛细结构与常规热管有所区别，如图 9-8 所示。常规的热管内壁往往有一圈毛细结构，而超薄热管的毛细结构通常只是在中间，这样热管在拍扁时，毛细结构并不会跟随管壁进行折弯动作，而是只会被压缩，这样就减轻了拍扁带来的毛细结构损伤。

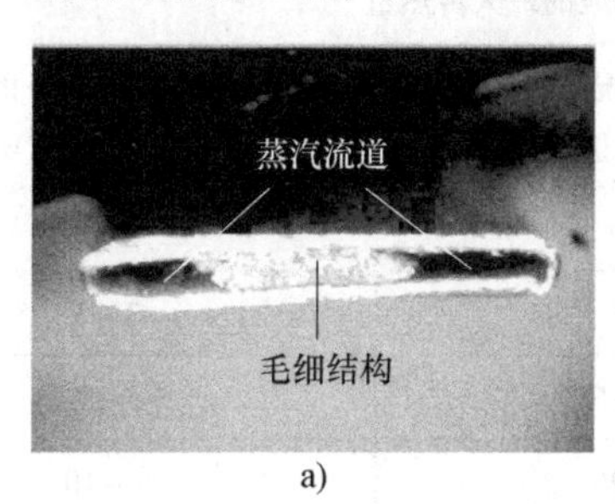

a)

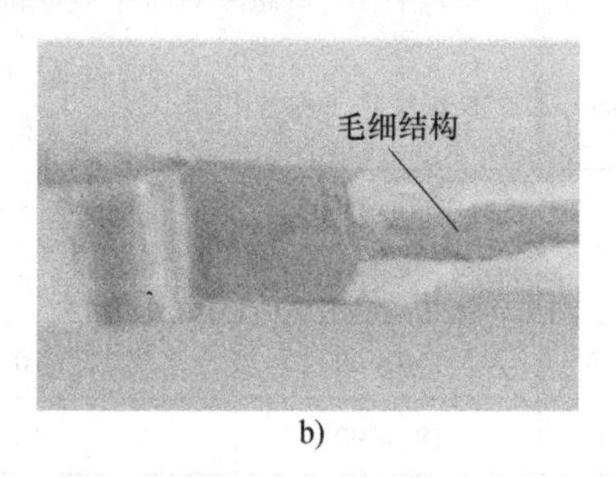

b)

图 9-8　超薄热管内部的毛细结构[2]

由于热管被压的很薄，因此其最大传热量是很小的。比如0.4mm厚的热管其最大传热量仅为大约3W。另外，虽然采用了中置毛细结构，但热管被拍扁时，两侧的铜壁仍不可避免地会变形，因此能拍到0.4mm厚度的热管，其原始管径也不大，通常不超过5mm（2019年9月的数据）。这会导致拍完后的热管宽度有限，从而影响均热效果。另外，由于热管被拍扁后，蒸汽通道是完全中空的，且由于铜壁很薄（通常 <0.15mm），因此其抗压或抗折弯强度都很差。总结下来，超薄热管有以下缺点：

1）最大传热量低；

2）只能是接近一维均热，均热面积受限；

3）机械强度低。

上述缺陷推动了超薄VC的进步。VC是两片式结构，其宽度可以任意定制，理论上不受限制。由于面积大，其最大传热量也比较大。超薄VC面临的困难是类似的，这么薄的空间内如何确定充水量，以及如何设置毛细结构，如何焊接，都是难题。超薄VC的应用如图9-9所示。

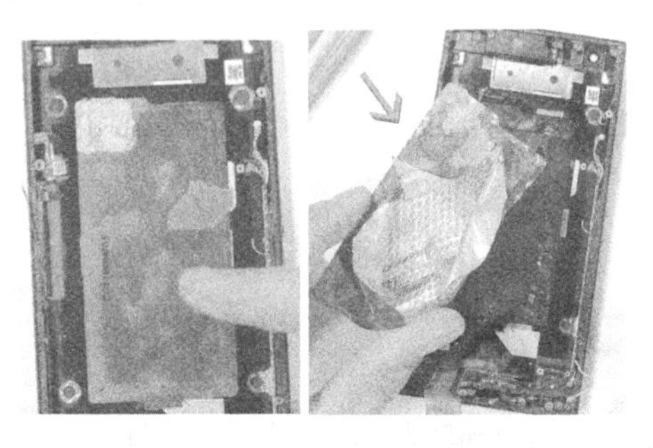

图9-9　雷蛇2手机内用的超薄VC[3]

类似地，由于内部空间小，超薄VC的毛细结构与传统VC也不相同。根据2019年的技术，超薄VC是使用蚀刻的技术在铜板上蚀刻出凸台，凸台起到支撑作用，另外一片铜板内部贴合铜网作为毛细结构。铜柱间的间隙就是蒸汽流动通道，铜网则是液体回流通道[4]。如此薄的铜板，蚀刻、焊接、注液、抽真空、封口等都是难题。这样会导致当前超薄VC良率较低，成本较高。超薄VC技术现状见表9-4；超薄热管的技术现状见表9-5。

表9-4　超薄VC的技术现状[5]

超薄VC的长宽厚和对应的最大传热量			
厚度/mm	长宽尺寸/mm	有风扇情况下的最大传热量/W	无风扇情况下的最大传热量/W
0.35	100×60	4~6	3~5
0.4	120×60	5~8	3~5
0.5~0.7	160×60	10~15	5~7
0.7~1.0	180×90	15~20	7~10

表 9-5　超薄热管的技术现状[5]

超薄热管的长宽厚和对应的最大传热量			
管径/mm	厚度/mm	长度/mm	最大传热量/W
2	0. 35 ~ 1	50 ~ 200	3 ~ 5
3	0. 4 ~ 1	50 ~ 200	4 ~ 7
4	0. 5 ~ 1	50 ~ 200	5 ~ 8
5	0. 6 ~ 1	50 ~ 200	6 ~ 15
6	0. 6 ~ 1	50 ~ 300	6 ~ 30
7	0. 8 ~ 1. 3	80 ~ 350	10 ~ 30
8	0. 8 ~ 1. 3	80 ~ 350	15 ~ 40
10	1 ~ 1. 3	80 ~ 350	20 ~ 60

9.5 热管和 VC 产品要考虑的细观因素

热管和 VC 等两相流产品是热设计物料中比较复杂的构件。在仅从性能层面理解所用的热管和 VC 特性优劣时，可以从如下角度入手去研究：管壁材质、管壁厚度、管壁粗糙度、液态工质类型、注液量、真空度。

对于烧结热管，毛细结构中粉体部分厚度、粉体颗粒粒径分布、粉体球形度，毛细结构的空隙率、渗透率；粉体材质、粉体筛选标准、粉体与管壁的结合方式。

对于沟槽热管，沟槽截面形状，沟槽深度，沟槽宽度，沟槽密度。

对于 VC，毛细结构同热管。与热管不同的是支撑结构形态、分布、无效区域。

对于 Mesh 热管和 Fiber 热管或 VC，其要关注的参数也是类似的、与毛细回流、气体流动有关的。两相流产品在长期运行下的性能衰减的机理，如不凝性气体产生的原因、腔体泄漏等也非常接近。

9.6 本章小结

热管和 VC 一般会与散热器配合使用，其关键作用是降低扩散热阻。但由于内部处于真空，且不凝性气体的进入会导致性能大幅衰减，故其往往成为散热器失效的“罪魁祸首”。本章详解了最大传热量、热阻和启动温度以及各种其他因素对这三个参数的影响。对 VC 和热管的应用和发展趋势感兴趣的读者可以联系作者，针对特定问题进行讨论。

参 考 文 献

[1] 杨世铭，陶文铨. 传热学［M］. 3版. 北京：高等教育出版社，1998.

[2] Tang, Heng, Tang, et al. Review of applications and developments of ultra-thin micro heat pipes for electronic cooling［J］. Applied Energy, 2018, 223: 383-400.

[3] JerryRigEverything.［Z/OL］［2020-01-15］. https://www. youtube. com/watch? v = UG-sICbmmfws.

[4] Chen Z, Li Y, Zhou W, et al. Design, fabrication and thermal performance of a novel ultra-thin vapour chamber for cooling electronic devices［J］. Energy Conversion and Management, 2019 (187): 221-231.

[5] Delta Slim Heat Pipe Vapor Chamber. http://www. deltafan. com/technology/slim-heat-pipe-vapor-chamber. html.

第10章 热电冷却器、换热器和机柜空调

10.1 热电冷却原理

热电现象是1823年由德国物理学家Seebeck发现的。当时他将指南针放置在由两种不同金属相接合成的电路上，同时在其中一端的接点处以烤炉加热，而见到指针出现偏转的现象。这意味着不同导体间的温差会产生电流。热测试中最关键的测试工具——热电偶的测温原理就是热电效应。

1834年，Peltier发现了另外一种效应：在不同金属间施加直流电时，除产生焦耳热外，热量还会产生定向转移，即两种金属间会出现温差。这就是热电冷却器（Thermoelectric Cooler，TEC）的工作原理，称为帕尔贴（Peltier）效应。半导体材料的帕尔贴效应相对纯金属而言强很多，因此，常见的热电冷却器内使用的是半导体材料。加之温差的产生条件是不同材质之间的电流，故热电冷却器中同时包含P型和N型半导体，这类热电冷却器又称为半导体冷却器，如图10-1所示。

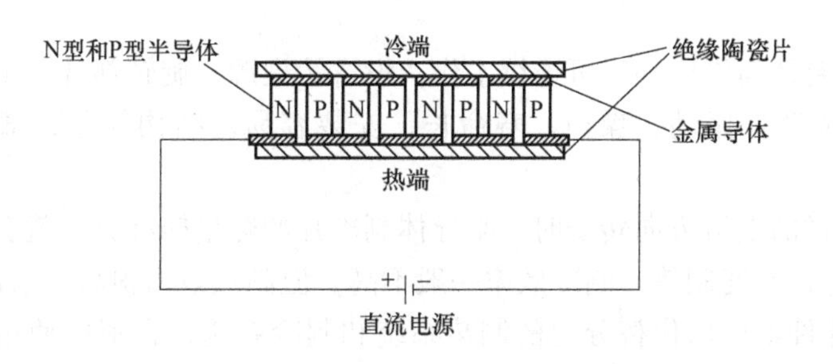

图10-1　半导体冷却器简图

与风扇类似，TEC本身也是一个电子元器件。在实际应用中，为强化热电冷却效应，常见的半导体制冷器会由多个P型和N型半导体材料结构件以电串联而热并联的形式组合而成。在需要制造大温差的场景中，热串联的多层TEC也有使用。

10.2 热电冷却器在电子散热中的优缺点

TEC 在电子产品中使用时，可以将冷面与发热芯片贴合，热电冷却器通电后，由于热电效应，冷面将会吸收发热芯片的发出的热量，热面则释放大量热。这时，如果必要，则可以在热面贴合散热器从而将热量及时转移到外界环境中。

除了热电式散热器，TEC 还可以用在高防护要求的户外电子设备中实现设备舱内空气的冷却。如图 10-2 所示，TEC 安装在户外机柜的机柜门上，冷面贴近内舱，机柜内的热空气经过冷面后，热量被冷面吸走而变为低温空气。热量借由热电效应转移到热端，在置于舱外的散热器和风扇的作用下散失到周围环境中。这样，机柜无需与外界环境产生任何物质交换，就可以将热量传递到舱外，从而实现很高的防水、防尘等级。

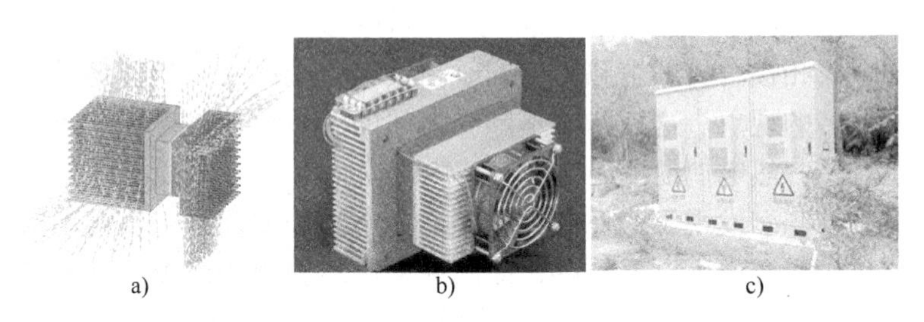

a) b) c)

图 10-2 a）热电冷却器冷热端的热量交换示意图
b）户外设备使用的 TEC 空调 c）户外柜侧挂的 TEC 空调

从散热设计的角度看，半导体制冷片作为一种特殊的冷却装置，在技术应用上具有以下的优点和不足。

优点：

1）不需要任何制冷剂，可连续工作，没有污染源和旋转部件，不会产生回转效应，工作时没有振动、噪声，寿命长，安装容易，结构简单，部件少，维修方便。

2）当通过的电流方向转变时，半导体制冷片的热量转移方向就会反转，因此 TEC 既能制冷，又能制热。制冷效率一般不高，但制热效率很高，永远大于1。因此使用一个片件就可以代替分立的制热系统和制冷系统，在那些使用环境温度变化范围很大（有时需要冷却，有时又需要加热的工况下）的设备中有特殊的优势。

3）半导体制冷片是电流换能型片件，通过控制输入电流，可实现高精度的温度控制，再加上温度检测和控制手段，很容易实现遥控、程控、计算机控制，便于组成自动控制系统。

4）半导体制冷片热惯性非常小，制冷制热时间很短，在热端散热良好冷端空载的情况下，通电不到一分钟，制冷片就能达到最大温差。

5）热电效应具有制冷功能，可以将热源温度控制到环境温度以下，这是常规的风冷、自然冷却甚至液冷无法做到的。

不足：

1）制冷温度与环境温度有关；

2）制冷效率相对不高；

3）热电冷却器本身并不具备冷却能力，仅仅是耗费电量，营造温差。从能量守恒角度来看，热电冷却器最终仍会增加整个系统的能耗和热耗。

在一些小尺寸的电子产品中，制冷效率低是制约 TEC 应用的关键因素。因为这意味着 TEC 的使用带来了整个系统的热耗大幅上升，加重了整个系统的散热负担。在产品热设计中，需要评估清楚为了达到局部低温的目标，增加这些负担是否值得，以及是否有手段去解决这些额外的负担。

一个不可忽略的事实是，热电效应使得另外一侧温度升高，这样高温面与环境之间的温差加大，热量传输动力更大。某些情境下，予以引导，也可能给电子产品的热设计带来创新空间。

10.3 热电冷却器的选型步骤

热电冷却器的选型是一个迭代过程。除基本尺寸信息之外，一个典型的 TEC 技术规格书中还包含以下基本信息：

Q_{cmax}：当冷热面温差为 0℃时，热电冷却器能够转移的热量。

I_{max}：热电冷却器允许通过的最大电流，通常建议工作在最大电流的 70% 左右。

V_{max}：热电冷却器通过最大电流时，热电冷却器两端的电压，通常建议工作在最大电压的 70% 左右。

DT_{max}：当热电冷却器通过最大电流，且热电冷却器加载的热量为零时，热电冷却器两端所达到的最大温差。

COP：综合性能系数（Coefficient of Performance），表示冷却的热量值与输入能量的比值 $Q_c/(V \cdot I)$。

T_h：热电冷却器热端温度。

R_{AC}：热电冷却器的电阻。

对 TEC 的选型设计而言，有如下几种问题组合出现，通过规格书的查找比对，都能获得结论：

1）已知冷热端温度、要解决的热量以及 TEC 的型号，计算产品的工作电流和工作电压；

2）已知冷热端温度、TEC 型号和工作电压，推算工作电流和可解决的热量；

3）已知热端温度、TEC 型号、工作电流和要解决的热量，推断冷端温度和工作电压。

工作电流和工作电压的获得，除了为电路板的硬件设计提供参考，还可以计算出 TEC 引入的新的热量，从而为系统层面的热设计配合方案提出要求。通过工作电流、工作电压以及可解决的热量，可以核算出 TEC 实际的 COP 值。将实际的 COP 值与规格书中的 COP 曲线对应，就可以获知当前所选的 TEC 工作点所处的效率区间。通过分析工作点效率区间的位置，便能够知晓当前型号的 TEC 从工作效率层面是否合理，应该朝哪个方向优化。以上述问题 1）的场景来具体举例这个过程。参考的 TEC 型号是纳米克 TEC1-07108，表 10-1 为其基本参数表。

表 10-1　纳米克 TEC1-07108 基本参数表[6]

T_h/℃	27	50
DT_{max}/℃	70	79
V_{max}/V	8.9	9.6
I_{max}/A	8.0	8.0
Q_{cmax}/W	46.6	48.9
R_{AC}/Ω	0.86	0.94

对 TEC 而言，当运行温度不同时，由于电气性能变化，上文所提及的关键参数也将有所不同。此例中，取热端温度为 50℃的性能参数。

假定需求场景为发热芯片功耗 20W，要求温度控制在 26℃，依此计算此 TEC 的工作点（工作电流和工作电压）。

10.3.1　确定工作电流

芯片温度控制在 26℃，热端控制到 50℃，得出冷热端温差为 24℃。又已知制冷量为 20W，在这个基础上，通过规格书中的制冷量、电流、温差图（见图 10-3），可以获知工作电流应为约 4A。

注意，此处在计算温差时，忽略了两个因素：①TEC 和芯片之间的接触热阻：实际设计时，由于有接触热阻，所以 TEC 冷端的温度要保证低于芯片目标温度；②芯片热量在其他方向的散逸：假设芯片的发热量全部从 TEC 冷面被吸入。

此处 4A 的电流指的是 TEC 工作稳定之后的电流，实际启动时，工作电流会稍大。在某些 TEC 规格书中还提供有电压、电流和温差线图，此时，可以在此图中将对应的电压线找到，并使得温差为零（初始状态冷热面温差为零）。回溯获得初始电流值，如果规格书中并未提供此图，则通常按照稳态电流值的大约 1.2 倍设置，这一点对 TEC 的供电电路设计有重要参考价值。

10.3.2　确定工作电压

工作电压可以根据规格书中的电流、电压、温差线图查知（见图 10-4），方法是在 4A 的工作电流线上找到 24℃温差对应的电压值。在此 TEC 中，工作电压为约 4.4V。

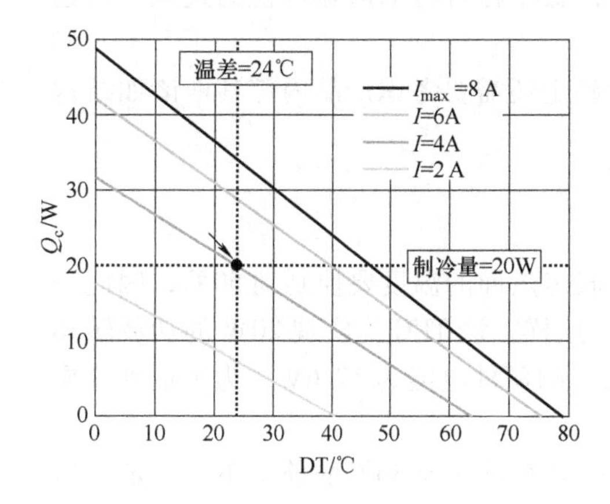

图 10-3　通过制冷量和温差确定工作电流

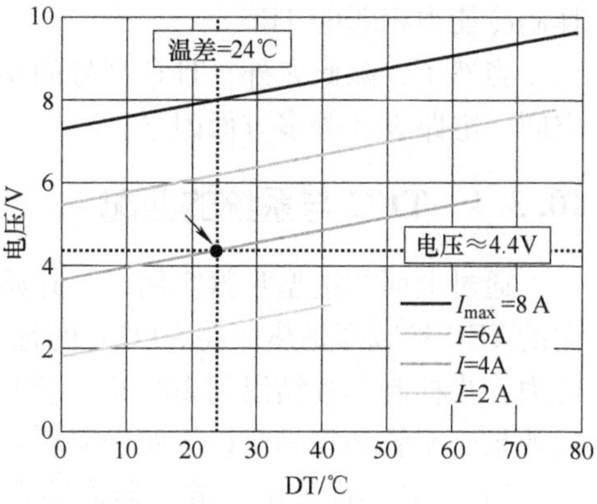

图 10-4　通过电流和温差确定工作电压

依工作电压和工作电流，可计算得：为实现当前热传量并维持所要求的温差，所需输入功率为 $P_{in} = IV = 4\text{A} \times 4.4\text{V} = 17.6\text{W}$，换算知此时 TEC 综合效率系数为 COP = 20W/17.6W = 1.14。电压和电流是硬件工程师设计 TEC 供电电路的关键信息。

10.3.3　确定 COP 值和选择高效 TEC 的迭代方式

除了直接计算，COP 值还可以在 COP、电压、温差线图中查知（见图 10-5）。对于单层 TEC，COP 值通常在 0.4 ~ 0.7 之间[7]，此假设场景中的 TEC 工作状况效率已经相当不错。

从图 10-5 中，不仅可以查知 COP 值，还可判定在此工作温差、工作电压下 TEC 工作的最高效率点。实际的 DT = 24℃，根据图 10-5 所示规律，显然其 COP 曲线介于 DT = 30℃ 和 DT = 20℃之间。按照图 10-5，实际的 COP 工作点位于最优值的右侧，这意味着需要降低工作电压才能提高其制

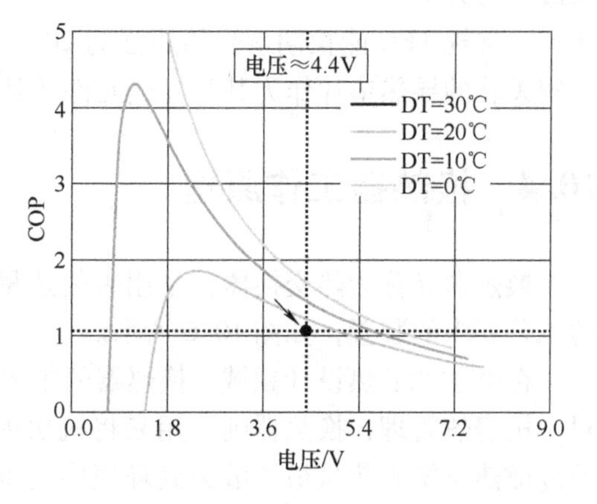

图 10-5　通过电压和温差确定 COP 值

冷效率。根据 TEC 的选型步骤反推回去，会发现在维持 DT = 24℃的前提下降低工作电压，工作电流也会降低，最终获知当维持 DT 在 24℃时，TEC 最高效率点附近其制冷能力小于 20W，于是可以获得以下迭代筛选高效率 TEC 的思路：

1）当实际 COP 点位于峰值点右侧时，意味着当前 TEC 制冷能力欠缺，需选择制冷能力更强的 TEC；

2）当实际 COP 点位于峰值点左侧时，意味着当前 TEC 制冷能力过剩，可选择制冷能力稍弱的 TEC。

当然了，除此之外，TEC 型号的实际确定还需要考虑产品内部其他诸如结构空间、电路设计等多方面因素。

10.3.4　TEC 与系统的匹配

通过上面的选型步骤实例，一开始就假定热面的温度要控制到 50℃，因此采用的 TEC 参数都是热面在 50℃时的性能。这样，该 TEC 为实现 20W 的功耗转移能力，当控制芯片结温到 26℃时，需要输入的额外电能为 17.6W。为了达到这样的效果，系统必须满足以下两个要求：

1）TEC 热面装配的散热器能够在维持热面温度为 50℃的前提下，稳定地散失 37.6W（芯片发热量 20W + TEC 输入功率 17.6W）的热量；

2）电路的设定，需要能够支持 TEC 的电流、电压等电气需求。

由此，不难看出，TEC 的设计选型需要电路和散热器的匹配设计，而且散热器的热负荷等于芯片发热量与 TEC 输入功率之和。当 TEC 的 COP 值不高时，为了将芯片的特定功耗及时转移，TEC 需要更高的输入功耗，这样不仅使得设计方案能效降低，还会增加散热器的热负荷，给热量的最终转移带来困难。因此，TEC 的选型是一个迭代过程，在最终选定 TEC 前，需要采用上述方法对比多个 TEC 的综合效率值，选择能效比最高的热电冷却器，实现最节能、外部散热系统设计需求最小的方案。

注意，常规 TEC 能长期承受的压强为 20～30psi，建议选取黏度较低的硅脂/凝胶或较柔软的导热垫片作为其与发热元件及其与散热器之间的界面材料。

10.4　换热器工作原理

换热器又称为热交换器，是用来使热量从热流体传递到冷流体，以满足规定的工艺要求的装置，如图 10-6 所示。

在电子产品热设计领域，换热器的主要应用场景是将密闭机柜中的热量带出。对于机房热管理，换热器则是用来将机房内的热量及时转移到户外。换热器还是液冷散热系统中热量最终散失到环境中的部件。换热器根据工作介质的不同分为以下三种：

图 10-6　电子散热领域常见的热交换器

1）空气-空气热交换器；

2）空气-液体热交换器；

3）液体-液体热交换器。

热交换器不同于散热器的关键点在于其引入了两份互不掺混的流体介质。热交换器中，被冷却对象是流入的热流体，而这些热量会被流入热交换器的冷流体带走。下例将详细描述一个空气-空气热交换器的内部流道和工作过程。

假设该换热器应用到如图 10-7a 所示的机柜中。机柜内部的热风通过机柜的内循环风机吸至换热器，进入内部气体流道；机柜外部新鲜冷风则通过外部风机驱动，不断被吸入换热器中的外界气体流道。内部热风和外部冷风在热交换器内完成换热。叉流式和逆流式换热芯体内，内部和外部的风流动路径分别如图 10-7b 和 c 所示。

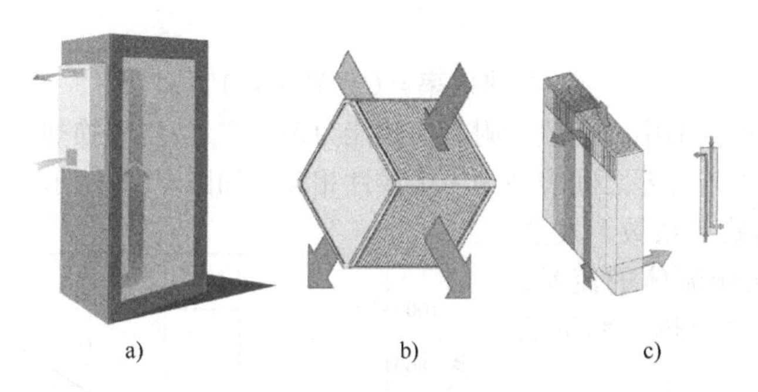

图 10-7　a）使用换热器的机柜概念图　b）叉流式换热心体内风流路径　c）逆流式换热心体内风流路径

通过热交换器的工作过程可以发现，换热器可以在不直接给机柜内引入新风的前提下将其内部的热量及时转移走，从而有效避免室外空气中的水、灰尘以及有害气体等对设备内部模块的影响，保证产品较高的防护等级。

10.5　换热器的选型

热交换器的性能参数包括热交换能力、几何尺寸、重量、应用环境温度、噪声等。其中，热交换能力是换热器的关键参数，表示每摄氏度温升换热器能够支持的换热量。任何介质的换热器选型的理论基础都相同，但关注的参数略有差异。下面用一个空气-空气换热器的例子阐述换热器的选型步骤。

10.5.1 确定需求

任何散热部件的选择，产品的热需求都是首要依据，换热器的选择同样如此。换热器选型时，需要确定的边界条件如下：

1）流体类型：确定参与热交换的流体介质；

2）换热量：需要解决的热量 Q；

3）机柜内要求的温度：T_1；

4）外界环境的最高温度：T_2；

确认流体类型的同时，需要依此确定应当选用的换热器材质。常用的换热器材质为铝、铜和不锈钢，各自适应不同系列的流体。户外柜产品中通常使用的是空气-空气换热器，液冷散热中则可能是液体-液体换热器，以及空气-液体换热器。

10.5.2 计算换热效率

根据进口的冷热流体温度以及要求的换热量，计算以温度差为基准的换热效率系数。

$$换热效率 = Q/(T_1 - T_2) \tag{10-1}$$

在换热器规格书中，一般会附有换热能力表。空气-空气换热效率通常接近常数，即换热能力与温差之间表现为一个线性相关，如图 10-8 所示。

根据换热效率系数、发热侧和冷却侧两侧流体的流量，就可以查知符合换热效率系数的换热器。

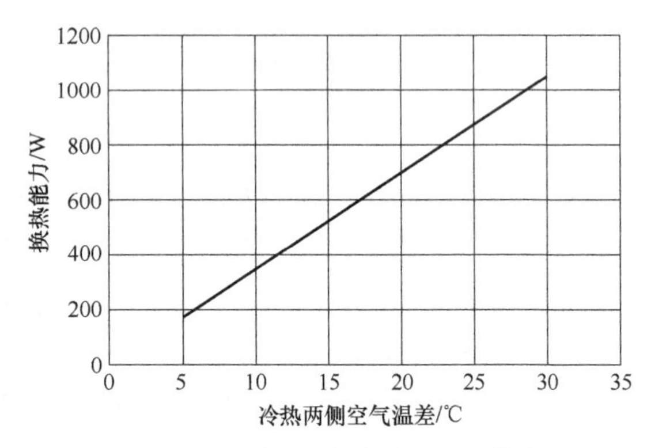

图 10-8 空气-空气换热器换热能力随冷热两侧温差的变化趋势[1]

通常来讲，换热效率计算公式中，柜内要求温度 T_1 和外界环境温度 T_2 基本都是已知的，这样，计算设备总体的冷却需求（即要求换热器从机柜内向外转移的总热量）就成为关键。总体冷却需求一般由两部分组成：

1）柜内电子模块的热耗；

2）外界向柜内传递的热量。

其中，柜内电子模块的热耗在设计产品时可与硬件工程师共同确定，较为容易；而外界向柜内传递的热量则相对复杂。实际工作过程中，如果柜体工作在太阳直射的区域，则柜体表面将会吸收太阳辐射热。太阳辐射强度产生的热量又有一部分会被反射，只有部分会被机柜吸收。因此，要计算某机柜总的冷却需求，需要知道如下几个条件：

1）机柜内电子模块的总发热量 Q_1；

2）机柜的尺寸，用来计算机柜表面积 A；

3）太阳辐射强度 I；

4）机柜壁面对可见光的吸收率 α；

5）机柜材质和隔热措施。

换热器需要转移的总热量为

$$Q = Q_1 + IA\alpha \tag{10-2}$$

结合环境温度和机柜内温度差（一般为 10～15℃），就可计算出换热器需要满足的换热效率，从而选择合适的换热器型号。

例　假设某机柜宽 0.8m，深 0.6m，高 1.8m，机柜内共有三个电子模块，发热量分别为 200W，150W 和 50W，当地太阳辐射强度为 400W/m²，柜体可见光吸收率为 0.15，环境温度最高为 55℃，机柜内要求温度不超过 65℃，求其换热器应当满足的换热效率。

解　机柜内电子模块的发热量总和为

$$Q_1 = (200 + 150 + 50)\,\text{W} = 400\,\text{W}$$

机柜表面积为

$$2 \times (0.8 \times 0.6 + 0.6 \times 1.8 + 0.8 \times 1.8)\,\text{m}^2 = 6\,\text{m}^2$$

柜体吸收的太阳辐射热量为

$$Q_2 = (400 \times 6 \times 0.15)\,\text{W} = 360\,\text{W}$$

实际运行中，机柜壁面与外界环境之间存在温差，因此会有部分热量通过自然对流换热转移到环境中（机柜漏热），这个换热量可用如下式（10-3）计算

$$Q_3 = CA(T_1 - T_2) \tag{10-3}$$

式中，C 为传热系数，表示 1℃机柜内外温差下的换热效能，单位为 W/(m²·℃)。该值与机柜材质有关，通常可按如下值进行估算（不考虑绝热设计）：

钢板、不锈钢为 −5.5W/(m²·℃)；

铝为 −12W/(m²·℃)；

塑料为 −3.5W/(m²·℃)。

在本例中，假设机柜为不锈钢板，则在要求的环境温度和机柜温度下机柜漏热量为

$$Q_3 = (5.5 \times 6 \times 10)\,\text{W} = 330\text{W}$$

因此，换热器应当满足的换热效率值为

$$E = (Q_1 + Q_2 - Q_3)/(65 - 55) = 43\text{W}/℃$$

确定换热效率值之后，结合产品噪声、尺寸、成本、防护等级等要求，就可以筛选出满足要求的换热器。

注意：

1）在不施加隔热措施的户外柜中，柜体的漏热量是很可观的。但在实际设计中，通常会施加隔热棉，漏热效率则需要根据实际隔热措施进行调整。

2）计算漏热和吸收的太阳辐射热时，需要将不参与传热的面排除在外，如挂墙机柜与墙体接触的面不吸收太阳辐射，应当排除。

对于空气-水换热器，换热器的换热能力与柜内温度以及入水口温度、入水口流量呈正比。如图 10-9 所示，在选型时，除了冷却需求，还需要结合进口水温度以及进口水流量进行筛选。必要时，还应查验换热器压降，核算系统中水泵的动力是否足够。

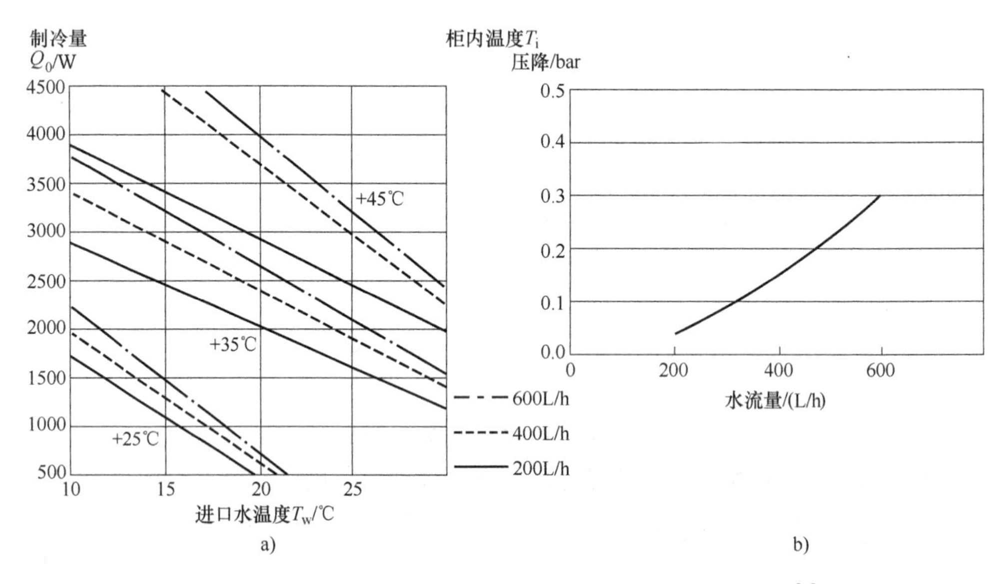

图 10-9　a）空气-水换热器换热能力图　b）换热器压降图[2]

10.6 机柜空调

当出现如下情况时，需要考虑使用机柜空调：

1）外部空气无法用来冷却机柜内部；

2）柜内所需的温度等于或者低于外部环境温度；

3）外部环境特别脏或者含有油污。

从工作原理上分类，机柜空调有两种：①通过热电制冷的 TEC 空调；②通过压缩机制冷的压缩机空调，如图 10-10 和图 10-11 所示。

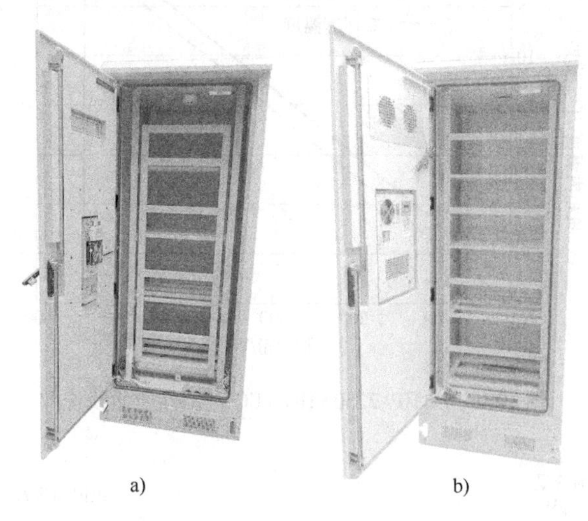

图 10-10　a）装配 TEC 空调的电池柜　b）装配压缩机空调的电池柜

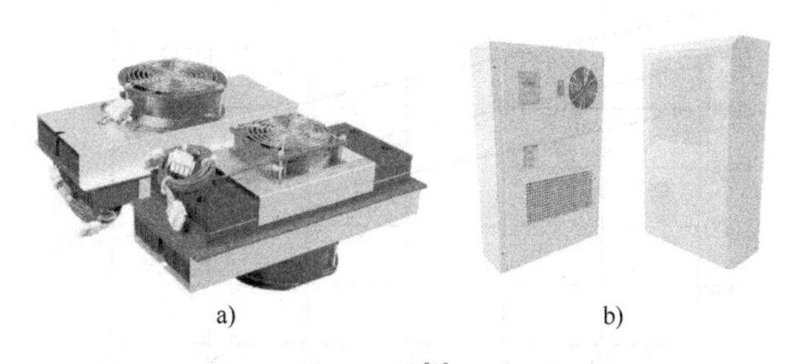

图 10-11　a）TEC 空调[3]　b）压缩机空调

空调的选型和热交换器非常接近，其关键同样在于确定两个参数，即确定产品冷却需求和机柜内外的温差。当获知这两个参数后，根据规格书中的性能曲线，就可判断其是否满足要求。

正如前文所述 TEC 的优缺点，TEC 空调的制冷能力相对较小。图 10-12 所示为某款 TEC 空调的性能曲线。假设已知环境温度为 35℃，机柜内温度也要求控制到 35℃，可计算得温差为 0℃。在性能曲线上可以查得在这样条件下空调的制冷能力为大约 550W。对比产品冷却需求数值，即可获得结论。

思考　环境温度不同，为何性能曲线也不相同？

对于压缩机空调，情形基本相同，如图 10-13 所示。当已知柜内温度和环境温度时，就可以确定某空调的制冷能力。

空调规格书中的制冷性能曲线形式可能不尽相同，但总体来讲，都包含环境

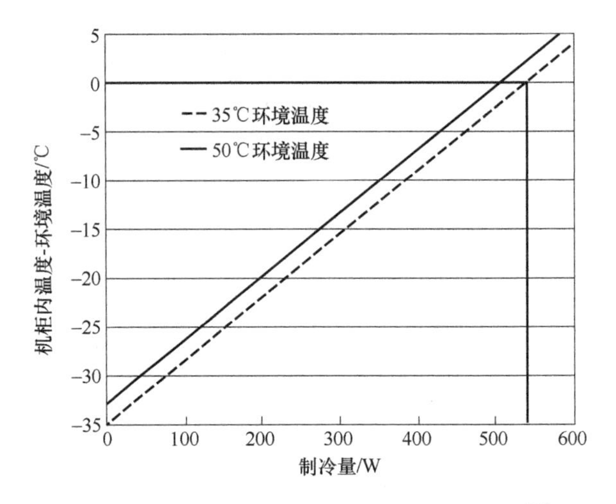

图 10-12　AHP-2250XHC TEC 空调性能曲线[4]

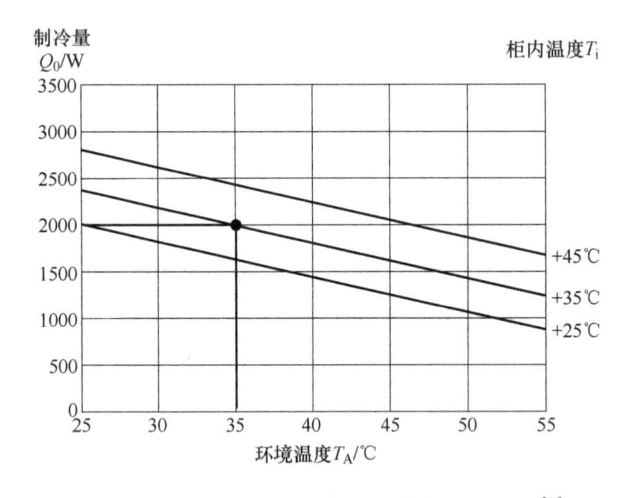

图 10-13　DTI/DTS 8441 压缩机空调性能曲线[5]

温度、柜内温度和冷却能力三个变量。需要注意的一点是，当由于柜内温度低于环境温度而不得不使用空调时，机柜漏热是负值，也就是说外界的热量会以自然散热的方式透过机柜壁传入机柜内，在计算冷却需求时需要考虑该值。

10.7 本章小结

热电冷却器、换热器和机柜空调是部分电子产品中要用到的物料，具备模块化特征。热设计系统的整体性决定了模块化的产品也必须与系统本身的需求和表现相匹配。各个参数只有在与系统匹配的前提下才是有效的，否则均无法用来判别其当前运行状况。本章详细解读了这三种物料的各关键参数，并对其选型设计步骤做了阐述。作为一个模块，换热器和空调本身的优化设计方法与一个常规的电子产品无异，本章未予赘述。感兴趣的读者可以联系作者，针对特定问题进行讨论。

参考文献

[1] PAI/PAS 6073 datasheet [Z].

[2] PWS 8402 datasheet [Z].

[3] Peltier TEC 200 [Z].

[4] AHP-2250XHC [Z].

[5] DTI/DTS 8441 datasheet [Z].

[6] 纳米克 TEC1-07108 [Z/OL]. http://www.thermonamic.com/cn/Pro_View.asp? Id=749.

[7] MPE 635: Electronics Cooling. Part C: Electronics Cooling Methods in Industry. Thermoelectric Cooling [Z]. Egypt: Cairo University, 2007.

第11章 液冷设计

11.1 液冷设计概述

液冷设计利用了液体工质的移热效率比气体高的特征，是电子产品功率发展到一定阶段后的热管理方案。热量转移过程有大量液态流体参与的热设计方案，可以认为是液冷设计。从这个意义上讲，虽然热管、VC 内也有液体存在，但这些液体分量极小，其循环也不必使用泵，而是借助重力或者毛细力实现回流，其充当的是一种低热阻的导热结构件，因此热设计领域一般并不将热管和 VC 的使用归类到液冷设计的范畴。

通常，根据发热元件与液体介质的不同接触方式，液体冷却又被分为直接液冷和间接液冷。

11.1.1 直接液冷

直接液冷又称浸没式液冷，即将设备直接浸泡在液体中进行冷却的方法，如图 11-1 所示。浸没式液冷在变压器产品中应用已久，但 3C 行业目前技术仍不成熟，未得到大规模商用。其难点在于冷却液的稳定性、系统的密封、系统内部的压力控制等。

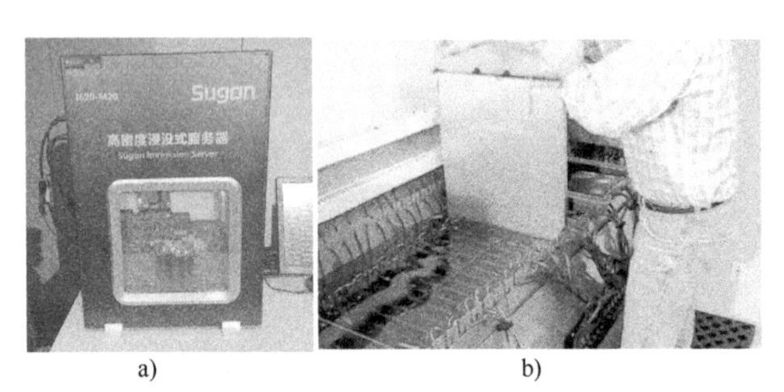

a) b)

图 11-1 直接液冷图示

浸没式液冷的维护面临很大挑战。浸没式液冷的工质一般有矿物油和氟化液两类。其中，矿物油沸点高，不易挥发，密封要求低。但矿物油黏度较大，将设备取出冷却池后，将附着大量工质，难以处理（见图11-1b）。而电子氟化液黏度低，易挥发，设备取出冷却池后附着的液体少且会迅速挥发，无工质附着问题，便于插拔线缆、更换板卡的动作，但由于沸点低（见表11-1），挥发性强，设备密封性要求极高，否则冷却工质的散逸会持续降低冷却效率。氟化液价格高昂，定期补液不仅会增加维护费用，还将提高冷却成本，冷却剂的泄露有时还会对环境产生影响，因此，密封不严对低沸点工质的直接液冷系统影响很大。

表11-1　3M电子氟化液的沸点[1]

名　称	成　分	沸点/℃	包装容器
Novec™7000	氢氟醚	35	玻璃容器/金属罐装
Novec™7100		61	
Novec™7200		76	
Novec™7300		98	
Novec™71PA	氢氟醚共沸混合物（Novec™7100 95%+异丙醇5%）	54.5	

使用低沸点工质的浸入式液冷系统，密封性设计还要考虑设备内部的气压问题。工质的持续沸腾生成的气体会增加系统内部的压强，如果工质的冷凝环节出现故障，导致沸腾的气体不能及时重新液化，那么内部的气压就可能丧失平衡，逐渐上升，甚至导致“爆缸”等毁灭性事故。因此，直接液冷设计需要一整套综合管理系统，充分考虑复杂系统各部分的异常情况处理。

11.1.2　间接液冷

间接液冷实际上就是常见的冷板或冷头+冷排的设计。元器件发出的热量通过连续流动着液体的冷板带走，流经冷排时热量散逸，温度降低。降低温度后的流体再返回冷板，继续吸热，如此完成循环，如图11-2所示。间接液冷是目前主要的冷却方式。本书如无特殊说明，所有液冷均指间接液冷。

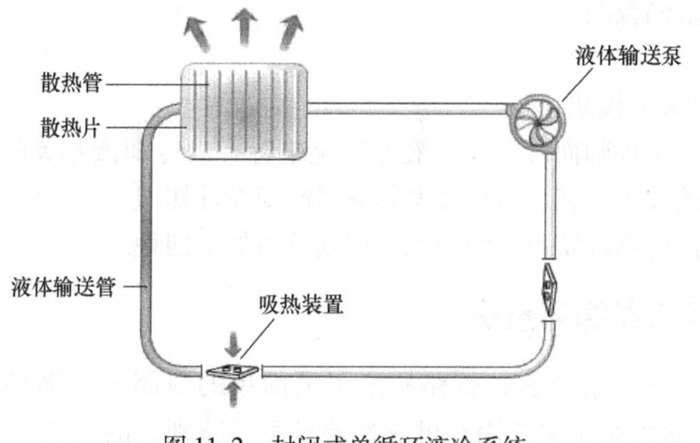

图11-2　封闭式单循环液冷系统

11.2 液冷散热的特点

众所周知，液冷设计可以实现更高效的散热效率，但目前绝大多数电子产品却仍然使用空气冷却。通常只有当空气冷却无法解决温度问题时，才会考虑液冷方案，这是因为液冷也具备许多缺陷。表 11-2 对比总结了间接液冷方案相对于空气冷却的优缺点。

表 11-2　间接液冷的优缺点

优　　点	缺　　点
1）液体工质载热能力更强，能够实现热量的定向流动 2）通过载热介质的主动流动转移热量，发热端和散热端温差更低 3）散热端与发热端分离，系统中不同位置的温度不均匀性相对更弱 4）便于实现产品高防护 5）设计灵活，分散式散热 6）高温环境适应能力强 7）工质的体积比热容大，可以缓冲热冲击，降低发热元件温变速率	1）冷却成本高（相对于强迫风冷、自然冷却） 2）冷却系统的可靠性相对较低，引入了腐蚀、漏液、堵塞等风险 3）受环境条件的限制，比如超低温环境 4）系统复杂度更高

11.3 液冷系统的分类与组成

从工作原理上讲，一个完整的液冷系统包含以下五个部分：

1）发热元件与冷板之间的导热界面材料；

2）通过导热界面材料接触发热元件的冷板；

3）流体循环管路；

4）泵；

5）流体降温的模块。

对液冷设计工程师而言，除了液冷系统中特有的冷却液相关问题，还需要同时了解换热器的加工工艺、风扇选型等空气冷却设计知识。

根据冷却液的循环特点，液冷系统可划分为如下四种。

11.3.1 封闭式单循环系统

冷板、换热器、泵与连接管路构成了最简单的封闭式单循环水冷系统，如图 11-3 所示。这种系统主要用在可靠性要求不是特别高的场合，比如 PC。封闭式单循环系统需要尤其注意系统内的压强。如果要在高可靠性要求的系统中使用，则需要增加各种传感器和维护用的阀门，用来监测/控制整个系统：

1）压力表或传感器，监测水冷系统的内部压力，防止泄漏与气蚀，判断管道是否封堵等；

2）温度表或传感器，监测系统的给回水温度，做高低温预警、风机与泵的调速等；

3）流量表或传感器，一般用在测试的样机中，监测真实流量，评估各个管道的均流特性；

4）必要的球阀，维护用；

5）过滤器，防止堵塞。

封闭式单循环系统中，液体工质与环境中的空气进行换热，其温度只能比环境温度高。

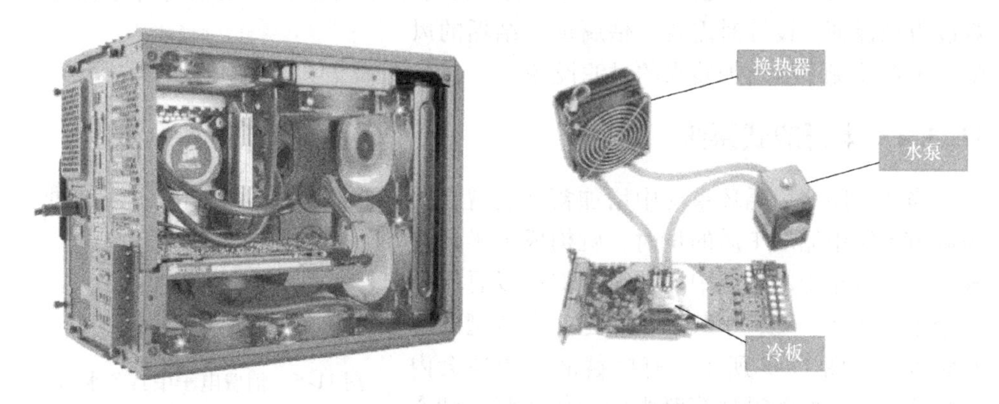

图11-3 消费电子中典型的封闭式单循环液冷系统示意图

11.3.2 封闭式双循环系统

当需要进水温度较低（低于环境温度）或对水质的要求比较高时，一般会用到封闭式双循环系统。

1）需要进液温度较低时，内循环（连接发热元件）的液体工质一般是水或水和乙二醇/丙二醇的混合物，外循环的流体工质则是冷水机产生的冷水或冷媒；

2）对水质要求较高时，内循环为高品质工质，如去离子水，外循环为普通品质工质，以降低成本和风险。

汽车电池包的液冷设计常使用封闭式双循环系统，如图11-4所示。

11.3.3 开放式系统

应用于富水的场合，冷却工质不参与循环，由进水口流入吸热后直接由出水

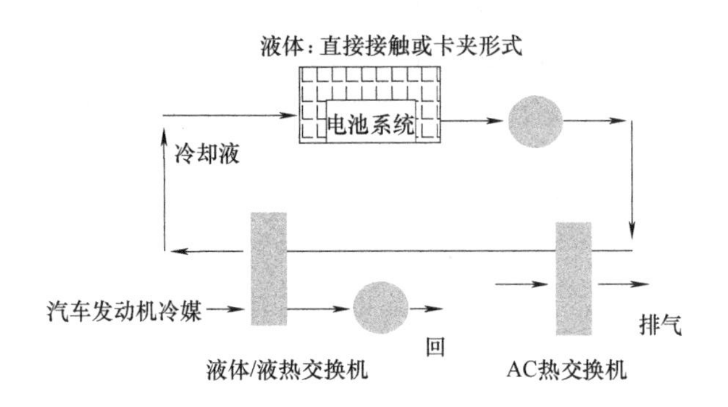

图 11-4　汽车动力电池包液冷系统的封闭式双循环系统

口排出，多用于工业设备。对于超高发热量的设备集群，冷水源通常是江河湖海。对于单个的设备，有时会使用人工的蓄水池。显然，开放式系统的冷却水的品质难以得到保证，设计时需要评估腐蚀与结垢的风险，多数情况下必须加装水的过滤设备。

11.3.4　半开放式系统

当在封闭式单循环系统中增加蓄液装置，用来调节系统中循环工质的量时，就构成了半开放式系统。汽车冷却系统中的外循环就可以看作是一个半开放式系统，车载水箱就是一个典型的蓄水装置，如图 11-5 所示。有些蓄液池中还会内置弹簧，通过监测循环管路中的液体压强，动态地将蓄液池中的液体补偿到循环系统中去。

图 11-5　消费电子中具备水箱的封闭式单循环系统

11.4　液冷设计各部分注意点

11.4.1　液体工质选择

间接液冷工质的选择要求介质具有高导热系数、高比热、高沸点、低熔点、不起泡、低黏度、化学成分稳定、无毒、无腐蚀性、无污染。

液冷工质中，目前研究较多的冷却液分别是水、液态金属和纳米流体。其中水及其混合物（乙二醇水溶液、丙二醇水溶液）是最常使用的冷却液，价格低廉、性能稳定、无毒无污染、比热容高。

液态金属导热率高，移热能力远强于水，同时液态金属可以使用功耗极低、无运动部件的电磁泵驱动工质的流动，因此有助于实现集成度更高的散热系统[2]。

但液态金属价格高昂，加之存在腐蚀、导电、安全等问题，阻碍了它的大规模应用。一个典型的液态金属散热器如图11-6所示。

将直径在1～100nm尺度的颗粒悬置于一些传热流体，如水、乙烯乙二醇或机油中时，其传热能力会得到提升，这是因为大多数固体材料的热导率均大于液体，因而由颗粒、流体组成的混合物热导率将高于液体本身的热导率，这成为配制新型具有高热导性工业流体的方法之一，由此制成的流体称为纳米流体[3]。显然，纳米流体的性质与基液和填充介质都有关联。填充介质较少时，流体流动性好，但导热效果较差；填充介质较多时，可能导致纳米颗粒聚集，进而形成团聚，团聚体容易沉降，颗粒的沉降会极大地降低介质的传热和流动性能[4]。目前，延长纳米颗粒在溶液中的悬浮时间，提高其稳定性是重要的研究方向。纳米流体价格相对液态金属低很多，导热系数相较水又高很多，因此未来液冷系统中可能会越来越多地采用纳米流体作为工质[5]。常用液冷工质的热物理性质见表11-3。

图11-6 COOLLION BMR 波浪 A-1 液态金属散热器（售价高达5000元人民币，来自2018年数据）

表11-3 常用液冷工质的热物理性质

名称	凝固点/℃	闪点/℃	黏度/(kg/m·s)	导热系数/[W/(m·K)]	比热/[J/(kg·K)]	密度/(kg/m³)
乙烯乙二醇/水（50:50 V/V）	-37.8	—	0.0038	0.37	3285	1087
丙乙烯乙二醇/水（50:50 V/V）	-35	—	0.0064	0.36	3400	1062
甲醇/水（40:60 Wt/wt）	-40	29	0.002	0.4	3560	935
乙醇/水（44:56 Wt/wt）	-35	27	0.003	0.38	3500	927
甲酸钙/水（40:60 Wt/wt）	-35	—	0.0022	0.53	3200	1250
液态金属（Ga-In-Sn）	-10	—	0.0022	约39	约366	—
纯水	0	—	0.00086	0.614	4179	995.8

注：液态金属的各项物理性质与Ga-In-Sn的具体比例有关。此处仅列示一种配比下的数据。

多数液体散热器中都使用水作为冷却液，但是水具有对金属腐蚀、易产生水垢和零度结冰的固有缺陷，因此特定场景的应用中还有不同的冷却液选择。目前常用的冷却液材料有水、甲醇、乙醇、乙二醇、丙酮、R717（氨水）、R600a（异丁烷），丙三醇等，其中甲醇、乙二醇、丙酮和R600a均有毒，R717对金属具有腐蚀性。液冷工质选型的考虑因素见表11-4。

表 11-4　液冷工质选型考虑因素检查单

类别	选型注意点
导热系数	选择高导热材质：传热效率高
比热容	选择高比热容材质：等量工质移热能力更强，热冲击耐受能力强
电导率	视场景而定：在高电压电流的系统中，建议使用低电导率工质，降低泄漏带来的危害
黏度	选择低黏度材质：低黏度工质循环阻力小
密度	视情况而定：结合体积比热容、导热系数、循环流量等综合评定
凝固点	选择低凝固点介质：保证在较低温度下工质维持液态
沸点	视情况而定：单相换热系统中，选择高沸点工质，保证在较高温度下工质维持液态；相变换热系统中，选择合适沸点的工质，保证工质在循环过程中的汽化和凝结
腐蚀性	结合冷板材质选定
环境友好性	视产品规定选择，优先选择无污染介质
毒性	视产品规定选择，优先选择无毒介质

11.4.2　冷板的设计

电子设备热设计中，冷板有多种分类方式。以载热介质区分，广义上的冷板分为气冷冷板、液冷冷板和储能冷板三类，如图 11-7 所示。

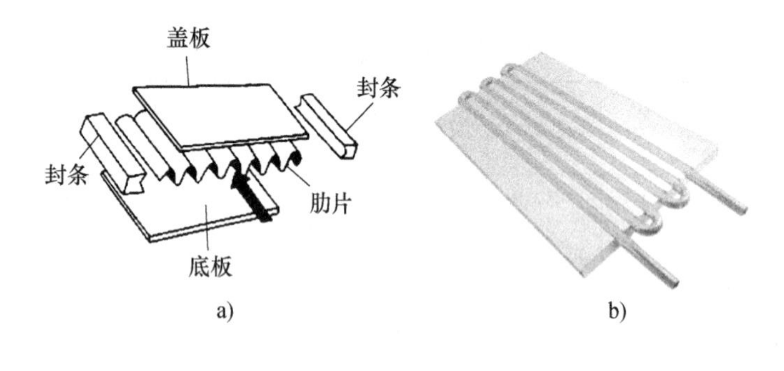

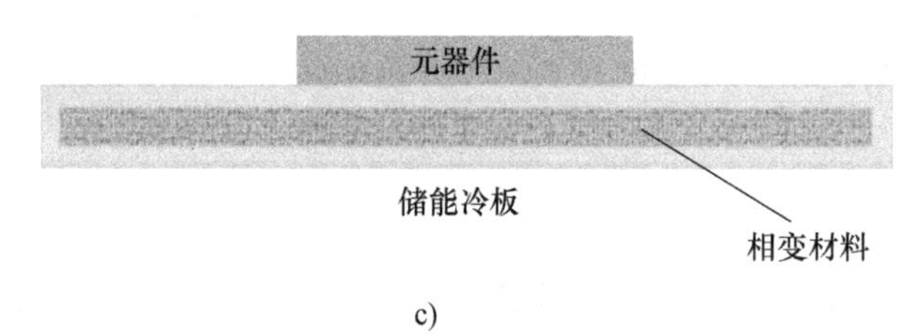

图 11-7　三种冷板典型代表示意图
a）气冷冷板　b）液冷冷板　c）储能冷板

其中，气冷冷板用于功率密度相对较低的产品，属于空气冷却的设计范畴；

储能冷板常用于功率较大且频繁关断的场景中。气冷冷板和储能冷板的应用场景均相对较少，通常所称的冷板一般是指液冷冷板。液冷冷板通过导热界面材料与电子元器件直接连接，元器件发出的热量经由导热界面材料，在冷板内将热量传递给循环的流体。因此，液冷冷板是液冷设计中的关键部分。

在单芯片散热的系统中，冷板通常被称为冷头。冷头是与芯片直接接触的器件，此处，热量将从发热元器件转移到液态流体。水冷头上包含接头，也是防止漏液的关键器件。细密齿水冷头如图 11-8 所示。

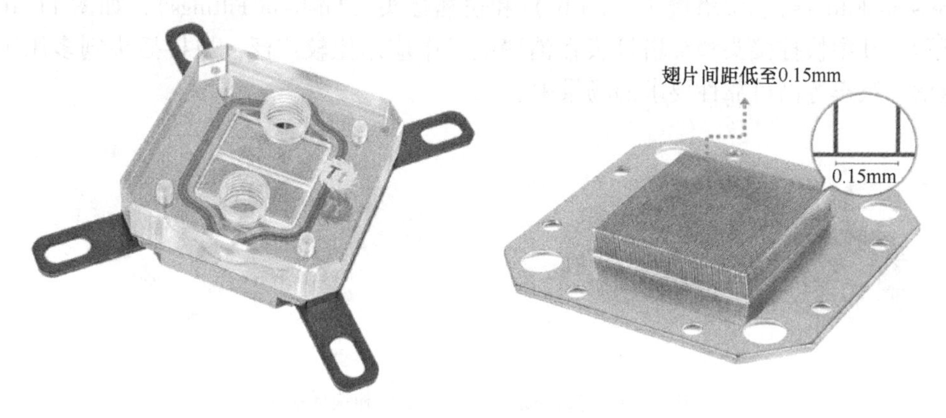

图 11-8　细密齿水冷头[6]

在大功率设备中，冷板/冷头内部流道的设计需要兼顾阻力和换热强度两个问题：流道设计复杂化，有助于加大换热面积，增强湍流度，提高换热效率，但同时也会提高阻力，加重水泵负担，甚至带来噪声问题。冷板的设计需要配合系统中泵的动力特性，是一个迭代优化的过程，这个过程类似于强迫风冷中散热器和风扇之间的匹配性设计。通常会使用仿真软件来对冷板内流道结构进行前期的优化设计。冷板的设计是液冷设计中的关键环节，11.5 节将对冷板设计步骤和当前常见冷板进行阐述。

11.4.3　冷管和接头

冷管的作用主要是连接液冷系统中的各个部件，是液体流动的通道。对于运行中不需要变动路径的冷管，一般会使用铝合金管或铜管，而需要变动的管道则材质一般为 PU、TPU、PVC、PE 和硅胶管，如图 11-9 所示。金属冷管的液体工质蒸散量几乎为零，而柔软材质的管道则会产生液体的蒸散。在封闭式循环系统中，为了弥补液体工质的蒸散，必须定期在系统中补充液体工质。管道的蒸散速率可通过实验测试获得。

柔软的液冷管大多采用聚乙烯化合物（PVC）作为原材料，之中又加入了抗酸化合物，从一定程度上防止了液道的酸化和腐蚀。

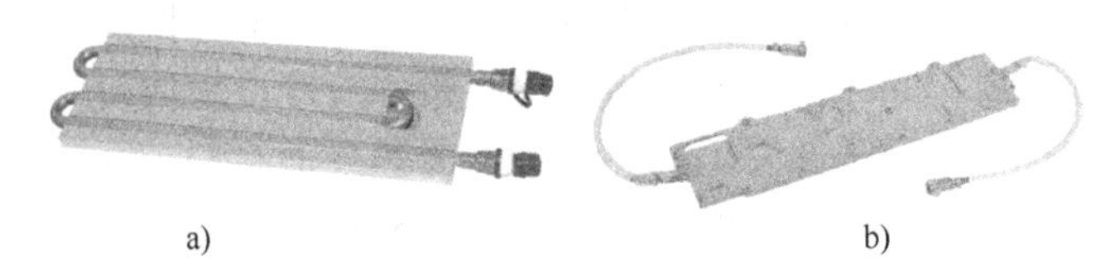

a)　　b)

图 11-9　a）铜质冷管　b）硅胶冷管[7]

冷管之间通常需要连接器进行连接，常见的接头有三种，即快拧接头（Compression Fittings）、宝塔接头（Barbs）和快插接头（Push-in Fittings），如图 11-10 所示。其中快拧接头和宝塔接头在消费电子中应用比较广泛，快接插头则多用于通信、汽车等高可靠性要求的场景中。

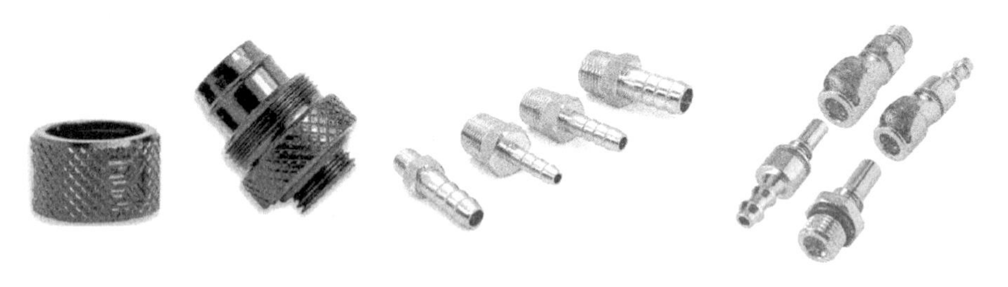

图 11-10　快拧接头、宝塔接头和快插接头

快拧接头是由不锈钢、黄铜、铝等材质加工而成的用于管路中的快速连接的管接头形式，一般一端为外螺纹接头，另一端与塑料软管卡压连接。之所以叫快拧是因为一般不需要借助工具，只需用手拧就可以快速连接。快拧接头的特点是安装简单、美观，但是价格相对比较贵。

宝塔接头是比较传统的接头，宝塔公插头顶部有一个多级塔状的结构，因此得名。宝塔接头不像快拧接头拥有安全的机械结构，而是单纯地把管子插进接头，然后配合管箍（管夹）一起使用，安装相对来说要复杂一些，但价格相对便宜。

相比较前面两种接头，快插接头一般是一个公头一个母头，公头和母头分开的时候，两边就会自动紧闭，防止漏水。快插接头的优点是可以在不放空水冷液的前提下快速切换管道。这种接头的使用现在越来越广泛。

11.4.4　泵的选择

泵是液冷设计中的关键组成部分。通常情况下，为克服流体阻力，管路中的流体必须通过泵进行驱动。协同管路的设计，泵在决定流体流动速率时占据关键作用。泵的选择在液冷系统设计中非常关键。小型水泵如图 11-11 所示。

泵的选择需要考虑如下因素：

1）工作介质；

2）扬程；

图11-11 消费电子中的小型水泵

3）流量；

4）工作温度；

5）输入功率和效率。

合适的泵工作平稳，运行寿命长，噪声低，成本低，实现高性价比。当泵选型不合理时，极端情况下会根本不能使用，至少会使得维修成本增加，经济效益低下。从技术上论述，合理选泵需要做到以下几个方面：

1）所选泵必须满足系统流量和扬程要求，能够提供充足的动力驱动流体循环，又可以工作在较高的效率区间，节能、稳定；

2）所选泵体积小、重量轻、成本低，具备良好的特性和较高的效率；

3）具有良好的抗气蚀性能。

1. 泵各特性参数的意义及其对选型的影响

工作介质决定泵所用的材料，工作介质与泵材料之间必须满足化学相容性。工作介质的温度、密度、黏度、介质中固体颗粒直径和气体的含量等均会涉及系统的扬程、有效气蚀余量计算和合适泵的类型。

1）扬程又称为泵的压头，是指单位重量流体经泵所获得的能量。泵的扬程大小取决于泵的结构，如叶轮直径的大小、叶片的弯曲情况、转速等。目前对泵的压头尚不能从理论上做出精确的计算，一般用实验方法测定。在选择泵时，一般要用放大5%～10%余量后的扬程来选型。

2）流量是指单位时间内通过泵出口输出的液体量，出于习惯，一般采用体积流量。流量是选泵的重要依据之一，在固定的温升要求下，泵的工作流量将直接关系到整个系统的热量转移能力。选择泵时，以最大流量为依据，兼顾正常流量，在没有最大流量时，通常可取正常流量的1.1～1.2倍作为最大流量。

3）工作温度会影响流体介质的物理化学性质，也会影响泵材质的力学强度，其与泵的汽蚀余量、扬程等关键参数计算直接相关。

4）泵驱动流体介质的循环需要耗费电量，非工业级电子产品热设计中，这涉及电路板的设计，需要关注。许多工业级的水冷系统中，泵不直接从电子产品中取电，而是配有独立的供电系统，因此在电子产品自身的设计中可不予考虑。

5）泵的特性曲线是指在一定转速下，离心泵的扬程、功率、效率等随流量的变化关系，如图 11-12 所示。它反映了泵基本性能的变化规律，可作为选泵和用泵的依据。泵的特性曲线与风扇的 *PQ* 线物理意义类似，不过加入了功率和效率两个参数，信息更加丰富。各种型号离心泵的特性曲线不同，但都有共同的变化趋势。

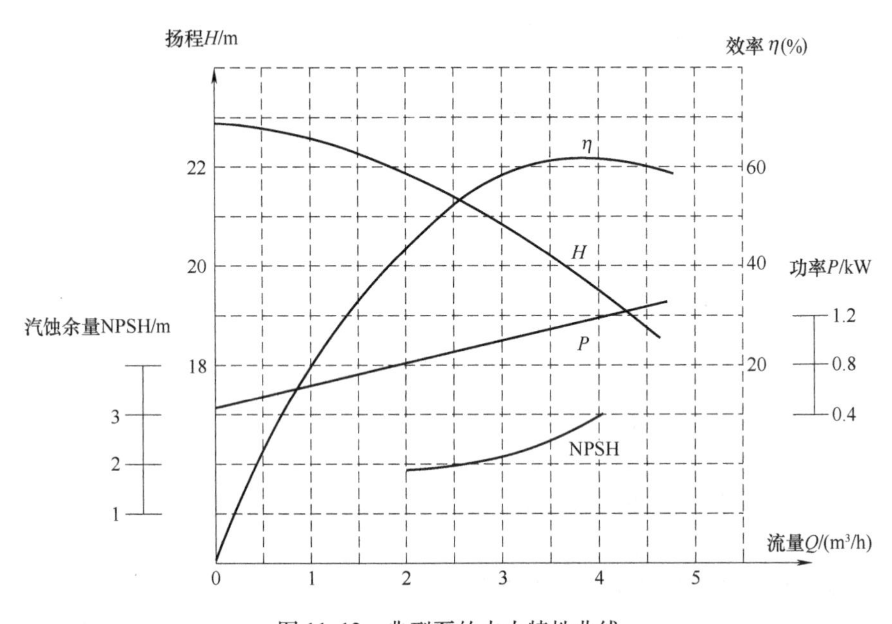

图 11-12　典型泵的水力特性曲线

2. 泵的选型步骤

泵的选型步骤与风扇类似，但高流阻的系统需要考虑汽蚀余量，且由于泵功率大，故工作效率也需要关注：

1）首先，通过能量守恒定律，结合产品允许温升计算得出所需液态工质的流量，根据流量初步筛选泵的范围；

2）其次，根据既定的流量，核算驱动该流体循环流动时需要的泵的扬程，根据此泵的扬程，进一步缩小可选泵的范围；

3）再次，结合泵的特性曲线，查询待选泵的工作点，得出泵的功率和效率，核算当前工作状态下泵的汽蚀余量是否满足要求；

4）泵应工作于最高效率点（称为设计点）附近，通常，认为最高效率点附近 10% 左右区段为高效率区段，如泵的工作点偏离最高效率点太远，就需要考虑换泵，直至工作效率点合理。

汽蚀是离心泵工作过程中必须避免的问题。其出现的原因是：当安装高度提高，或者管路系统阻力很大时，泵内工作压力将非常低，且此压力最低点通常位于叶轮叶片进口稍后的一点附近。当此处压力降至被输送液体在工作温度下的饱和蒸汽压时，工作流体将发生沸腾，所生成的蒸汽泡随液体从入口向外周流动过程中，又因压力迅速增大而急剧冷凝，水的汽化温度随压力的变化如图 11-13 所示。冷凝液将以很大的速度从周围冲向气泡中心，产生频率很高、瞬时压力很大的冲击，这种现象就称为汽蚀现象。

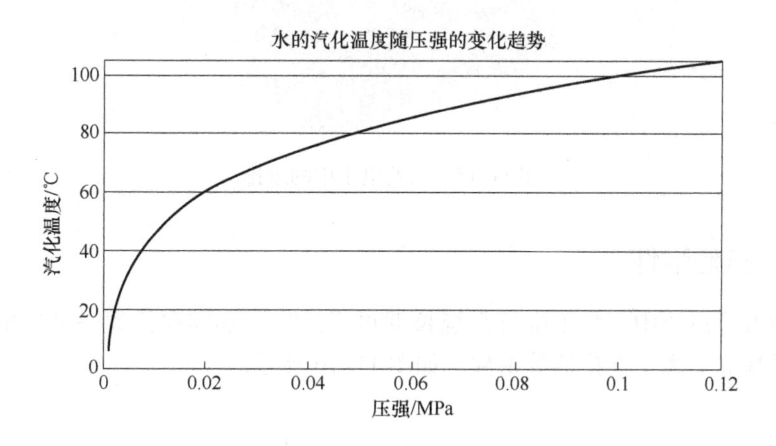

图 11-13 水的汽化温度随压力的变化

在汽蚀时传递到叶轮及泵壳的冲击波和液体中微量溶解的氧对金属化学腐蚀的共同作用下，一定时间后叶轮表面将可能出现斑痕及裂缝，如图 11-14 所示；汽蚀还会诱发噪声，进而使泵体振动；同时，蒸汽的生成使得液体的表观密度下降，汽蚀发生时液体的实际流量、出口压力和效率都会下降，极端情况下可出现液体断流。复杂散热系统中，由于管路复杂，阻力大，需要尤其防范汽蚀现象。

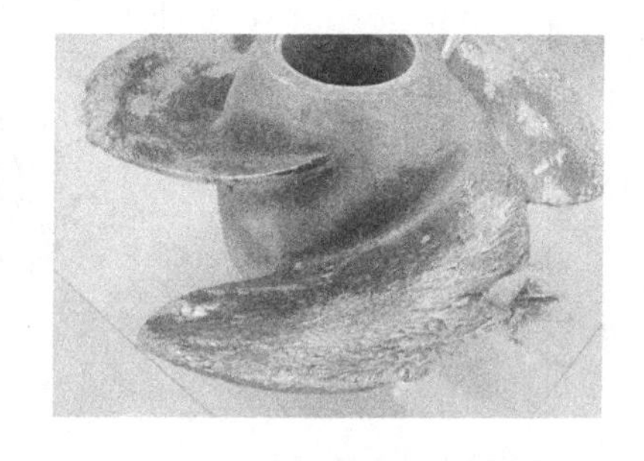

图 11-14 汽蚀导致的叶片严重损坏

当单台泵无法满足需求时，可以多台泵串联或并联使用。泵的特性曲线的变化与风扇的串并联效果完全相同：串联时可以克服更大的管路阻力，并联时则可以提供更大的流量。

11.4.5 冷排/换热器的选型设计

液冷系统中换热器的效率直接决定了液冷系统的性能表现。冷板设计的再好，泵的扬程再高，流道的流量再大，如果换热器的效率不高，那整个系统的冷却效果还是很差。消费电子中，换热器又称为水排，如图 11-15 所示，其规格一般是按风扇的大小来决定的。换热器内部流道复杂，其设计采用的理论基础和设计方法仍为传热学和流体力学。通常系统级的设计中，可依据系统需求进行选型，选型方法可参考本书第 10 章。

图 11-15　消费电子中的水排

11.4.6　其他附件

复杂液冷系统中，为了维持系统长期可靠运转，还需要添置一些膨胀罐、脱气罐、过滤器、离子交换器等附件，如图 11-16 所示。

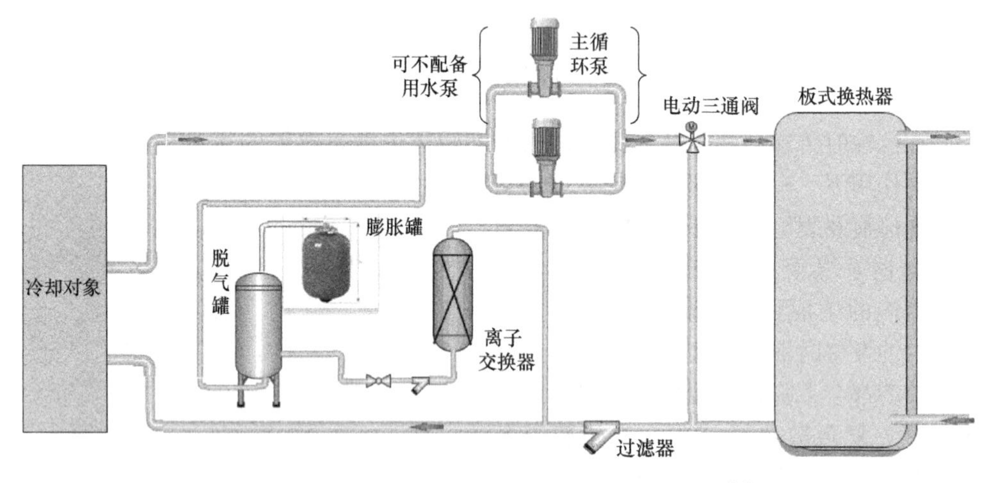

图 11-16　某典型防爆，低压水冷系统组成部分[8]

1. 膨胀罐

液冷系统中流体的温度会产生变化，热胀冷缩会不可避免地使得系统内压强产生变化。部分使用非金属的冷管场景中，液冷工质的蒸散也会使得系统内气体压强下降。膨胀罐是一个保证系统压力正常的部件，可以认为是一个压强缓冲器或压强调节器。当液冷系统中液体受热膨胀导致压强升高时，部分液体可被吸入膨胀罐气囊，这时，密封在罐内的氮气被压缩，当膨胀罐内气体压力与系统中的压力达到一致时，停止吸入工质，氮气的可压缩性避免了系统压强大幅上升。同样，当由于液体蒸散、渗漏或温度降低导致系统中压力较低时，膨胀罐内的液体工质将被挤出补到系统中去，将系统内压强维持在正常范围内。膨胀罐的选型需要考虑系统中液体总容量、液体的热膨胀系数以及膨胀罐预充压力和系统运行的最高压力。通常应根据计算所得的体积来选择合适的膨胀罐型号。

2. 脱气罐

液冷系统运行过程中可能产生大量气泡，这些气泡被裹挟夹带至高压区域后绝热压缩，可能导致局部高温和冲击力，使设备产生振动和噪声，其影响类似于泵的选型中的汽蚀。气泡的积聚还会导致液冷系统压力失稳，系统循环不畅，影响直流系统的安全运行。水冷系统中产生的气体内所含的氧气还会对设备产生腐蚀，因此需要将这些气泡消除。脱气罐就是用来消除液体工质中气体的设备。以水冷系统为例，脱气罐会将水循环系统中部分液体置于真空环境下，吸除液体内的游离态气体和溶解态气体，再注回到系统中参加循环。这部分直接脱气后的气体将具备一定的吸收性。在参与循环的过程中，它们会吸收系统中的游离态气体和溶解态气体，直至达到平衡。脱气罐不断执行脱气、注回操作，从而有效消除整个系统中的气体，保证液体循环的平稳运行。

3. 过滤器

过滤器是一个简单但重要的部件，其作用是将液冷工质中的颗粒杂质滤除，避免堵塞。这在某些开放式或使用微通道冷板的系统中尤为重要。过滤器的选型需要考虑系统对固体颗粒的容许要求及该过滤器造成的流阻。

4. 离子交换器

离子交换器在特定的液冷系统中才会有，其作用是维持液态工质内的离子浓度。在使用去离子水作为循环工质的系统中，为保证液态工质维持较低的电导率，去离子水内离子浓度必须保持在较低状态。而在循环过程中，去离子水会不断从所接触的物质内汲取离子，如果不加以处理，则离子浓度就会超标。

11.5 冷板散热器的设计步骤和常见加工工艺

冷板类似于风冷或者自然散热中的散热器，是液冷设计中相对可变的组件，其他诸如泵、快接头、膨胀罐、脱气罐、过滤器甚至换热器等多数都可以通过计算几个关键参数，然后在既有成熟产品系列中选型来实现。因此，本章重点阐述冷板散热器的设计。

设计冷板散热器时，基本考量因素如下：

1）通过在一定体积空间内加大固体与流体的接触面积实现换热强化；

2）通过导热界面材料接触发热源；

3）存在流体与固体的接触面；

4）发热源热量先传递到冷板，然后再传递到冷板中流动的液体介质，带出系统。

很显然，冷板的设计步骤和要考量的因素与风冷或自然散热设备中的散热器类似。只不过冷板面临的流体介质是液体，而强迫风冷或自然散热中散热器面临的流体介质则为气体。从如下的设计步骤，也可明显看出这一点。

11.5.1 计算流量

开始设计冷板之前，需要估算系统散热所需的流量，类似于风冷散热中，在开始系统风道设计之前，需要先估算风量的需求。

与风扇风量计算公式相同，液体工质流量的估算依据仍然是能量守恒定律

$$Q = P/d/C_p/\Delta t \tag{11-1}$$

式中，C_p 为流体工质的比热容；d 为流体工质密度。

举例：工质为水，发热量为5kW，进出水口温升为5℃。

流量需求：$Q = P/d/C_p/\Delta t = 5000/992/4179/5 = 2.41\times10^{-4}\text{m}^3/\text{s} = 0.241\text{L/s}$

注意，水的物性参数参考温度为25℃。

11.5.2 确定冷板材质

除去成本、可获得性、可加工性等任何设计都需要考虑的因素之外，冷板材质的选定还应关注如下几点：

1）导热系数。常见的冷板材质是铜（合金）和铝（合金），这两种金属的导热系数都比较高。实际上，电子产品中充当主要散热功能的金属结构件，绝大多数材质都是铜（合金）和铝（合金）。

2）与液态工质之间的化学相容性。与泵类似，冷板也必须保证其和液态工质之间具备化学相容性，具体见表11-5。通常，液态工质和冷板之间的电化学反应在所难免，为了降低腐蚀速率，可以在工质中添加缓蚀剂。缓蚀剂又称为腐蚀抑制剂（Corrosive Inhibitor），是指以适当的浓度和形式存在于环境（介质）中时，可以防止或减缓材料腐蚀的化学物质或复合物。当确定了系统中与液冷工质直接接触的材料后，可以根据材料属性选择合适的缓蚀剂。

其中，关于去离子水和铜之间的兼容性，目前业内并未达成一致[7,10]。Lytron的文件认为，铜水是兼容的，但去离子水和铜不兼容。原因是去离子水暴露到空气中，二氧化碳会迅速融入导致水质酸化，从而提高腐蚀性[8]。另外，从所接触的物质中汲取离子是水的特性，由于去离子水中离子浓度比常规水更低，故其汲取离子的能力也更强。汲取离子能力强实际上就意味着对所接触的物质的腐蚀性更强。因此，即便不考虑二氧化碳融入去离子水导致的酸化，去离子水本身的腐蚀性也比水强[10]。在长期运行过程中，如果不对去离子水进行处理，则其内部离子浓度会逐渐升高，从而改变其电气性能。因而在对离子浓度敏感的系统中，需要配置离子交换器（见图11-16）。

虽然腐蚀性强，但由于去离子水电阻高，泄露之后短路风险小，故在一些高

电压电流的场景中用的还是很多。而在这种应用中，为了克服腐蚀性带来的影响，最好对液体所接触的面进行镀镍处理。可能是基于这一点，ATS 的技术手册中直接认为铜和去离子水是相容的[10]。不过，两者都提及在使用去离子水时，更加推荐使用不锈钢作为通水管道。

表 11-5 常见冷板材质与工质相容性[7,10]

冷板材质/液冷工质	水	乙二醇水溶液（EGW）	去离子水	油	介电流体（氟化液）	合成烃（PAO）
铜管	√	√	?	√	√	√
不锈钢管	√	√	√	√	√	√
铝合金		√		√	√	√

注：此处冷板材质是指与液冷工质接触的固体材质，表中打√的表示能够相容。

3）密度。在要求轻量化设计的产品中需要使用密度更低的材料，在这种情况下，铝成为一个好的选择，如新能源汽车动力电池包内的冷板，通常材质为铝合金。

11.5.3 流道设计

风冷系统中，一般会通过更改内部发热元件布局，增加或删减结构件来约束空气的走向，进而改变产品内部热量转移方向和转移效率。液冷系统中，液体的走向可以直接通过管路来严格约束。

类似于风冷系统中的空气，作为移热介质，液冷系统中液体的走向也会直接影响热量的转移方向和转移效率。对冷板进行流道设计时需要考虑如下因素：

1）热源分布：流体应尽可能接近发热源，降低扩散热阻。

2）结构避位：属于结构设计范畴，流道需要与冷板上的固定孔保持安全距离，如图 11-17 所示。

3）均匀布局：流体应尽可能均匀地掠过冷板，有效利用散热面积，如图 11-18 所示。通常，距离流道越远，对散热的贡献越小。

4）控制流速：工质对散热器的冲蚀作用会随着流速的增加而恶化，而且流动的阻力也会迅速加快。但显然流速越快，对流换热系数越高，流速需要结合产品散热需求和可用空间综合给定。

5）尽量降低流阻：设计串并联流道，降低流动阻力，减少泄漏风险，如图 11-19 所示。

6）可加工性和成本。

7）泄压和告警等设计：应在管路合理位置布置压力传感器和温度传感器，实现对系统的实时监测。当压力或温度异常时，应采取必要的控制手段。

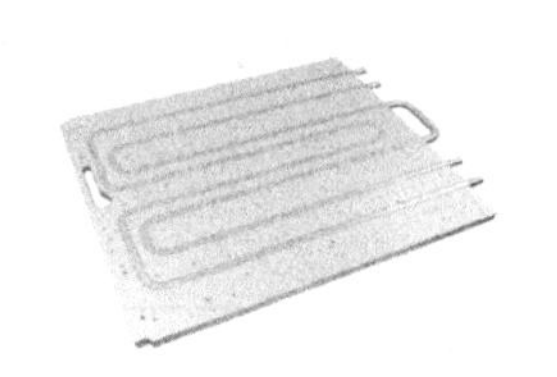

图 11-17　流道应当避开冷板上密布的固定孔

图 11-18　液体均匀流过整个冷板

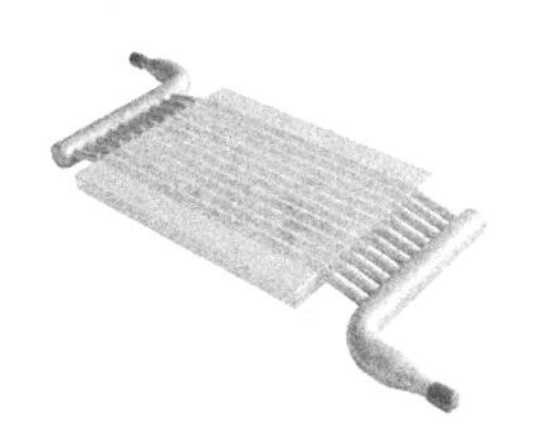

图 11-19　多流道并联的嵌管式冷板

11.5.4　冷板类型及其优缺点

液冷系统适应的范围非常广，其应对的产品类型特点千变万化，不同需求下需要采用不同类型的冷板。根据工艺难度，常见的冷板可以分为钻孔式、嵌管式、浮泡式、铣槽式、扩展表面式、微通道式等，其优缺点汇总见表 11-6。

表 11-6　常见冷板的优缺点

冷板类型	优　点	缺　点
钻孔式	加工工艺简单 冷板两面均可放置发热元器件	内部流道通过机械钻孔实现，生产效率低 只能使用较为简单的流道设计，流道直角交叉导致流阻较大 流道截面只能是圆形
嵌管式	加工工艺简单，生产效率高，成本较低 流道形状可通过弯曲管道实现 嵌管材质可与冷板基材不同，避免腐蚀	所嵌冷管与基板之间可能产生接触热阻 流道形状受到管路弯曲半径的影响——弯曲半径越小，流阻越大
浮泡式	生产效率高，成本低 流道设计较为灵活，实现流体与金属壁面大面积接触，换热效率高 单侧开盲孔，盲孔可位于任意位置而不会与流道产生干涉	基板较厚，冷板笨重 元器件需位于厚板侧，导热热阻较大

（续）

冷板类型	优　点	缺　点
铣槽式	流道设计非常灵活，可以依据需求设计流阻、换热匹配性较好的流道 可双面放置热源 真空钎焊或搅拌摩擦焊的铣槽式冷板密封性较好	焊接型铣槽式冷板工艺难度较大，生产效率不高 非焊接型铣槽式冷板密封性难以保证
扩展表面式	换热效率高 生产效率高	流阻较大 对液冷工质要求较高，否则容易堵塞
微通道式	换热效率可达最高 流体流过整个冷板表面，均温性好 冷板轻、薄	流阻较大 对液冷工质要求较高，否则容易堵塞

11.6 本章小结

液冷设计具备许多与空气冷却不同的特征，本章叙述了不同液冷设计方案的差异，介绍了液冷方案的设计步骤和各个环节应当注意的事项。冷板是液冷设计中的关键物料，它从某种程度上决定了液冷工质、泵、换热器等的形式，变化形式繁多，故11.5节较为详细地阐述了冷板的设计方法。随着产品功率密度的增加，液冷的应用会越来越多，其设计难度及要考量的实际因素非常繁杂，工业设备中系统级的液冷设计甚至要结合建筑本身的特征。作者水平有限，本章仅叙述了其中最为关键、与温度控制连接最为紧密的部分。感兴趣的读者可以联系作者，针对特定问题进行讨论。

参考文献

[1] 3M 氟化液性能参数. [Z/OL] [2020-01-15]. https://multimedia.3m.com/mws/media/10567030/ems-313.pdf.

[2] 刘静，周一欣. 芯片强化散热研究新领域——低熔点液体金属散热技术的提出与发展 [J]. 电子机械工程，2006，22（6）：9-12.
[3] 马坤全，刘静. 纳米流体研究的新动向 [J]. 物理，2007，36（04）.
[4] 谢华清，奚同庚，王锦昌. 纳米流体介质导热机理初探 [J]. 物理学报，2003，52（6）：1444-1449. doi：10.7498/aps.52.1444.
[5] 石育佳，王秀峰，王彦青，等. CPU 液体冷却器件及冷却液材料研究进展 [J]. 材料导报，2012，26（21）：56-60.
[6] Pacific W4 Plus RGB CPU 水冷头. [Z/OL] [2020-01-15]. https://www.thermaltake.com/pacific-w4-plus-cpu-water-block.html.
[7] Lytron. Fluid compatibility. [Z/OL] [2020-01-15]. https://www.turtle.com/ASSETS/DOCUMENTS/ITEMS/EN/Lytron_LL520G14_Spec_Sheet.pdf. Page-59.
[8] 风力发电水冷系统. [Z/OL] [2020-01-15]. http://www.beehe.com/pro_view.asp? id = 14
[9] Laird Thermal Systems Application Note. Common Coolant Types and their uses in Liquid Cooling Systems. [Z/OL] [2020-01-15]. https://www.lairdthermal.com/resources/application-notes/common-coolant-types-and-their-uses-liquid-cooling-systems.
[10] Advanced Thermal Solutions. ATS Liquid Cooling eBook. [Z/OL] [2020-01-15]. https://www.qats.com/cms/wp-content/uploads/Liquid-Cooling-eBook2.pdf.

第 12 章 热设计中的噪声

12.1 热设计与噪声的关系

噪声是强迫风冷和液冷设计中需要特别关注的设计变量。在使用这两种散热方式的产品中，风扇和泵是主要的噪声来源，而这两个组件又恰好是散热设计中极为关键的部件，因此噪声与热设计紧密相关。当然，电子产品的噪声不止来源于风扇和泵，一些其他可以诱导振动的部件，如硬盘、电感等也会诱发噪声。但通常而言，当设计合理时，这部分噪声占比很小。

通常，噪声与散热是相互矛盾的。以风冷散热为例，在不改变内部散热方案的前提下，提高风扇转速，一般可以强化散热效果，但提高风扇转速往往意味着更大的噪声。在同样噪声水准下解决更多的热量，或者当热量固定时，以更小的噪声将元器件温度控制在合理的水平，是当前热设计工程师和噪声工程师共同努力的目标。

12.2 声音基础知识概述

12.2.1 声音的本质

声音是由机械振动产生的，是一种波动现象。当声源（机械振动源）振动时，振动体对周围相邻媒质产生扰动，而被扰动的媒质又会对它的外围相邻媒质产生扰动，这种扰动的不断传递就是声音产生与传播的基本机理。存在着声波的空间称为声场，声场中能够传递上述扰动的媒质称为声场媒质。

12.2.2 噪声产生的原因

1）空气动力噪声。由气体振动产生，气体的压力产生突变，会产生涡流扰动，从而引起噪声。空气压缩机、电风扇的噪声均属此类。

2）机械噪声。由固体振动而产生，设备运行时，金属板、金属管、齿轮和轴承等受到撞击、摩擦及各种突变机械力的作用会产生振动，再通过空气传播形成噪声，如图12-1所示。

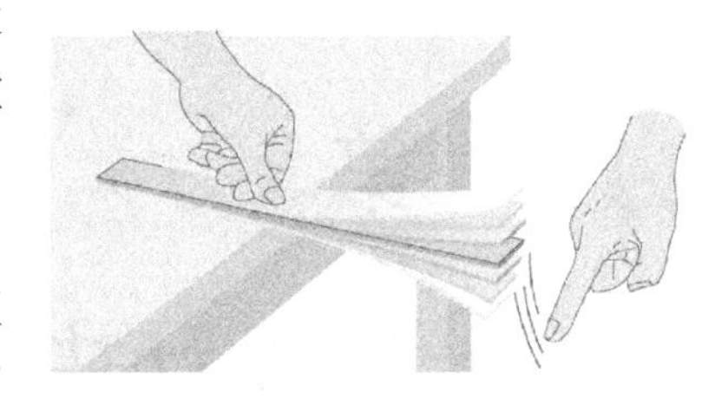

图12-1　硬尺子的振动会产生声音

3）液体流动噪声。液体流动中，由于液体内部的摩擦、液体与管壁的摩擦，或流体的冲击，都会引起流体和管壁的振动，并引起噪声。

4）电磁噪声。各种电器设备中，由于交变电磁力作用，引起铁心和绕组线圈的振动，从而引起的噪声称为电磁噪声，通常又称为交流声。

5）燃烧噪声。燃料燃烧时，会向周围空气介质传递热量，使它的温度和压力发生变化，形成湍流和振动，产生噪声。

12.2.3　声音的几个关键参数

1. 声速 *c*

声音在媒质中的传播速度称为声速，一般用字母 c 表示 。

在1个标准大气压下的空气中，0℃时，$c=331.5\text{m/s}$；15℃时，$c\approx334\text{m/s}$。

声波在不同的媒质中传播速度是不同的，通常情况下，媒质密度越大，声速越高。水中声速约为1450m/s，钢铁中声速可达5000m/s。

2. 频率 *f*、周期 *T* 和波长 *λ*

声音本质上是一种波动，波动的频率就是声音的频率。声音频率会影响人的听觉感受，在电子产品噪声控制中是一个非常关键的概念。根据频率的高低，声音可以分为以下三种：

1）可听声：人耳能够听到的声音，频率范围为20～20000Hz，也称为音频声。

2）次声：低于人们听觉范围的声波，即频率低于20Hz的声音。对于次声，过去认为人耳听不到就不考虑其影响，但近来发现次声在传播过程中衰减很小，即使远离声源人耳也会受到损伤。当次声的强度足够大或振动频次位于某些特定范围时，次声波会对人体造成极大伤害[1]。

3）超声：频率超过人耳听觉频率上限的声音，一般频率高于20000Hz。

周期等于频率的倒数，噪声分析中此概念不常用。

波长指声波在一个周期内的行程，它在数值上等于声速乘以周期，即

$$\lambda = cT \tag{12-1}$$

3. 声压和声压级

声压 P：声压是由于声波的存在而引起的声场媒质的压强波动幅度，单位为Pa。声波在介质中传播时形成压缩和稀疏交替变化，所以压力增值是正负交替的。

但通常讲的声压是取方均根值，叫有效声压，故实际上总是正值。有效声压的定义如下：

$$P = \sqrt{\frac{1}{T}\int_0^T P_t^2 \mathrm{d}t} \tag{12-2}$$

式中，T 为周期的整数倍或长到不影响计算结果的程度；P_t 为 t 时刻的声压。

通常情况下，声压与大气压相比而言是非常小的。在可听声中：

1）人耳可听阈值：对 1000Hz 声音人耳刚能听到的最低声压。

$$P_0 = 2 \times 10^{-5}\mathrm{Pa}$$

2）人耳疼痛阈值：人耳感到痛的声压。

$$P = 20\mathrm{Pa}$$

从上述阈值可见，人耳能听到的最小声压和能忍受的最大声压相差很大（比例高达 100 万）。实验证明，人耳对声音强弱的感觉是与声压的对数成正比的，因此引入声压级（SPL）的概念，单位为分贝（dB），定义为声压与基准声压之比取以 10 为底的对数后再乘以 20，用 L_p 表示

$$L_p = 20\lg\frac{P}{P_0} \tag{12-3}$$

式中，P 为指定声压；P_0 为可听阈值 2×10^{-5}Pa（基准声压值）。

自然界可能出现的各种声源中，其声压大小之间的差距是悬殊的，最大可以达到相差上亿倍，见表 12-1。

表 12-1 自然界中典型声音的大致声压和声压级

声 源 名 称	声压/Pa	声压级/dB
正常人耳能听到的最弱声音	2×10^{-5}	0
郊区静夜	2×10^{-4}	20
耳语	2×10^{-3}	40
相隔 1 米处讲话	2×10^{-2}	60
高声讲话	0.2	80
织布车间	2	100
柴油机	20	120
喷气式气机起飞	200	140
导弹发射	2000	160
核爆炸	20000	180

4. 声强和声强级

声波的传播过程实际上是声能量的传播过程，单位时间内，在与指定方向垂直的单位面积中通过的声能量称为声强，用 I 表示，单位为 $\mathrm{W/m^2}$。声强级是声强与基

准声强之比取以 10 为底的对数后再乘以 10，用 L_I表示，单位为 dB，见式（12-4）。

$$L_I = 10\lg \frac{I}{I_0} \quad (12\text{-}4)$$

式中，L_I为声强级，单位为 dB；I 为声强，单位为 W/m^2；I_0为基准声强 $I_0 = 10^{-12}$W/m^2。

5. 声功率和声功率级

声源在单位时间内辐射出的总声能量称为声功率。

单位时间内通过垂直于声传播方向上面积为 S 的平均声能量，称为平均声能量流或平均声功率。

声功率级定义为声功率和基准声功率之比取以 10 为底的对数后再乘以 10，用 L_W 表示，单位为 dB，见式（12-5）。

$$L_W = 10\lg \frac{W}{W_0} \quad (12\text{-}5)$$

式中，W_0为基准声功率，$W_0 = 10^{-12}$ W。

在有反射波存在的声场中，声强往往不能反映其能量关系。在实际情况下，有很多因素影响声强和声压，声强和声压的测量值与环境有关，对于同一个声源，在不同场合、不同方向、不同测点，所测得的声强和声压值可能是不同的。但是，同一个声源在不同的环境下所辐射的声功率是一个不变的量，反映了声源的声学特性。声压级、声强级和声功率级三者之间的关系如下：

$$L_I = L_P + 10\lg\left(\frac{400}{\rho_0 c_0}\right) \quad (12\text{-}6)$$

$$L_W = L_I + 10\lg S \quad (12\text{-}7)$$

$$L_W = L_P + 10\lg\left(\frac{400}{\rho_0 c_0}\right) + 10\lg S \quad (12\text{-}8)$$

式中，S 为声源辐射的面积；c_0和 ρ_0分别为声速和介质密度。由式（12-6）~式（12-8）可知，通过测量距声源 r 处某点的声压，即可算出该声源的声强级和声功率级。而基于声强和声压对环境的敏感性，电子产品中，多数以声功率级来衡量产品的噪声大小[2]。对于应用场景较为单一的产品，会使用声压级来描述其噪声等级，声强则较少用到。

6. 多声源间的叠加计算

当电子产品中有多个风扇时，就需要计算其声音的叠加效果。对于多个声源来讲，声功率和声强可以代数相加，即 n 个声源的声功率和声强的和为

$$W = W_1 + W_2 + \cdots + W_n \quad (12\text{-}9)$$

$$I = I_1 + I_2 + \cdots + I_n \quad (12\text{-}10)$$

由此得到总声功率级和声强级分别为

$$L_W = 10\lg \frac{W}{W_0} = 10\lg \frac{W_1 + W_2 + \cdots + W_n}{W_0} \quad (12\text{-}11)$$

$$L_I = 10\lg\frac{I}{I_0} = 10\lg\frac{I_1 + I_2 + \cdots + I_n}{I_0} \tag{12-12}$$

而对于声压级，压强是不能直接叠加的。压强与力直接相关，需要按照类似矢量的方式计算其叠加值。对于 n 个声源，其总的声压为

$$P = \sqrt{P_1^2 + P_2^2 + \cdots + P_n^2} \tag{12-13}$$

因此，声压级的大小为

$$L_P = 20\lg\frac{P}{P_0} = 10\lg\frac{P_1^2 + P_2^2 + \cdots + P_n^2}{P_0^2} = 10\lg(10^{\frac{L_{P1}}{10}} + 10^{\frac{L_{P2}}{10}} + \cdots + 10^{\frac{L_{Pn}}{10}}) \tag{12-14}$$

12.3 声音的分析

电子产品中不止关注声压级或者声功率级，更需要控制产品的声品质，即产品的实际听觉体验。实际产品中，声源一般是由许多不同频率、不同强度的声音组合而成的，当产品噪声不满足要求而需要优化时，首先必须定位出现问题的声音频率。声音的分析需要了解如下概念。

12.3.1 频程与频谱

在实际分析声学问题时，将声音的频率划分为若干个小段，就是通常所说的频程或频带。频程有上限频率值、下限频率值和中心频率值，上下限频率之差称为频程带宽[3]。实测发现，比较两个不同频率的声音时，若频率提高一倍，则听起来音调提高的程度也是相同的，即音调亦提高 1 倍。故对于两个不同频率的声音来说，反映声音特性差异的是频率的比值而不是其差值。频程的划分用其上限频率和下限频率的比值来表示，即

$$\frac{f_{上限}}{f_{下限}} = 2^n \tag{12-15}$$

若 $n=1$，则称为 1 倍频程；若 $n=1/3$，则称为 1/3 倍频程。上下限频率之差称为带宽；通常会使用某频程的中心频率来命名该频程。中心频率的定义如下：

$$f_{中心} = \sqrt{f_{上限} f_{下限}} \tag{12-16}$$

在噪声的测量与分析中，最常用的是 1 倍频程和 1/3 倍频程。在以频率为横坐标，以对应频率下声音的强度量（声压、声强或者声压级等）为纵坐标绘制出的声音频谱图中，根据中心频率和倍频程定义，可以把频率范围很大的声音切割成不同的频程，便于分析。在频谱图中，听觉效果较好的乐音由一系列简谐波所组成，是一系列离散的谱线，如图 12-2a 所示。而一般机器所发出的噪声往往包含很多频率和强度都不相同杂音，声音连续地分布在相当宽的频带范围内，

如图 12-2b 和 c 所示。

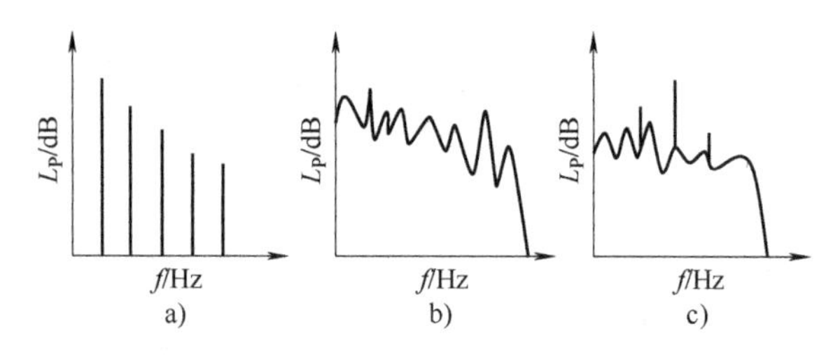

图 12-2　a）乐音的离散谱线　b）、c）实际机器声音的连续杂乱频谱线[4]

对噪声源进行频谱分析，可以快速地定位出哪些频率的声音对声音的总效果贡献相对较大。结合频率与结构件之间的关系，可以找出系统中的主噪声源，为有效合理地控制噪声提出科学依据。

12.3.2　响度与响度级

声压级和声功率级可以用来衡量声音的强度，但电子产品关注更多的是人的听觉感受。听觉感受不仅与声压有关，还和频率有关[4]。声压级相同而频率不同的声音听起来可能具有完全不同的感受。如机加工车间车床、铣床等设备发出的高频噪声尖锐刺耳，在相同声压级下，中央空调发出的噪声就柔和得多。再举一个极端的例子：频率高于 20kHz 的超声波或低于 20Hz 的次声波，无论其声压级多高，人耳都完全听不见。为了考虑不同频率的声音对人听觉感受的影响，声学中引入了响度和响度级的概念，其意义详述如下。

1. 响度级

响度级是表示声音响度的量，它把声压级和频率用一个物理量统一起来，既考虑声音的物理效应，又考虑声音对人耳听觉的生理效应，它是人们对噪声的主观评价的基本量之一[4]。纯音是指由单一频率组成的声音[5]，一个声音的响度级定义为与 1000Hz 纯音等响的声压级，用 L_N 表示，其单位为 phon（中文读音“方”）。如 48dB、2000Hz 的纯音，听起来与 50dB、1000Hz 的纯音等响，则该声音的响度级为 50phon。通过将不同频率和声压级的噪声与 1000Hz 的纯音进行比较，就可以绘制出等响曲线。图 12-3 所示为由鲁滨孙和达逊提出并已为国际标准化组织所采用的等响曲线，故又称为 ISO 等响曲线。图中的每一条曲线相当于声压级和频率不同而响度相同的声音。从等响曲线可以看出，人耳对高频声，特别是频率在 2000～5000Hz 的声音较为敏感，而对低频声音感觉较为迟钝。电子产品噪声控制中，可以根据人们对不同频率声音的敏感度采取针对性降噪措施。

2. 响度

响度描述的是声音的响亮程度，表示人耳对声音的主观感受，单位为 sone

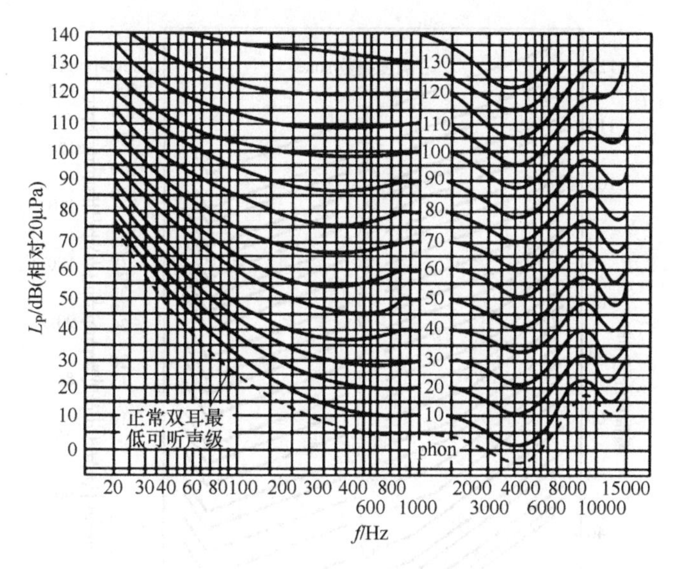

图 12-3　ISO 等响曲线

（中文读音“宋”），定义 1sone 为 40phon，且响度级每改变 10phon，响度相应改变 1 倍。响度用公式表示为

$$N = 2^{\frac{L_N - 40}{10}} \tag{12-17}$$

式中，N 为响度，单位为 sone；L_N 为响度级，单位为 phon。该式适用范围为 20～120phon。

对于不同的纯音，如果用响度表示其大小，则可以直接叠加获得其复音的响度。例如有两个频率分别为 500Hz 和 3000Hz 的纯音，其响度级分别为 70phon 和 60phon，则合成后的复音响度为

$$N = 2^{\frac{70-40}{10}} + 2^{\frac{60-40}{10}} = (8+4)\,\text{sone} = 12\text{sone}$$

其对应的响度级约为 75. 8phon。

3. 噪声的响度

电子产品中的噪声是由许多频率不同、强度也不同的声音复合而成的，而且不同频率的噪声之间还会产生掩蔽效应。复合音总响度的计算需要先测出噪声的频带声压级，从图 12-4 中查出各频带的响度指数，然后按式（12-18）计算复声的总响度

$$N_t = N_{max} + F\left(\sum_{i=1}^{n} N_i - N_{max}\right) \tag{12-18}$$

式中，n 为频带数；F 为用来考虑不同频率声音的掩蔽效应的系数[6]，其大小取决于噪声分析所采用的带宽，对于 1/3 倍频程 F=0. 15，1/2 倍频程 F=0. 2，1 倍频程 F=0. 3。

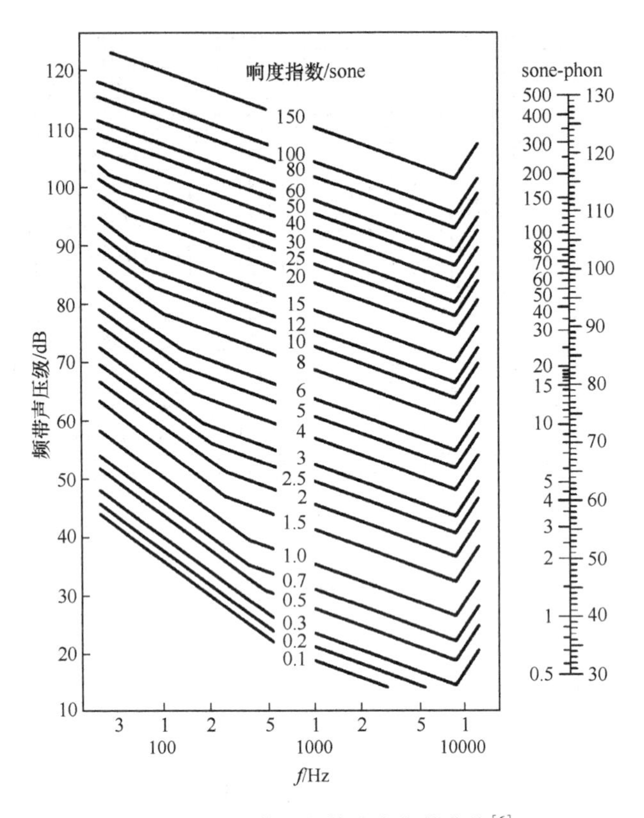

图 12-4 斯蒂文斯等响度指数曲线[6]

12.3.3 计权声级

之前已经多次强调了频率对声音感受的影响。在使用声级计测试所得的声音数据进行处理时，有 A、B、C 三种滤波计权网络。计权网络的本质是将不同频率声音的声压级按照一定规则加权修正后，再叠加计算得到噪声的总声压级[6]。通过 A、B、C 三种计权网络测试所得的计权声级单位分别为 dB（A）、dB（B）、dB（C），如图 12-5 所示。其中 A 计权网络是模拟人耳对 40phon 纯音的响应，与 40phon 的等响曲线倒立后的形状接近，它使接收、通

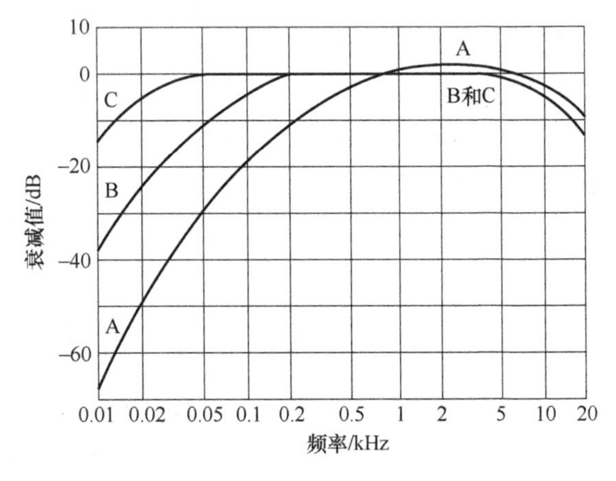

图 12-5 A、B、C 计权网络修正曲线图[4]

过的低频段的声音（500Hz 以下）有较大衰减。这一计权方式最符合普通人对声音的听觉感受，在电子产品噪声控制领域已经被广泛使用。

12.4 声音的传播

声音是由振动产生的，其本质是一种机械波，具有波动的普遍特征。在传播途中遇到坚硬的障碍物时，会发生反射、绕射和吸收。声波的反射指的是声波在遇到障碍物时传播方向发生改变的现象。一般规则光滑平表面的声波的反射角和入射角相等，而凹凸不平的表面容易发生乱反射，即散射。回声就是典型的声波反射现象。当声波遇到障碍物时，部分声波能够绕过障碍物的边缘继续传播的现象称为绕射或衍射。低频噪声（波长较长）更容易发生绕射，根据可听声的频率范围和声速可以推算出可听声的波长范围为 17cm ~ 17m，所以低频噪声可以绕过常见的物体继续传播。当声波碰到壁面时，还有部分声音会被吸收。多孔介质类物体（如毛布、地毯、海绵等）吸声效果较好，这是因为声音进入这类物体的表面后会被多次反射，过程中不断被吸收，声能转换成热能。不过不必担心，电子产品所遇到的场景中，因为常见的声音能量极低，由声音转换过来的热量是非常小的，所以不会是造成设备过热的显著因素。

一些频率相同的声波叠加后还会产生干涉，干涉的结果是使空间声场中各处的声音不一样响亮，甚至很小。如果它们的相位相同，也就是在同一时刻处于相同的压缩或膨胀状态，则两个声波互相叠加后会加强；若相位相反，则叠加后会减弱；如果它们之间存在着一定的相位差，则叠加后有增强也有减弱。主动降噪（Active Noise Control，ANC）利用的就是声波的干涉作用，它通过产生与外界噪声相等的反向声波将噪声中和，从而实现降噪的效果。

由于声波是一种机械振动波，因此也会导致共振。共振的危害可能是巨大的，机器的运转会因共振而损坏。电子产品中，声波与设备内某结构件产生共振则会导致设备发生微小振颤，从而影响寿命。电子产品的设计中应当竭力避免噪声与设备内关键元器件共振。当然，共振也可以用来消声，共振消声器就是利用声波与共振腔产生共振将其声音吸收转化为热能，从而使噪声降低的装置。

12.5 电子产品热设计中的噪声

在电子产品中，由于频繁启停，电路中的电感产生的电磁力也是波动的，这一波动诱导出的振动会产生噪声。但绝大多数情况下，在强迫风冷的设备中，风扇是电子产品的主要噪声源（液冷系统中还有泵，装有热管的设备中，如果热管存在弯折，也可能产生非连续噪声），如果电路板设计合理，则电感产生的噪声相对风扇或泵的噪声几乎可忽略不计。因此，控制风机的噪声是电子产品声学设计的关键。

风扇噪声主要组成部分如图 12-6 所示。

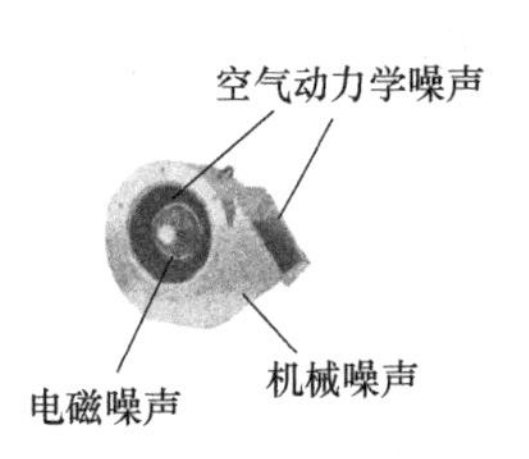

图 12-6 风扇噪声组成部分

12.5.1 气动噪声

风扇的气动噪声（空气动力学噪声）包括旋转噪声和涡旋噪声。

1. 旋转噪声

旋转噪声是由于叶片周围不对称结构与叶片旋转所形成的周向不均流场相互作用而产生的噪声。当工作叶轮旋转时，动叶周期性地承受前面静叶排出的不均匀气流，气流作用在动叶上产生振动，诱发噪声。叶片在不光滑或不对称机壳中也会产生旋转噪声。旋转噪声的频率与风扇转速相关，用公式表达如下：

$$f = inz/60 \tag{12-19}$$

式中，n，z 和 i 分别为每分钟的转速、叶片数和谐波次数，$i=1$，2，3，…，$i=1$ 为基频。

旋转噪声具有显著的离散频谱特性，其基频为叶片通过频率和它的高次谐音。一般而言，基频声音最强，其次是二次谐波、三次谐波、……，总趋势逐渐减弱。

由式（12-19）可以看出，当将叶片数增加 1 倍而转速保持不变时，由于基频增加 1 倍，原来的奇次谐波成分被取消，假定各谐波成分的强度近似相同，理论上旋转噪声的强度将降低一半，因此通常叶片数的增多对降低噪声是有利的[7]。

旋转噪声的声压与风机的功率成正比，而与叶轮的半径成反比。所以，当功率与叶片尖端的圆周速度给定时，从降低噪声的角度应尽量使叶轮半径大一些。即当叶尖圆周速度相同时，尺寸大、转速低的风扇噪声比尺寸小、转速高的风扇低。叶尖处的圆周速度会显著影响声音强度，当其增加时，旋转噪声的声功率将迅速增加。

2. 涡旋噪声

涡旋噪声又称为涡流噪声或紊流噪声。涡流噪声主要是由于气流流经叶片时产生紊流附面层及漩涡与漩涡分裂脱体，引起叶片上压力脉动而造成的。边界层脱离和紊流脉动弹性较大，故漩涡噪声具有很宽的频率范围，也称为宽频噪声。涡旋噪声的频率取决于叶片与气体的相对速度，而旋转叶片的圆周速度则随着与圆心的距离而变化。从圆心到圆周，速度连续变化，所以叶片旋转所产生的涡旋噪声就具有连续的噪声频谱，频带宽度也将随雷诺数的提高而缓慢地增大。

实际上，各种系列风机的旋转噪声与涡旋噪声总是同时存在。若叶片尖端的圆周速度相应的马赫数小于 0.4，则涡旋噪声占主导地位；若叶片尖端的圆周速度相应的马赫数大于 0.4，则旋转噪声占主导地位[7]。

12.5.2　机械噪声

风机在经过一段时间的运转后，会产生多种机械噪声，包括但不限于：

1）叶轮磨损不均匀或因风压导致零件的变形，使整个转子不平衡而产生的噪声。

2）轴承在运行后由于磨损，与轴相互作用产生的噪声。

3）由于安装不良或各零件连接松动而产生的噪声。

4）叶轮高速旋转产生振动，导致机体某一部分共振而产生的噪声。

5）电动机中换向器与电碳刷摩擦而产生的摩擦噪声。

6）换向器的打击噪声。

7）由于某些部件振动使自己的固有频率与激励频率产生共振，形成很强的窄带噪声。

8）转子不平衡或电磁力轴向分量产生的轴向窜动声。

当系统产生异响时，从声源出发，可以从上述八点切入。

12.5.3　电磁噪声

风机要想运转，必须要有电动机。电动机中的通电线圈在磁场中受力而转动，径向交变的电磁力将会激发电磁噪声。某些情况下，变更电动机中的相数有助于优化噪声体验。

12.6　噪声测量

噪声测量的方法有很多。电子产品领域中，问题现场定位时通常使用声级计，测量便捷高效，但误差较大。正式的精准测量则需将产品放置在半消音室中，根据标准布置麦克风进行测试，如图 12-7 所示。

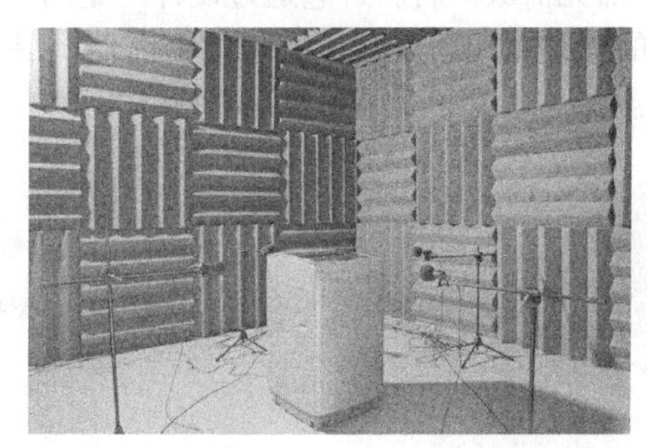

图 12-7　声级计和半消音室

12.7 噪声控制设计

电子产品的噪声控制设计非常复杂，它需要深度结合散热、结构、软件、硬件等几乎一切与产品形态、性能有关的因素，某些情况下，一些微小的结构特征就可能对噪声产生显著影响。从宏观的问题解决思路分析，产品噪声优化设计可以从声源、传声路径和声音接收者三个维度进行。

12.7.1 控制声源

电子产品中，风扇或泵是主要的噪声源，控制声源意味着控制风扇或泵产生的噪声。这又可以从两个方面入手：

1）在满足温度要求的前提下，合理降低风扇或泵的转速。噪声强度会随着叶片转速的降低迅速下降，从而优化噪声体验。这也是强迫风冷产品中风扇调速策略的重要目的之一。

2）优化风扇本身的性能。当风扇可以在发出更低噪声的前提下提供同等或更高的风量时，则意味着产品可以在更低的噪声下维持原有的温度控制目标，从而同样可以达到产品降噪目的。

12.7.2 控制传声路径

1. 消声

为抑制声音的传播，可以在气流通道上加装消声装置，噪声在经过这些装置时，可以被削弱或被不同程度地吸收。根据消声原理，消声装置种类很多。电子产品领域常用的有如下三类：

1）阻性消声器，利用多孔吸声材料来降低噪声，常见的有片式消声器、蜂窝式消声器、管式消声器、迷宫式消声器等。阻性消音器对中高频消声效果好、对低频消声效果较差，如图 12-8 所示。

2）抗性消声器无需吸声材料，它通过设计一定的突变空间对不同频率的声音进行过滤，常见的有共振式消声器、扩张式消声器、混合式消声器、障板式消声器等。抗性消声器主要适于降低低频及中低频段的噪声，如图 12-9 所示。

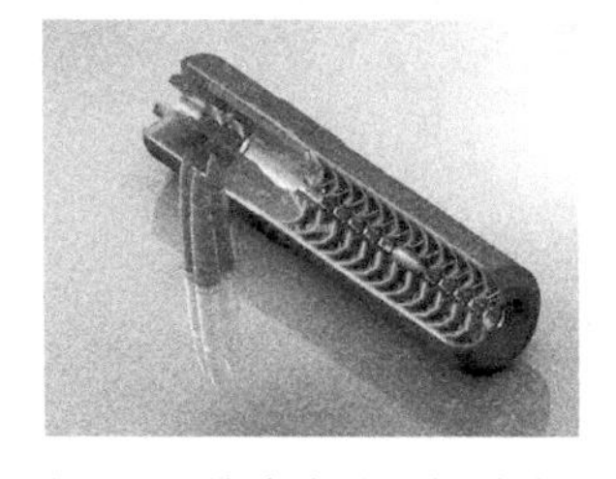

图 12-8　枪支中的阻性消声器

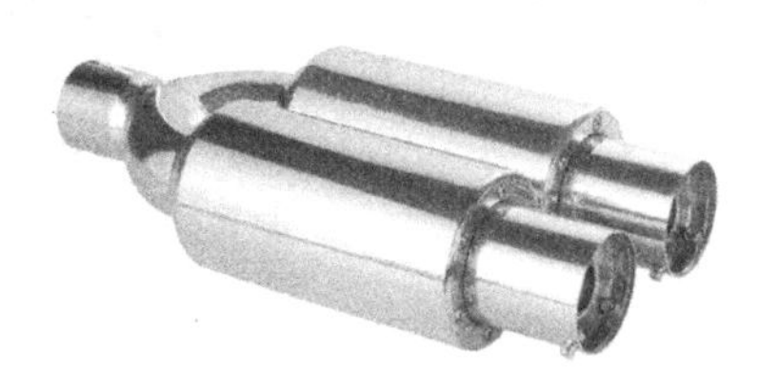

图 12-9　汽车排气管抗性消声器[8]

3）阻抗复合消声器结合了前两种消声器的特征，噪声在传播的过程中被过滤同时被吸收。常见的有扩张室-阻抗复合式消声器、共振腔-阻性复合式消声器、阻-扩-共复合式消声器。

3C 电子产品中，由于空间紧凑，可能无法直接放置这类消声器。但理解这些消声器的消声原理，可以指导风道、箱体等结构件的设计，使其在充当产品结构功能属性的同时，兼具降噪的用途。

2. 隔声

隔声原理非常简单，就是使用墙体、箱子等构件屏蔽噪声在某个方向的传播，将其控制在一定范围之内，常用方法如下[9]：

1）单层密实均匀构件隔声。此类构件的隔声材料要求密实而厚重，如砖墙、钢筋混凝土、钢板、木板等，隔声性能与材料的刚性、阻尼面密度有关。

2）双层结构隔声。两个单层结构中间夹有一定厚度的空气，或多孔材料的复合结构，一般可比同样质量的单层结构隔声量高 5 ~ 10dB。

3）隔声罩和隔声间。对于体积小的噪声源，直接用隔声结构罩上，可以获得显著的降噪效果，这就是隔声罩。有很多分散的噪声源时可考虑建立一个小空间，使之与噪声源隔离开来，这就是隔声间。

4）隔声屏。放在噪声源和受声点之间用隔声结构所制成的一种隔声装置。

3. 吸声

通过在壁面上贴附吸声材料或设计吸声结构将传播至此处的噪声吸收掉的控制方法称作吸声降噪。

1）吸声材料在吸声降噪方法中很重要，常用的有：①纤维材料，包括有机纤维、无机纤维和纤维制品；②颗粒材料，包括砌块和板材；③泡沫材料，包括泡沫塑料等三大类二十几种。半消音室墙壁上的吸音尖劈就是这种吸声材料，如图 12-10 所示。

2）共振吸声结构是利用共振原理做成的，用于对低频声波的吸收，最常用结构有单个共振式（包括薄膜、薄板结构）和穿孔板吸声结构。

3）微穿孔板吸声结构是由板厚和孔径均在 1mm 以下、穿孔率为 1% ~ 3% 的金属微穿孔板和空腔组成的复合结构。

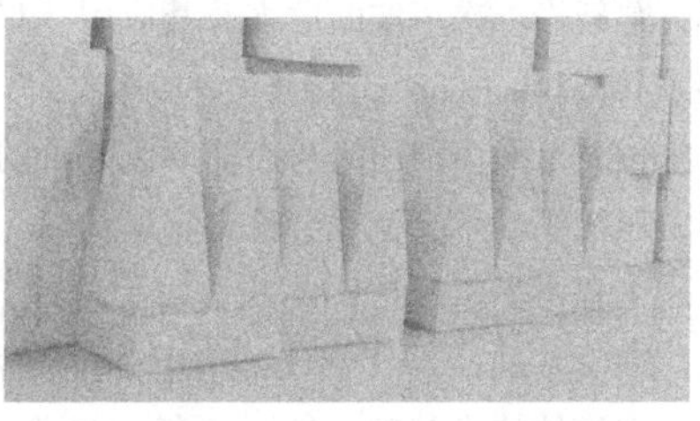

图 12-10　半消音室墙壁上的吸音尖劈[10]

12.7.3 控制声音接收者

电子产品产生的声音最重要的接收者是人。当所有措施都不能满足噪声要求时，只能让人佩戴耳塞、耳罩、有源消声头盔等设备改善声音接收者的感受。改变声音接收者已经脱离了电子产品噪声控制的范畴，本书不再详述。

12.8 噪声仿真

与温度和速度类似，电子产品的噪声也可以通过软件来进行模拟计算。声波实际上是空气压力的波动，因此噪声的仿真需要计算压力场，而产生声音的压力波动相对大气压而言实际上非常小，故需要精度很高的流场模拟才能获得较为准确的计算结果。汽车工业和飞行器工业中，振动部件繁多，噪声的仿真还需要引入固体振动仿真。电子行业中广泛采用的 Flotherm、Ansys Icepak 和 6sigamaET 等热仿真软件，由于引入了大量简化，计算所得的流场和压力场精度有限，都暂时无法实现噪声模拟的功能。目前常用的声学仿真软件有 LMS Virtual Lab 和 Actran。CFD 软件 Fluent 和 Star CCM 也可对气动噪声进行模拟。

12.9 本章小结

风扇或泵作为关键的热设计物料，同时又是最主要的噪声源，使得热设计工程师不得不深入关注它们的噪声问题。本章介绍了工程声学的基础知识和常见的降噪方法。声学本身是一门综合性较强的学科，它涉及空气动力学和结构振动，作者水平有限，仅从热设计工程师的角度给出本章的内容作为参考，这样对常见的设计可以定性地从方向上提出一些降噪建议，在参与噪声优化讨论时，也基本能够理解其机理，并做到从散热角度提供一些设计建议。深度的声学评价和噪声优化设计需要更多声学知识。读者可根据需求自行深入研究。

参考文献

[1] 罗鹏晖，郭新峰．次声波的危害及其应用 [J]．重庆科技学院学报（自然科学版），2008，10（4）：165-166.

[2] 彭强，宋俊龙．噪声声压级与声功率级评价的分析对比 [C]．第十一届全国电冰箱（柜）、空调器及压缩机学术交流大会论文集，2012.

[3] 谭家隆．工程声学基础 [Z]．大连：大连理工出版社，2017.

[4] 黄其柏．声学基础 [Z]．武汉：华中科技大学.

[5] 林福宗．多媒体技术基础 [M]．3 版．北京：清华大学出版社，2009.

[6] 洪宗辉，潘仲麟．环境噪声控制工程 [M]．北京：高等教育出版社，2002.

[7] 刘桥梁，冯成戈，等. 空调风机噪声产生机理及控制途径 [J]. 风机技术. 2004，4.
[8] 润华滤清器. [Z/OL] [2020-01-15]. http://www. jsrhlqq. com. /proview. asp? id = 172.
[9] 蔡俊. 噪声污染控制工程 [M]. 北京：中国环境科学出版社，2011.
[10] 石碣泰威隔音设备厂. [Z/OL] [2020-01-15]. http://taiweigeyin. com/html/product_view_34. html.

第13章 风扇调速策略的制定和验证

13.1 为什么要对风扇进行调速

对于风冷产品，风扇的设计要使得产品在整个可能的工作温度区间内保持散热安全，比如一款服务器，它的设计温度区间可能是-5~40℃。根据热设计准则，系统的散热设计需要保证其在40℃环境温度下正常工作，但该产品并不总是工作在40℃的环境温度下。通常，数据中心或办公室内的环境温度为25℃左右，甚至可以说25℃才是产品最常工作的温度环境。电子产品的核心散热组件为散热器、导热界面材料和风扇等，前两者一般是固定不变的，但风扇是一个动件，可以方便地根据元器件的温度调整其转速以改变系统的散热状态，使风扇转速和元器件温度始终保持在合理的数值下。实际的工程设计中，执行精益设计的强迫风冷产品，室温25℃和最高温40℃都必须要考虑：

1）最高环境温度下：风扇全速，查看产品散热是否满足要求；

2）室温下：在满足散热要求的前提下，降低风扇转速，直至产品噪声满足相关标准。

降低风扇转速的益处包括但不限于以下四个方面：

1）降低设备噪声：同一颗风扇，转速越低，噪声越低，风扇转速与噪声的经验关系式为

$$SPL_{RPM1} = SPL_{RPM0} + K \cdot \lg \frac{RPM1}{RPM0} \tag{13-1}$$

式中，SPL（Sound Pressure Level）为声压级噪声；RPM（Round Per Minute）为风扇转速；K为经验参数，不同风扇该参数可能会有变化。电子产品常用的风扇一般在50~60之间，常用55来对风扇的噪声进行初步评估。

举例 风扇A全转速，即5000r/min时，噪声为60 dB（A），转速为50%，即2500r/min时，噪声为多少？

$$SPL_{2500r/min} = SPL_{5000r/min} + 55\lg \frac{2500}{5000} = 60 + 55\lg 0.5 = 43.4\ dB(A)$$

电子产品中，通过降低风扇转速来改善设备噪声体验是热设计中非常重要的一环。

2）降低设备能耗：其他条件不变的情况下，风扇的转速越低，消耗的功率越低。对于移动设备，降低系统能耗意味着延长续航时间。

3）延长风扇运行寿命：同一颗风扇，转速越低，故障率越低，运行寿命越长。风扇的轴承是影响风扇寿命的关键部件，转速降低可有效弱化轴承磨损，延长风扇寿命。

4）减少灰尘沉积：风扇转速降低，设备内风速减小，产品内灰尘沉积速率也会下降。尤其对于抽风设计的产品，设备内部负压，高转速更易引起灰尘沉积。

13.2 风扇智能调速的条件

风扇调速设计必须有以下三个先决条件，其调速流程如图 13-1 所示。

温度传感器读值 → 计算风扇转速 → 控制电路 → 风扇

图 13-1　风扇转速调整流程

1）风扇转速是可调的，并且设备的电路板支持这一功能。

2）设备中有温度传感器，并且可以准确、及时地反映产品散热风险；风扇转速的变动会直接影响系统的散热能力，它必须在保证产品散热安全的前提下进行。

3）设备的操作系统中写入相关程序，该程序控制风扇转速与传感器温度数之间的关系。

13.2.1 风扇转速必须可控

本书第 8 章已经从线型上简介了两线风扇、三线风扇和四线风扇，如图 13-2 所示，这三种风扇的转速的控制机理有所差别。

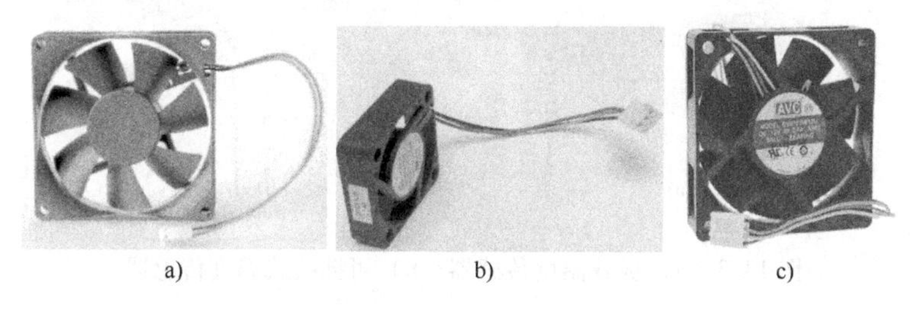

a)　　b)　　c)

图 13-2　风扇图片

a）两线风扇　b）三线风扇　c）四线风扇

两线风扇：两根线分别为电源正负极，可通过控制输入正极的电压来控制风扇转速，无法反馈风扇实时转速，控制精度不高，但价格便宜。

三线风扇：相对两线风扇，多出的一根线为信号输出线。风扇转速仍仅能通过控制电压来调节，但由于有信号输出线，因此可以实时读取风扇转速；由于仍基于电压控速，故控制精度与两线风扇相同。

四线风扇：四根线中，有两根为正负极，一根为信号输出线，最后一根为信号输入线。四线风扇通过产生 PWM 脉冲信号控制风扇转速，不同的占空比对应不同的转速。控速较为精准，且可以实时读取当前风扇转速。目前对风扇转速有较严格要求的电子产品中大多采用四线风扇。

13.2.2 必须有可实时反馈产品散热风险的温度传感器

从检测的温度位置来区分，温度传感器可以分为以下四类：

1）风扇内置温度传感器：通常是负温度系数（Negative Temperature Coefficient，NTC）电阻，置于风扇 Hub 内的单板上。

2）芯片内置温度传感器：有的芯片内部会自带温度传感器，其实质是 PN 结或热敏电阻。当施加恒定电流时，读取到的电压与温度有一一对应关系。

3）板载温度传感器：单板上直接集成的温度传感器件，用来监测当地环境温度，如图 13-3a 所示。这种温度传感器实际上是单板上的一个元器件，它监控的是单板的温度。因为封装的缘故，此传感器通常无法与单板达到热平衡，因此其获得的温度与实际单板的真实温度是有差异的。

4）可插拔式温度传感器：通常是带线缆的二极管，另一端可通过连接器连接至 PCB 板，如图 13-3b 所示。在一些大型设备中，为了准确量取并不位于单板上的进出风口的温度，通常会采用这种温度传感器。工业设备中，为了获取箱体或管路中的水温也可采用这类传感器。

a)　　b)

图 13-3　a）板载温度传感器　b）可插拔式温度传感器

作为风扇转速调整的参考温度，温度传感器需要准确、及时反映产品的散热风险。上述四种温度传感器对风扇转速的调整基准参考性排序为：芯片内置温度传感器 > 板载温度传感器 > 可插拔式温度传感器 > 风扇内置温度传感器。

13.2.3　系统中必须内置有效的风扇调速程序

风扇调速程序是使用代码表达风扇转速与参考温度之间的对应关系，需要热设计工程师和软件工程师共同完成。热设计工程师负责提供风扇转速与参考温度关系，软件工程师负责用代码表达并将其内置在系统软件中。在非异常状况下，常见的风机转速与参考温度之间的关系可以归类为下面六种。

1）风扇一直全速：如图 13-4 所示，不做任何控制，不鼓励使用此方法。

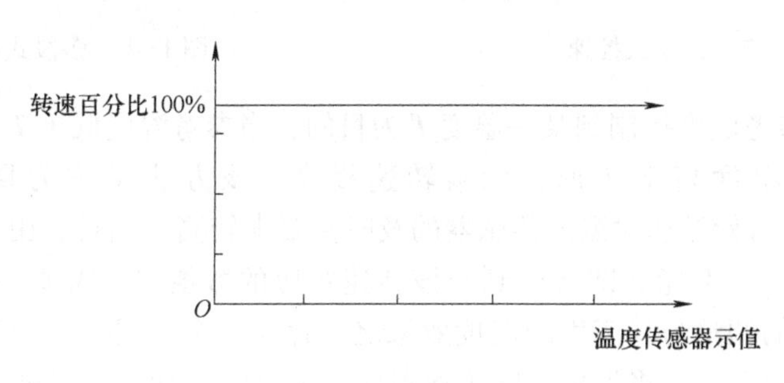

图 13-4　风扇持续全速

2）设置开、关两种状态：如图 13-5 所示，当参考温度低于某一值 T（如 25℃）时，风机停转；当高于某一值 T（如 25℃）时，风机开启并按预设的转速运行。

3）设置两种状态：如图 13-6 所示，当参考温度低于某一值 T（如 25℃）时，风机以转速 R_1 运行；当高于某一值 T（如 25℃）时，风机以转速 R_2 运行。

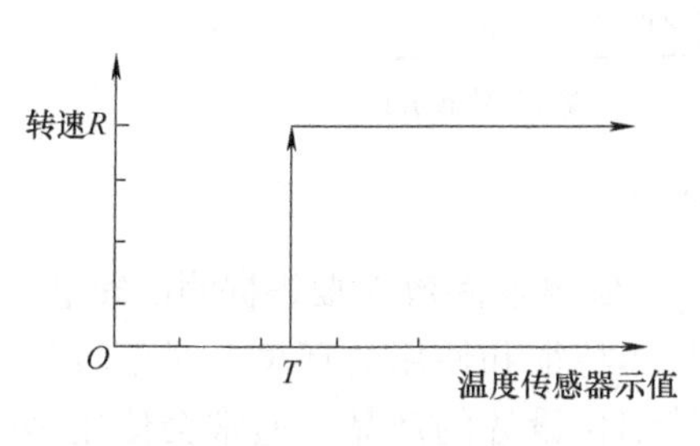

图 13-5　风扇启停式控速

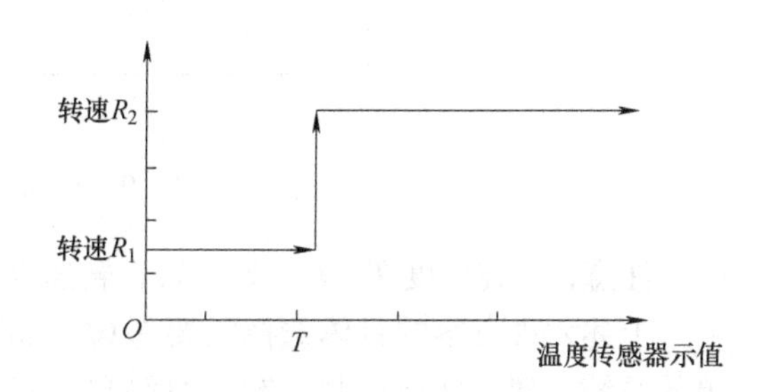

图 13-6　两段式控速

4）设置三种状态：如图 13-7 所示，当参考温度低于某一值 T_1（如 0℃）时，风机停转；当参考温度在 T_1 ~ T_2之间（如 0 ~ 25℃）时，风机以转速 R_1 运行；当参考温度大于 T_2（如 25℃）时，风机以转速 R_2 运行。

5）设置 N 种状态，将参考温度划分为 N 个区间，每个区间对应一个风扇转速，如图 13-8 所示。对于运行环境较为稳定的产品（如服务器、大型通信设备等），当施加的负载一定时，转速与设备最高温度往往也呈稳定关系，这种多段式的控速方法可以实现风扇的平稳运转，较为常用。

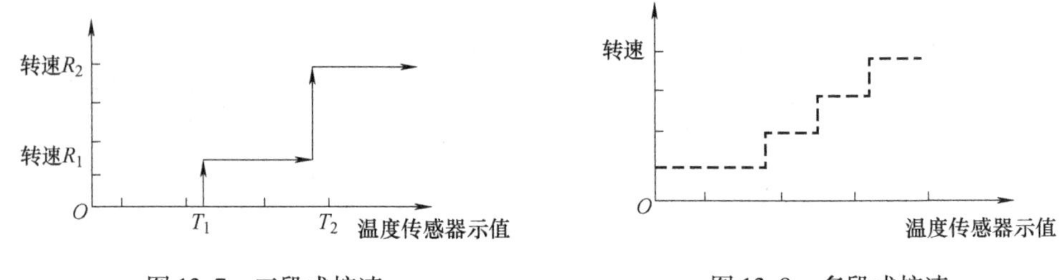

图 13-7　三段式控速　　　　图 13-8　多段式控速

6）以将参考温度控制到某一温度 T 为目的，当参考温度低于 T 时，风扇转速降低；当参考温度高于 T 时，风扇转速提高，该方法又称为目标控速，如图 13-9 所示。目标控速对温度传感器的及时性要求较高。而且，由于风扇转速变化后，芯片温度并不能立即转变到与该转速对应的数值去，需要一个稳定时间，因此风扇转速的调整与其产生的温度效果之间存在一个延迟，故而目标控速中通常会设置温度回差，即将目标温度 T 设置成一个范围（如芯片温度规格是 100℃，则可以将目标温度设置为 95 ~ 100℃），而不是一个具体的值。

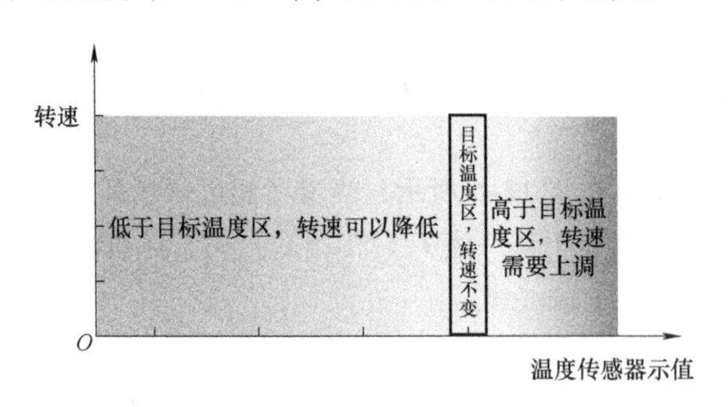

图 13-9　目标温度控速

注意，上述温度 T、T_1、T_2、T_3，转速 R、R_1、R_2 和区间数 N 要根据测试确定。

上述六种方案的具体选择需要考虑产品的具体特征和使用的环境。对于较简单的系统，建议转速控制方案尽量简单；对于精细化设计的产品，通常会使用多段式控速或目标控速。

13.3 风扇调速策略的设计

13.3.1 温度传感器的布置

之前一再强调，温度传感器必须能够及时、准确地反映系统的散热风险。从这个角度出发，对不同温度传感器的布局要遵从以下原则：

1）芯片内置温度传感器：内置于芯片内部，无需设置。在选择参考温度时，推荐选择散热风险最高芯片的温度传感器度数作为风扇调速依据。

2）板载环境温度传感器：用于测量单板上局部环境温度，应置于受其他器件影响最小区域，一般为设备入风口处，如图 13-10 所示。

3）板载芯片温度传感器：用于及时间接反映芯片温度，应置于芯片下风口处，距离 5mm 以内为佳。

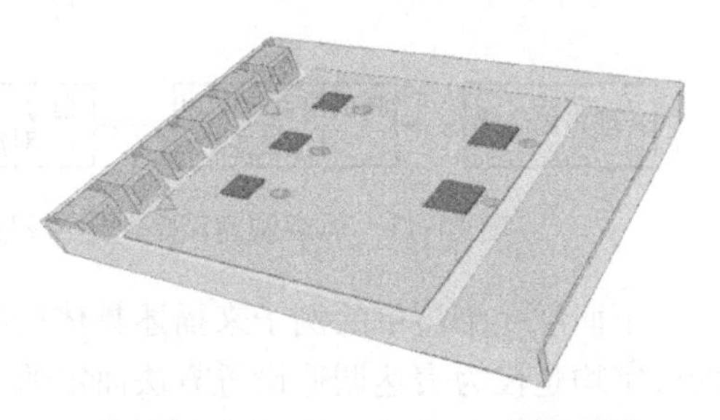

图 13-10　板载温度传感器的示意位置

4）可插拔式温度传感器：感温点置于风速大、不受其他元器件温度影响，最能反馈局部空气温度的位置。

13.3.2　风扇调速策略整定步骤

风扇的调速程序中，归纳了六种类型的风速与温度的对应关系。实质上，它们又可以统归成两大类：前五种风扇转速与温度都有固定的对应关系，最后一种风扇转速与温度没有固定的对应关系，目标温度是一个固定的范围，风扇转速则需要根据周围环境以及产品具体负载不断变化。

1. 风扇转速与温度具备一一对应关系的控速策略

这种控速方案的设计，对应关系的确定是关键。确定对应关系有两种方式，其一是仿真，其二是测试。仿真和测试的根本思路其实完全一致，仅仅是一种数值试验，而另一种是实际样机测试。其实现步骤如下：

1）结合产品要求，确定温控策略（环境温度控速还是芯片温度控速），并划分温度区间和风扇档位。

① 环境温度控速：测试不同环境温度下对应的可解决设备散热的风扇转速和此时温度传感器的读数，记录下来，作为算法输入数据；

② 芯片温度控速：根据产品在不同环境温度下的噪声要求，测试对应的芯片温度和风扇转速，作为算法输入数据。

2）根据第 1）步获得的测试数据，协同软件工程师，将算法写入操作系统。

3）复测算法：

① 环温控速：改变环境温度，验证是否满足要求；

② 芯片温度控速：改变环境温度，或更换负载来改变芯片温度，验证是否满足要求。

第 3）步验证通过的话，则正式发布算法，否则协同软件工程师，重复 1）~3），迭代修正，直至验证通过，流程如图 13-11 所示。

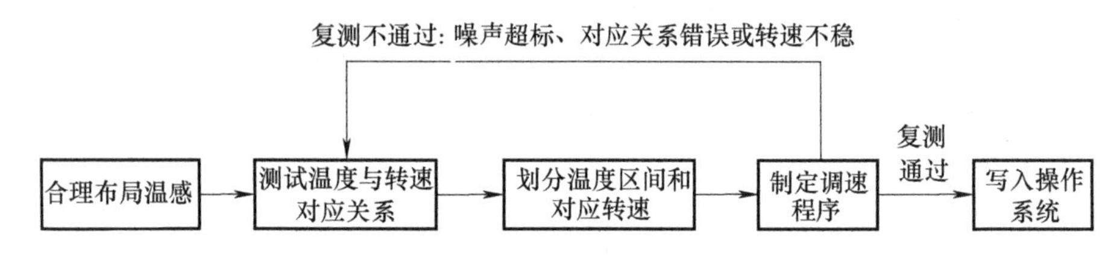

图 13-11　风扇调速策略制定流程：温度传感器和转速有对应关系

下面举一个简单的例子来描述具体的实现过程，见表 13-1。注意下例中所有的数字均是仅为表达调速设置方法而定的示意值。

例　某插箱设计工作温度范围为 -5～40℃，强迫风冷设计，需要制定以环境温度为参考基准的调速策略。

答　首先，设计单板时，在板上合适位置加装环境温度传感器。

根据产品特点，将插箱工作温度范围划分区间，此处以 40℃ 和 25℃ 为上下界限，5℃ 为区间长度，划分五个区间。

测试或仿真：在各环境温度区间内，调整风扇转速，直至设备散热表现合理，记录此时转速和温度传感器度数。

测试结果中，风扇转速与温度传感器度数对应关系，就可作为算法设计输入。

表 13-1　调速策略整定示意

温度区间划分		测 试 结 果	
温度区间编号	对应的环境温度范围/℃	满足散热的合理风扇转速/(r/min)	对应的温度传感器读数/℃
1	≤25	2000	≤28
2	26～30	2500	29～33
3	31～35	3000	34～38
4	36～40	3500	39～43
5	≥40	4000	≥43

注：由于热风回流，绝大多数产品中，环境温度传感器探测到的温度值一般会比周围环境温度稍高。

2. 风扇转速与温度无一一对应关系的控速方式

目标控速的核心思想是将温度传感器控制在一个预设的温度值或温度范围，其流程如图 13-12 所示。温度传感器的示值与转速之间并没有直接的对应关系，取而代之的是温度传感器实时探测值与目标温度之间的差值与转速需要调整的幅度之间的对应关系。

环境温度传感器的读数不能作为控速目标，这是因为：①改变风扇转速对环境温度传感器读数影响很小；②将环境温度传感器读数控制到某一数值并不能保证设备无散热风险。目标控速只能依据芯片内置温度传感器或板载的反映芯片温

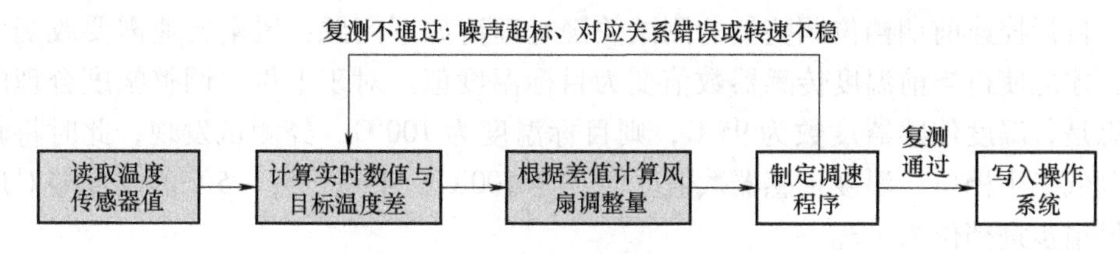

图 13-12　目标控速策略制定流程

度的传感器。

除了温度传感器的布置和选择，目标控速设计还包括：

1）划分风扇档位；

2）设置合理的目标温度；

3）读取温度传感器数值，计算实时数值与目标温度的差值；

4）根据差值确定风扇转速调整量。

可以看出，确定风扇转速调整量和温度传感器示值与目标温度差值之间的关系是目标控速的核心。另外，设置合理的目标温度值也是非常关键的，通常会将其定为芯片长期工作温度要求减去5℃，即留出5℃作为缓冲空间。

下例将给出一个示意性的目标控速策略。

首先，将风扇转速分为表 13-2 所示十档。

表 13-2　风扇转速档位划分示意

风扇档位划分	风扇转速比（%）	风扇档位划分	风扇转速比（%）
1	50	6	75
2	55	7	80
3	60	8	85
4	65	9	90
5	70	10	100

芯片长期工作温度为 105℃，设定目标温度值为 100℃，根据测试结果，设定风扇步进量，见表 13-3。

表 13-3　转速调整示意

状　态	温度传感器读数/℃	与目标温度差/℃	转速调整档数
超过目标温度	105	5	+3
	103	3	+2
	101	1	+1
低于目标温度	99	−1	−1
	97	−3	−2
	95	−5	−3
	93	−7	−4

目标控速前期档位调整量的测试关键是理清如下问题：风扇转速需要改变多少，才能使得当前温度传感器数值变为目标温度值。对于上例，调整幅度合理的意思是若温度传感器度数为95℃，则目标温度为100℃，经测试发现，此时将转速调低三个档位，温度传感器数值就会变为100℃，于是设置-5℃的温度差对应的风扇步进档位为-3。

上述调速思路通常可以获得较为合理的转速和散热表现，但一个事实是，当风扇处于不同档位时，提高相同幅度的档位，对系统散热能力的影响是不一样的。对上例而言，就是风扇档位从1变化到2，和从8提高到9，带来的散热幅度提升可能是有明显差别的，而这将可能导致转速的振荡。在精品产品中，目标控速中风扇转速的调节需要使用相对更灵敏准确的算法，鉴于此，PID［比例（Proportion）、积分（Integration）、微分（Differentiation）］调速算法被广泛应用。

PID控制已有近百年历史，现在仍然是应用最广泛的工业控制器。在实际的控制中，也分为多种类型。在电子散热领域，应用较为广泛的是增量型和位置型。PID调速是目前热设计中较为高级的风扇调控策略。PID调速原理如图13-13所示；PID调速风扇转速变化效果如图13-14所示。

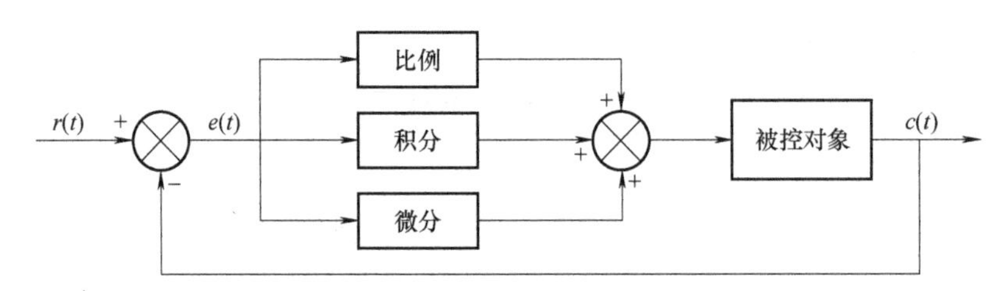

图13-13 PID调速原理示意图

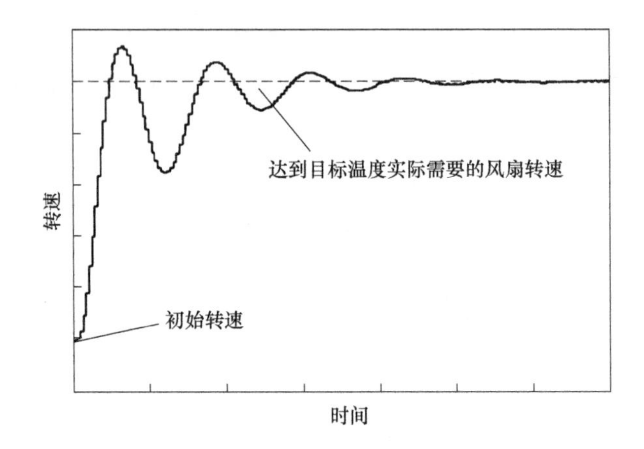

图13-14 PID调速风扇转速变化效果示意图

图中，$r(t)$ 为 t 时刻传感器温度值；$e(t)$ 为 t 时刻温度值和目标温度之间的差异；$c(t)$ 为风扇转速调整量。

PID 调速方法的公式为

$$u(t) = K_P\left[e(t) + \frac{1}{T_I}\int_0^t e(t)\,dt + T_D\frac{de(t)}{dt}\right] + u_o \tag{13-2}$$

式中，$u(t)$ 为调节器的输出信号；$e(t)$ 为调节器的偏差信号，它等于给定值与测量值之差；K_P为比例系数；T_I为积分时间；T_D为微分时间；u_o为控制常量；K_P/T_I为积分系数；K_PT_D为微分系数。

在电子产品风扇控速中，PID 调速算法的设计过程就是式（13-2）中各参数的整定过程。PID 参数整定是一个相当复杂的过程，需要大量的测试数据作为参考。必要时，可以对 PID 调速做适当简化，比如只用比例积分控制，放弃微分控制，或只用比例微分控制，放弃积分控制。

13.4 异常情况的风扇转速应对

风扇调速程序正常运行的前提是能够监测系统的散热风险。当监测系统出现故障，或风扇本身出现问题时，就需要采取紧急措施。紧急措施必须在调速程序中有所体现，常见的异常情况及应对方式有如下五种：

1）监测到温度传感器温度示值超过最大允许值：立即将转速置于全速，同时发出提示，提示类型为系统过热。当温度传感器示值超过某一限度后，为避免系统烧毁，应做降频甚至强制宕机处理。

2）监测到温度传感器温度示值超过最大允许值，且此时风扇转速已经全速：发出提示，提示类型为系统过热。当温度传感器示值超过某一限度后，为避免系统烧毁，应做降频甚至强制宕机处理。

3）无法监测到温度传感器：发出提示，提示类型为无法监测到温度传感器，同时将风扇置于全速运转。

4）无法监测到风扇，但温度传感器示值正常：发出提示，提示类型为无法监测到风扇，同时将风扇输出信号置于全速。

5）无法监测到风扇，温度示值超过最大允许值：发出提示，提示类型为无法监测到风扇且系统过热，同时将风扇输出信号置于全速；同时视温度值大小决定是否做降频甚至强制宕机处理。

13.5 本章小结

噪声和热设计是无法分割的。而控制噪声最关键的手段就是控制风扇或泵的转速。本章具体描述了电子产品中风扇控速的思想原理、具体制订步骤和验证策略。风扇控速的稳定性和响应的及时性不仅与所有温度相关因素有关，还与风扇本身的性能有关。其带来的效果则包含设备热风险的可控性、噪声的体验以及风扇的寿命。作者认为，设计一套算法来控制风扇的转速根据实时监控的温度以合理的幅度和速度进行调节，是考验热设计师综合能力的有效任务。液冷系统中泵的转速控制、使用了 TEC 的散热系统中 TEC 的工作电流或工作电压的控制，均可参考本章描述的风扇控速思想。

第 14 章 热测试

14.1 热测试的目的和内容

在电子产品散热设计中，热测试是必不可少的环节。热测试的作用主要有以下三点：

1）测试产品实际散热表现是否能达到要求；

2）检验产品散热方案有无可改进、降成本之处；

3）对设计前期理论/仿真预估进行回归总结，提高后续散热设计水平。

读者读至此处，应该已经能够充分认识到热设计的交叉学科属性。它涉及功耗、结构、材料、硬件和软件等几乎产品所有相关方面。热测试需要关注的并不只是温度，而是与温度相关的所有因素。在测试中，为了保证测试系统设定正确，需要同时监控噪声、功耗和相关散热手段的使用等。热测试验证需要进行的基本项目包括功耗测量、温度测量、风扇调速策略验证（风冷产品）。热测试有时还需要噪声测试、风量测试、风阻测试等来配合。

14.2 热测试注意事项

14.2.1 确保设备的配置和负载与测试工况对应

软硬件配置不同时，产品功耗通常也不相同。结合第 2 章的论述可知，功耗对温度的影响非常直接。因此，在进行热测试时，需对产品功耗进行实时监控。功耗如果错误，则测试结果将毫无意义。如个人电脑运行时，闲置工况时的 CPU 功耗与运行大型软件时的 CPU 功耗有很大差异，如图 14-1 所示。热测试前必须与软硬件工程师沟通确认好测试需采用的配置及负载软件。

14.2.2 确保设备使用的散热物料与设计方案一致

作为热设计工程师，测试前必须分析厘清影响热设计效果的各类因素，在测

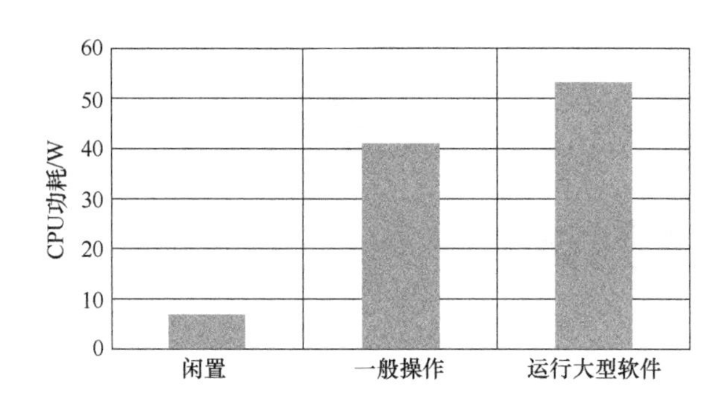

图 14-1　某 CPU 在不同工况下的功耗

试开始前进行检查核对，确保使用的散热物料与设计方案一致。常见的检查项目如下：

1）导热界面材料是否正确使用：导热界面材料的不合理使用有时难以察觉，必要时应当拆除重装；

2）散热器材质、形状、固定力是否符合设计要求：测试之前协同散热器供应商、结构工程师等确定；

3）风扇型号是否正确，转速调整软件是否正确加载；

4）箱体开孔情况是否正确；

5）挡风板等结构附件安装是否正确。

14.2.3　根据散热方式选择合适的测试环境

自然散热使用无风温箱，如图 14-2 所示自然散热产品有风将会严重影响测试结果；强迫风冷产品可视情况选择无风温箱或是恒温箱，如图 14-3 所示。

图 14-2　自然散热产品测试使用的无风温箱

图 14-3　大尺寸风冷产品测试使用的步入式恒温箱

14.2.4　关注测试读取结果数据的稳定性

设备起动后，温度的平稳需要时间。

1）对于不关注温度随时间变化的测试，需要保证记录测试温度结果时温度已经稳定。一般强迫风冷设备可以在30min～1h内达到温度稳定状态，而自然散热设备可能需要2～3h才可达到温度稳定状态（与设备尺寸、设备放置方式有关，一些尺寸较大的产品，温度稳定可能需要6h或更久）。通常情况下，如果测试温度数值在1h内变化幅度小于0.5℃，则可认为稳定。

2）对于关注温度随时间变化的测试，需要严格记录测试温度和对应的测试时刻。

14.3 温度测试

温度是热测试中最关键的测试参数。依据测温仪器是否接触热源，测温方法可分为接触式测温和非接触式测温，对比见表14-1。其中，接触式测温在电子散热领域大量应用。非接触式测温中的红外测温可以获得一个平面的温度分布，应用也较为广泛。示温材料是一种热致变色的材料，温度不同时，其表现的颜色会发生变化。示温材料多用于重工业设备，当前在电子散热的热测试中应用不多。

表14-1 常用测温方法对比

测温方法	温度传感器	测温范围/℃	精度（%）
接触式	热电偶	-200～1800	0.2～1.0
	热电阻	-50～300	0.1～0.5
	示温材料	-35～2000	<1
非接触式	红外测温	-50～3300	1

14.3.1 热测试设备

热测试实验室需要配置如下基本设备，才能进行热测试。

1）恒温恒湿试验箱：提供可控的测试环境；

2）热电偶线、温度补偿线、数据采集仪：如图14-4所示，接触式测温，读取测点温度；

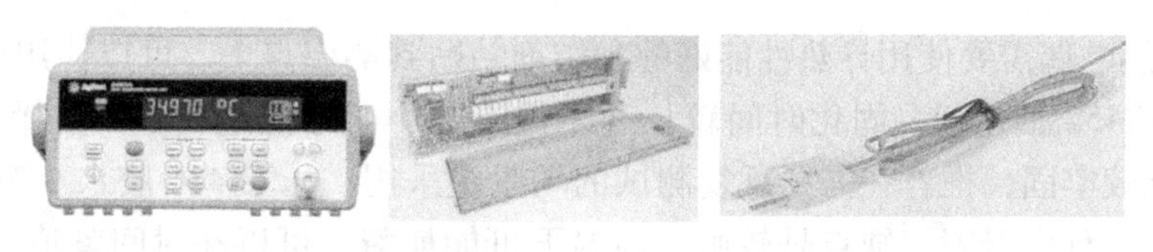

图14-4 热电偶数据采集仪、采集模块和热电偶线

3）胶水、高温胶带：如图 14-5 所示，用来固定测试点；

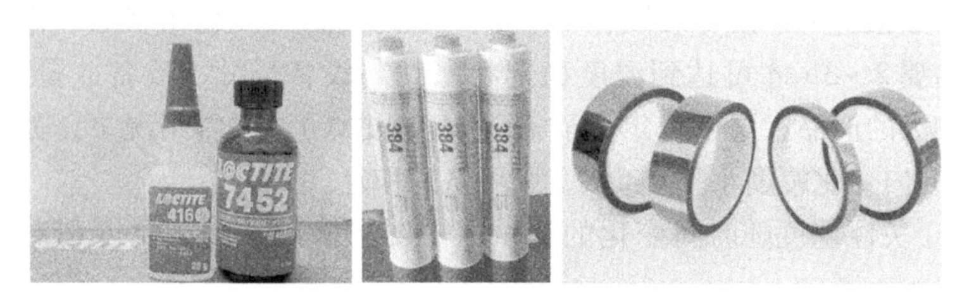

图 14-5　热电偶测温常用的固定测试点和电偶线的导热胶水和高温胶带

4）功率计：用来测试记录设备所耗功率，核对测试负载是否符合要求；

5）红外成像仪：非接触式，拍摄设备表面获得温度分布。

14.3.2　接触式测温

电子产品中接触式测温仪器最常用的是热电偶，如图 14-4 所示。热电偶的测温基于塞贝克效应，即当两种不同的金属组成回路时，两个节点间的温差会导致回路中产生电动势。这种由于温差导致的电动势称为热电动势。温差与热电动势之间存在一一对应的函数关系。因此，可以通过测量两点之间的电动势来换算结点间的温差。

热电偶测温的优点是直观、准确，误差一般在 ±0.5℃以内，缺点如下：

1）感温元件可能影响被测温度场的分布；

2）需要一定的反应时间；

3）对于内部接触困难的点，测试难度较大；

4）无法获得整个面的温度分布。

使用热电偶进行测温的步骤如下：

1）根据产品散热风险分析，确定测试点位置；

2）使用导热胶将热电偶测温端粘贴到测试点上，另一端接到数据采集模块中。如果是测试局部流体的温度（如进出风口温度），则需保证探点固定到待测位置不晃动；

3）将采集模块插装至数据采集仪中；

4）数据采集仪根据使用的热电偶的分度号设置好，读取测试结果。

说明：

1）热电偶需要使用导热性能好的黏结剂粘贴到测温点上，可以使用乐泰 384 导热胶 +7452 催化剂，固化时间较长（常温下数小时才能进行下一步操作），但固化后比较牢固，推荐在需要反复测试的场景中采用；乐泰 416 胶水 +7452 促进剂，可在数秒内凝固，缺点是较脆，高温下可能崩裂，可以在时间紧迫的一次性测试中使用。

2）热电偶数据记录仪可连接至计算机，从而实现温度的自动监控和记录。

3）使用高温胶带来固定热电偶线缆在设备内部的走线，以免设备在移动过程及高温测试过程中的热电偶线脱落及损坏。

14.3.3　非接触式测温

非接触式测温常用的仪器是热成像仪和红外点温枪，如图 14-6 所示。点温枪只能测得表面上特定点的温度，常用于现场问题定位，正规热测试验证时较少使用。热成像仪在终端产品（如手机、机顶盒、笔记本电脑等对设备表面温度有严格要求的设备）中经常使用。

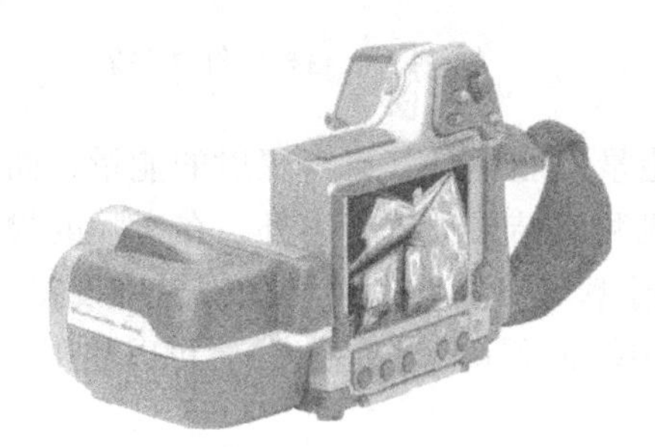

图 14-6　热成像仪和红外点温枪

1. 非接触测温的优缺点

非接触式测温的优点如下：

1）具有较高的测温上限；

2）热惯性小，可达毫秒级，而且能够测量运动物体的温度和快速变化的温度；

3）热成像仪还可以获得一整个面的温度分布，便于发现可能存在的不被注意的点。

非接触式测温的缺点如下：

1）非接触式测温误差较大（±2℃），不如接触式测温（±0.5℃）；

2）需要知道表面发射率，才能正确测温；

3）对于不裸露在外的表面较难测量。

2. 非接触式测温误差的影响因素

要正确使用红外摄像仪，首先需要理解其产生测量误差的因素，除了仪器本身的因素外，主要表现在以下几个方面[1]。

（1）物体表面辐射率　辐射率是一个物体相对于黑体辐射能力大小的物理量，它除了与物体的材料形状、表面粗糙度、凹凸度等有关，还与测试的方向有关。当物体为光洁表面时，其方向性更为敏感。不同物质的辐射率是不同的，红外测温仪从物体上接收到辐射能量的大小正比于它的辐射率。根据基尔霍夫定理：物体表面的半球单色发射率 ε 等于它的半球单色吸收率 α，即 $\varepsilon=\alpha$。在热平衡条件下，物体辐射功率等于它的吸收功率，即吸收率 α、反射率 ρ、透射率 γ 总和为1，即 $\alpha+\rho+\gamma=1$，图 14-7 解释了上述规律。对于不透明（或具有一定厚度）物体，可将透射率 γ 近似视为 0，那么只有辐射和反射（$\alpha+\rho=1$）。物体的辐射率越高，反射率越小，背景和反射的影响越小，测试的准确性也就越高；反之，背景温度越高或反射率越高，对测试的影响就越大。如镜面表面，其反射率高，热成像仪接收到的能量可能不是其自身辐射的能量，而是反射的其他物体发出的辐射能，这就会造成测试结果失真。另外，在实际的检测过程中，必须尽可能将测温仪中设定的辐射率与被测表面的实际辐射率设置为相同，以减小所测温度的误差。当被测表面为镜面时（反射率较大），可以使用一些涂料将其涂黑，以降低反射率。

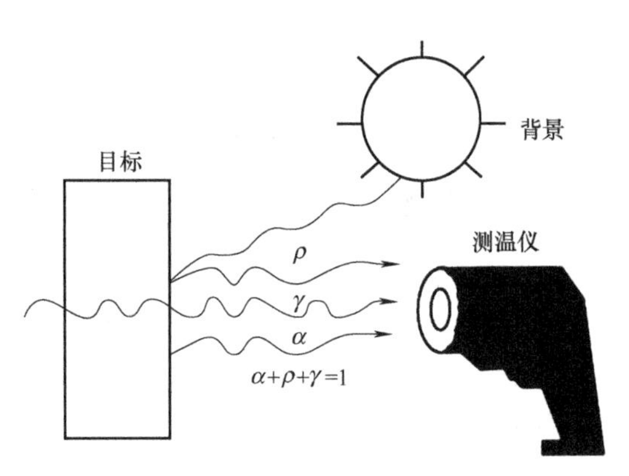

图 14-7　目标的红外辐射

（2）测试角度　辐射率与测试方向有关，测试角度（被测表面法线方向与测试仪正对方向的夹角）越大，测试误差越大，在用红外进行测温时，最好正对设备表面进行测试。不得不倾斜测试来对比两个相同物体的测温数据时，建议在测试时测试角一定要相同。

（3）距离系数　距离系数（$K=S:D$）是测温仪到目标的距离 S 与测温目标直径 D 的比值，K 值越大，分辨率越高。比如，用测量距离与目标直径 $S:D=8:1$ 的测温仪，测量距离应满足表 14-2 的要求。

表 14-2　S 值应满足的要求

目标直径 D/mm	15	50	100	200
测量距离 S/mm	<120	<400	<800	<1600

（4）大气吸收　大气吸收是指在传输过程中使一部分红外线辐射能量变成其他形式的能量，或以另一种光谱分布。大气吸收程度随空气温湿度变化而变化，测量距离越长，大气透射对温度测量的影响就越大。所以，在室外进行红外测温时，应尽量在无雨、无雾、空气比较清晰的环境下进行；在室内进行红外测温时，应在没有水蒸气的环境下进行，这样就可以在误差最小的情况下测得较准确的数值。

3. 非接触式测温工程处理方法

对于室内环境中普通表面的温度测试，发射率是影响红外温度检测精度的重要参数之一，因各目标表面性质不尽相同，故发射率会有很大差别。若不能准确设置发射率，则会造成测量误差，下面讲述如何修正发射率，满足客户精确测量的需求。

辐射率的概念在2.2.3节有简单介绍。其影响因素如下：

1）材料：不同材料的发射率不同，如铜的发射率一般来说比铝高。

2）表面光洁度：通常表面粗糙材料的发射率比光洁表面的高。

3）表面颜色：以黑色为代表的深色系表面发射率通常比浅色系高。

4）表面形状：表面有凹陷、夹角或不平整规则部位的发射率比平整部位的高，如通常在检测模具加热时会发现温度有偏高的部位，但实际上该模具温度是均匀的，偏高的位置往往是表面不规则的部分。

大多数非金属材料（如塑料、油漆、皮革、纸张等）的发射率可设置为0.95，相同材质、不同颜色的目标其发射率非常接近，误差通常不超过测量精度范围；部分表面光亮的非金属材料发射率较低（如瓷砖、玻璃等）。

当不知道测试表面的发射率时，通常采用如下方法来处理，以保证测试结果的准确性[2]：

（1）绝缘胶带法　将一块绝缘胶带（已知发射率）贴于被测物体表面，通过调整红外热像仪发射率，使没有贴胶带表面的温度与贴有绝缘胶带表面温度相同或接近，此时的发射率即为被测材料物体正确的发射率。

1）操作方法：粘贴绝缘胶布（建议使用3M电气绝缘胶带，牌号1712，黑色，如图14-8所示），发射率为0.93。

2）适用场合：此种方法适用于被测目标相对较大，温度较低（低于80℃），要求测试后不改变原目标表面状况的场合，例如各种散热模块、光洁芯片（较大）表面、金属表面等。

图14-8　3M1712电气绝缘胶带

3）注意事项：应尽量使胶带与被测目标的表面接触紧密，没有气泡或褶皱等现象，需要预留5min以上时间，使被测目标表面与胶带充分达到热平衡状态。

（2）喷漆法　将漆（已知发射率）均匀地喷涂在被测物体表面，然后通过调整红外热像仪发射率，直到没有喷漆的表面温度与喷漆表面温度相同或接近，此时的发射率即为目标物体正确的发射率。

1）操作方法：喷涂的丙烯酸树脂（建议使用保赐利自动喷漆，黑色），发射率为0.97。

2）适用场合：此种方法可以适用于温度较高目标，也可以适用于目标尺寸较小，但可以接受被测物体表面状况被改变的场合，例如设备维护场合下的管道、阀门等静设备，或在制造业中，较小的芯片表面、引脚、不规则的散热片、电容器顶端、LED 芯片（表面镀银）等。

3）注意事项：应尽量使喷漆面均匀，而且薄（但要覆盖住被测目标表面），同时要给客户说明，喷涂后的目标可能无法擦拭干净；建议使用者喷涂 3min 后再进行测试。

建议使用黑体漆，已知其发射率为 0.96，如图 14-9 所示。

图 14-9　黑体漆

（3）涂抹法　用水性白板笔（已知发射率）均匀地涂抹在被测物体表面，然后通过调整红外热像仪发射率，直到没有涂抹的表面温度与涂抹表面温度相同或接近，此时的发射率即为目标物体正确的发射率。

操作方法：涂抹水性白板笔（建议使用晨光水性白板笔，牌号 MG -2160 ，黑色），发射率：0.95，如图 14-10 所示。

适用场合：此方法可以适用于不允许改变物体表面状态（涂抹后可擦去），同时 形状不适合进行胶带粘贴的目标，涂抹法可针对较小的目标进行，但目标表面温度不宜超过 100℃。

注意事项：白板笔不能是油性笔，否则干后很难擦去。应尽量使涂抹面均匀，建议使用者涂抹 3min 后，待目标表面热平衡后再进行测试。

图 14-10　水性白板笔

（4）接触温度计法　用接触式温度计，如热电偶、热电阻等直接测量物体表面温度，然后通过调整红外热像仪发射率，直到热像仪所测得的表面温度与接触式温度计测得的表面温度相同或接近，此时的发射率即为目标物体正确的发射率。

操作方法：使用接触式测温仪器。

适用场合：测量方便，但需注意现场是否允许进行表面接触测温（特别是带电、运动等现场）。

注意事项：应使热电偶、热电阻等与被测目标表面接触良好，并要求测试的数据必须是温度稳定后的数据。

14.4 热测试常用的设备仪器

相对而言，热测试是比较简单的测试。热测试实验室的建立可以参考表 14-3 所示设备仪器。

表 14-3　部分热测试常用设备仪器

仪器/设备名称	仪器/设备功能	参考图片	推荐型号
数据采集仪	自动或人工采集热电偶温度、电流、电压数值		Agilent34972
数据采集模块	连接热电偶线，将温度信号转化为电信号		Agilent34901A
钳流表 或功率计	测试产品功耗，确定发热量		品类繁多，需要根据所测产品的工作电流电压来确定
J/K/E/T 型热电偶	连接测温位置和数据采集模块		ΩmegaTT-K-30 或 TT-T-30
红外热像仪	粗略测量、拍摄、记录表面的温度分布		Fluke Ti480 PRO 或 FLIRT 500 系列

（续）

仪器/设备名称	仪器/设备功能	参考图片	推荐型号
导热黏结胶	将热电偶线粘接到测温位置		乐泰 416 或乐泰 384 及 7452 催化剂
恒湿恒温箱	提供恒湿恒温环境，适合风冷、液冷等产品热测试		广州五所环境仪器有限公司恒温恒湿试验箱
自然无风恒温箱	提供无风的恒温环境，适合自然散热产品热测试		瑞领自然对流恒温恒湿腔室系列
风洞	测量风扇 *PQ* 线，测量系统风阻	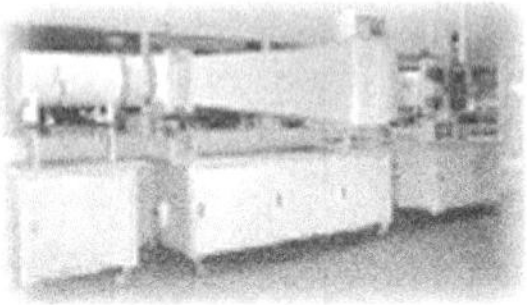	瑞领风洞系列
激光转速计	测量风扇转速		OMEGA HHT13

14.5 撰写热测试报告

测试报告是验证产品散热是否满足要求的关键文件，是电子产品应当归档保存的基础技术文档。测试报告应当简洁扼要，但记录清楚任何对测试结果有影响的因素，示意见表14-4～表14-6。不同公司、不同产品的热测试报告格式和形式各不相同，但需要记录和包含如下信息：

1）产品简要描述：产品功能和使用场景简介；

2）测试目的：验证产品散热方案是否满足要求，分析产品散热优化方向，分析产品散热成本设计等；

3）测试条件和人员；

4）使用的仪器型号以及这些仪器的具体设定；

5）产品测试的各项硬件配置、运行的负载类型；

6）测试时间和地点；

7）测试需要涵盖的工况说明及其通过条件；

8）测试现场照片：直观显示测温点粘贴位置、设备摆放方式等；

9）测试数据记录：关键元器件的量化监控数据，表面温度分布情况则使用红外摄像仪图片记录；

10）测试数据分析和测试结论给定：根据通过标准，获得测试结论。

表14-4 系统环境应用规格汇总示意表

序号	指标项	规格	备注
1	工作温度范围	0～40℃	
2	工作湿度范围	RH5%～95%	
3	壳体温升要求	≤20℃	
4	进出风口温升要求	≤30℃	
5	系统内部最高空气温度限制	≤85℃	
6	噪声规格要求	—	
7	防护等级	—	
8	防尘要求	—	

表14-5 元器件热特性参数及温度规格整理示意表

序号	元器件名称	功耗/W	封装信息	数量/pcs	PCB位号	热阻/(℃/W)		温度规格/℃		
						R_{jc}	R_{jb}	T_j	T_c	T_a
1	CPU									
2	DDR									
3	PA									

表 14-6　重要元器件热测试数据结果记录格式示意表[3]

器件名称	热耗/W	数量/pcs	结温规格/℃	壳温规格/℃	工况 1	工况 2	工况 3
CPU							
DDR							
环境温度/℃							
整机输入功率/W							
壳体顶部温度/℃							
壳体侧面温度/℃							
壳体底部温度/℃							
进风平均温度/℃							
出风平均温度/℃							
进出风温升/℃							
散热能力换算/(W/℃)							
备注说明							

14.6　本章小结

热测试不是简单的测试温度，对比要求，然后就结束，测试方案的制定和测试结果的分析对产品设计有极大的意义。许多情况下，产品设计方案需要结合测试结果来改正。测试本身也是设计的一部分，测试数据库的建立以及与仿真相配合的回归分析，对于提高公司整体热设计水平、建立数字孪生平台，甚至实现智能化设计有重要意义。

参考文献

[1] 曾强，舒芳誉，李清华. 红外测温仪的工作原理及误差分析［J］. 自动化信息，2006(12)：71-72.

[2] Fluke. 发射率修正方法.［Z/OL］［2020-01-15］. https://wenku.baidu.com/view/ded6581d81eb6294dd88dod233d4b14e84243ec3.html.

第15章 热仿真软件的功能、原理和使用方法

15.1 热仿真的作用

电子产品散热仿真属于计算流体动力学（CFD）的一个分支，表示使用计算机软件构建电子产品的数值模型，通过数值计算和图像显示等方法，评估、分析电子产品的散热、噪声等表现。

热仿真可以视为是一种虚拟实验。它可以在不做出实际产品的前提下，通过输入一系列的信息数据来计算在不同运行场景下产品的散热风险。因此，热仿真能够提前预判产品的散热方案是否合理，从而节约研发时间和打样成本。当前，随着计算机性能的提升以及数值求解技术的不断完善，热仿真的精度和效率都在日渐提升。热仿真软件已成为热设计工作中最重要的辅助工具之一。热仿真能够实现的基本功能如下：

1）可计算产品在不同环境下（温度、湿度、海拔、阳光直射等）中的温度表现；

2）可显示产品内部及周围热流路径，便于分析散热控制环节；

3）可显示冷却介质速度分布、流动路径、压强分布、风扇和泵的工作点等流动相关信息，便于分析理解散热状态和优化方向；

4）可以实现相关参数自动优化计算，在设计中的多变量耦合关系中自动获取最优设计区间。

15.2 热仿真的基本原理

热仿真的本质是求解一系列根据流体力学和传热学的基本物理定律推导出的方程组。在求解时，软件首先将连续空间割裂成一个个小块，每一个小块相当于一个控制体（这个过程在仿真软件中就是生成网格的过程）。在一个控制体内，净流入的质量将导致物体密度的变化，而净流入的能量将导致物体温度的变化，即

每个控制体都必须满足质量守恒定律和能量守恒定律。流速的变化是依据动量定理得出的，即物体在单位时间内某方向上动量的变化与它受到的冲量值相同。这几个定理，连同流体状态方程（流体的密度、导热系数、黏度、比热容等物理性质随温度、压强的变化关系式）和用户给定的边界条件，就是软件进行仿真计算的基本依据。

（1）控制体内质量的增加率 = 流入质量速率 - 流出质量速率

由于控制体的体积并不变化（划分完网格后就固定不变了），因此质量的增加量只能用密度来体现。当将工质的密度视为不可变时，流入的质量就等于流出的质量，如图 15-1 所示。

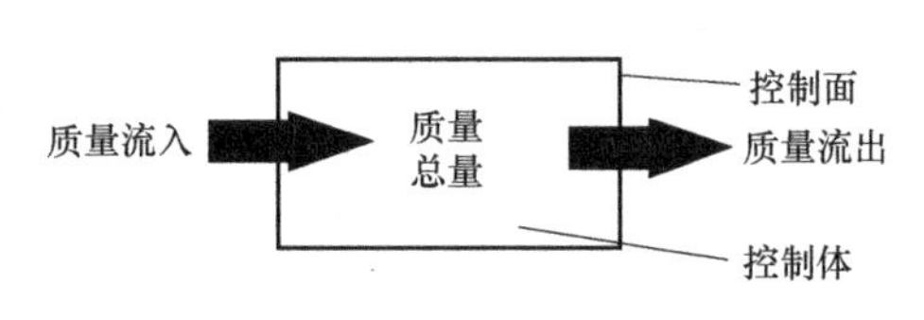

图 15-1 质量守恒定律示意图

质量守恒定律用数学方程表示，则为

$$\frac{\partial \rho}{\partial t}+\frac{\partial(\rho u_x)}{\partial x}+\frac{\partial(\rho u_y)}{\partial y}+\frac{\partial(\rho u_z)}{\partial z}=0 \tag{15-1}$$

式中，左侧第一项即为由密度随时间变化引起的控制体内部质量的变化，后三项则是流体运动过程中，通过控制体各壁面流量的净和。

（2）控制容积内动量的增加率 = 动量的流入 - 动量的流出 + 净力

数值模拟中求解的动量方程是根据动量定理推导出的，如图 15-2 所示。动量定理的内容是物体动量的增量等于它所受合外力的冲量，即 $Ft=m\Delta v$，即所有外力的冲量的矢量和。控制体同样满足动量定理。实际流体在流动过程中可能受到多种类型的力，如地球引力导致的重力、流体微团热运动产生的压力、黏性导致的内摩擦力、电场导致的电场力和磁场导致的洛伦兹力等。其中重力、压力和内摩擦力是普遍存在的三种力，因此实际流体动量方程的数学方程形式非常复杂。理想流体忽略了流体黏性，其运动方程可以简化为式（15-2）

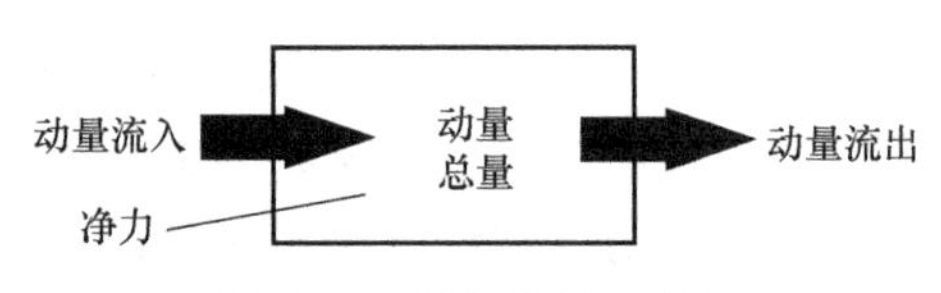

图 15-2 动量定理示意图

$$f_i-\frac{1}{\rho}\frac{\partial P}{\partial i}=\frac{\mathrm{d}u_i}{\mathrm{d}t} \tag{15-2}$$

式中，第一项 f_i 表示 i 方向上控制体受到的质量力（与质量成正比的力，重力是典型的质量力）效应，第二项表示不同面上压强不同产生的外力效应，方程右侧则表示控制体内流体动量的变化率。

可以通过这个方程来理解在自然散热产品的仿真中为什么需要激活重力选项。自然散热中，流体运动的主要动力是重力，温度高的空气密度更低，于是受到的重力低于低温区域的空气。根据动量定理，重力将使得控制体内的空气沿重力方向的速度增加。这样，低温空气沿重力方向流动后，造成高压区，在压强的作用下，高温空气就呈现了上浮趋势。如果不激活重力，那么流体将无法流动，计算结果就没有参考价值了。

（3）内部能量变化率 = 流入热量 + 流入的总焓 - 输出功 - 流出的总焓

能量方程涉及能量形式的转换，如图 15-3 所示，除了需要考虑动量方程的力之外，还需要引入温度的变化、内摩擦生热以及热辐射的影响，因此更加复杂。式（15-3）是一个高度概要化的能量方程

$$\rho c_{\mathrm{P}}\frac{\partial T}{\partial t}+\rho c_{\mathrm{P}}\left(u\frac{\partial T}{\partial x}+v\frac{\partial T}{\partial y}+w\frac{\partial T}{\partial z}\right)=k\left(\frac{\partial^2 T}{\partial x^2}+\frac{\partial^2 T}{\partial y^2}+\frac{\partial^2 T}{\partial z^2}\right)+\dot{\varphi}+\mu\phi+s \tag{15-3}$$

式中，u，v，w 分别为 x，y，z 方向上的速度。左侧第一项表示控制体的内能随时间的变化，第二项表示控制体面上由于流体流动带来的能量效应；方程右侧第一项表示导热效应，第二项表示控制体内热源产热速率，第三项和第四项分别表示流体黏性内摩擦力产生的热量和其他因素（如辐射、化学反应等）效应。

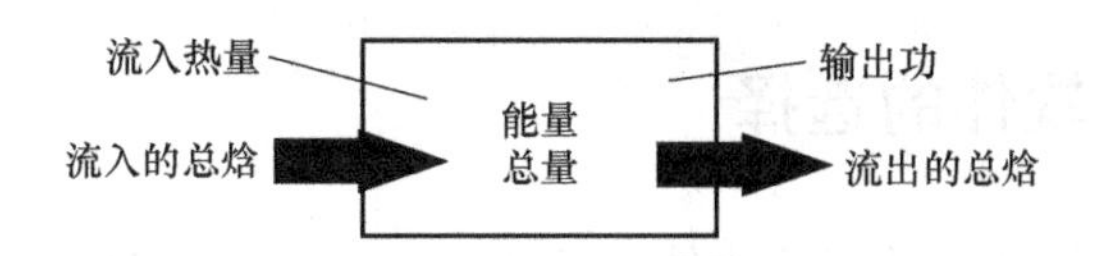

图 15-3　能量守恒定律示意图

在固体内部，无需考虑流动和黏性项，因此式（15-3）可简化为

$$\rho c_{\mathrm{P}}\frac{\partial T}{\partial t}=k\left(\frac{\partial^2 T}{\partial x^2}+\frac{\partial^2 T}{\partial y^2}+\frac{\partial^2 T}{\partial z^2}\right)+\dot{\varphi}+s \tag{15-4}$$

在电子产品热仿真中，发热元器件一般是固体，$\dot{\varphi}$值就表示了单位体积内发热元件产生的功耗。由此可见，产热速率值的准确性直接影响求解结果的精度。电子产品热仿真中，绝大多数都是关注设备达到稳定状态时的温度表现，这时，温度已不再随时间的变化而变化，因此式（15-4）左侧变为 0。在这些前提下，固体内部的温度方程中不再包含密度和比热容这两个物性参数，故可以不予赋值。而即便是稳态的情景，流体的温度方程中也会包含密度和比热项（流体流动项无法忽略），因此所有情景中流体的这两个物性参数都要设定。

计算之前，软件会先将整个产品的求解区域裂解成许多个控制体，控制体与相邻控制体之间就可以根据上述定律构建耦合关系。求解时，软件先根据初始化时的数值进行耦合计算，物理量在满足上述定律的前提下逐个传递，当传递至边界时，由于边界上的条件已知，就可以校验传递过来的数值与已知边界条件之间的误差，如图 15-4 所示。根据误差，软件会依据相应的数值计算方法自动调整初值，再进行新一轮的计算。总的计算轮数也就是软件中的迭代步数。

从计算原理可以获得如下启发：

1）输入条件，如发热速率、几何尺寸、材料参数等的精度直接决定计算结果的准确性。

2）当初始化时的物理量场较为接近真实情况时，计算可以更快收敛。

3）求解区域的裂解是模拟计算关键的一步，求解区域的裂解在软件实际运用中就是划分网格。生成的网格必须能够有效地描述当前连续的物理量场。越细密的网格的确可以越准确地捕捉到产品内部速度场、温度场的特征，但这势必增加计算量，造成求解时间延长。因此，网格密度需要找到求解精度和求解效率之间的平衡点。

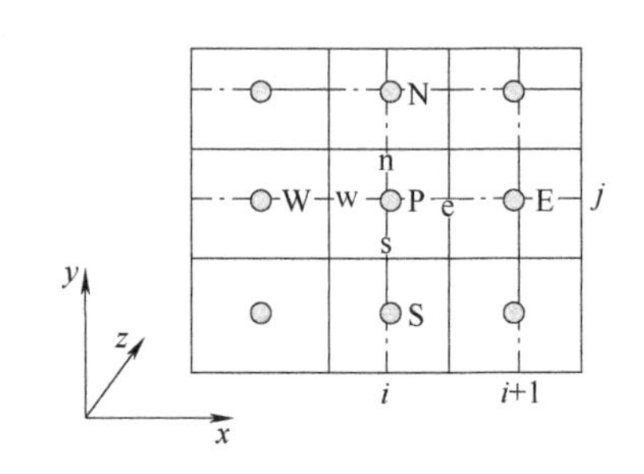

图 15-4　相邻网格间的物理量传递：P 网格中的热量、质量将和周边的 WNSE 网格进行交换

15.3 热仿真软件的选择

电子产品散热领域最常用的软件有 Flotherm、Icepak 和 6SigamaET 三款。其中 Flotherm 和 Icepak 的应用尤其广泛。由于产品研发周期越来越短，电子产品散热问题越来越复杂，因此作为热设计辅助工具，热仿真软件的高效率、低成本以及便捷的可视化分析，使其在热设计中的作用越来越突出。

就一般的应用来讲，Flotherm 建模方便快速，相对容易上手。为了提高建模和计算效率，Flotherm 提供了大量的 smartparts 快速建模的宏命令，摒弃了繁杂的模型筛选，无论是几何建模、网格划分，还是流动、传热模型的筛选，自动化程度都很高。而且通过适当的控制，如果模型设置合理，那么计算精度可以满足常规电子散热设计的要求。

相对于 Flotherm，对于常规的电子产品散热设计来讲，Icepak 的核心优势是支持非结构化网格，从而可以更加便捷、更高精度地支持曲面结构。Icepak 可以直接对导入的 CAD 模型进行网格离散化，这一点往往被误认为 Icepak 更简单，实际情况正好相反：由于支持非结构化网格和接受不加修饰的原生 CAD 对象，Icepak 的前处理，尤其是网格划分部分，远比 Flotherm 复杂。当模型中导入了 CAD 结构后，其网格处理不当导致计算无法开始或求解无法收敛是极常见的问题。如果异形体的网格质量没有得到合理控制，那么其计算精度可能还不如将各曲面简化为直方直棱的、使用结构化网格就可完美描述的对象进行仿真。而如果简化为这样的对象，那么 Flotherm 也可处理，如图 15-5 所示。同为处理结构化对象时，Flotherm 的建模效率则会明显胜出。

另外，Icepak 中还集成了更多的湍流和辐射模型，如图 15-6 所示，通过分析具体案例，正确选择合适的模型，确实可以得到精度相对较高的结果，但这无疑

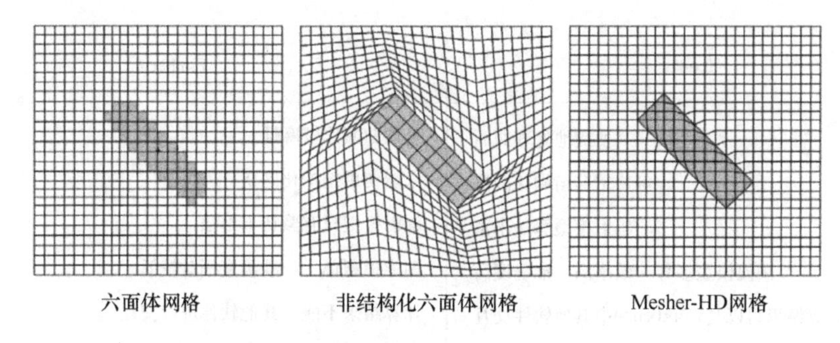

图 15-5　Icepak 中支持的网格（Flotherm 只支持第一种）

需要更多流体力学、传热学，甚至 CFD 计算理论方面的知识。Icepak 可以实现精度更高的仿真，但这建立在使用者对数值仿真理解更深刻的前提下。

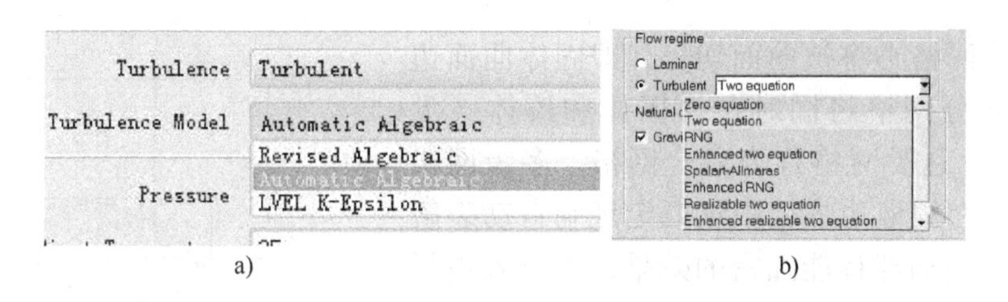

图 15-6　a）Flotherm V12.1　b）Icepak（Ansys Icepak V19.2）

注意，图中并未展示出 Icepak 中支持的全部湍流模型，打开软件滑动右侧进度条可知，Ansys Icepak V19.2 还支持 K-Omega SST 湍流模型。

Icepak 的优势除了模型丰富，对于液冷产品的仿真也有明显的优势。由于流动通道截面往往是圆形或类圆形，故 Icepak 可以通过使用流体块对象，结合 Ansys 平台中的直接建模工具 Spaceclaim 方便地建出这些异形的液体流道，而 Flotherm 则只能拼接近似，即使通过 FloMCAD 导入，一般也会产生很多数量的块体拼接元。

Icepak 另一个天然优势则是 Ansys 中的 Workbench 平台给予的。在做综合性仿真时，它的计算结果可以直接在电磁（HFSS/Maxwell/Q3D）和结构应力（Static Structural，Steady-State Thermal，Transient Structural，Transient Thermal）之间进行传递。对于普通的电子散热，这可能应用不多，但对于芯片层面的热设计分析，这一功能与 Flotherm 相比，短时间内有不可替代的优势。Icepak 和 Flotherm 综合对比如图 15-7 所示。

6SigamaET 也可以直接导入 CAD 文件，为了更好地处理曲面，它引入了多级网格和浸入边界法数值处理。这与 FloEFD 和 Flotherm XT 中的网格技术类似。这三个软件中的宏观网格均是结构化网格。结构化的网格全部是方形，在曲面边界

Icepak	Flotherm
便捷地处理曲面	处理曲面比较麻烦
可使用非结构化网格	只能使用结构化网格
辐射模型算法丰富	辐射模型只有蒙特卡洛法
湍流模型多样，效率高，准确度高	湍流模型单一，准确度相对较低
计算结果可以与workbench中其他软件交互	计算结果不能与其他软件进行交互
建模麻烦，网格划分操作略艰涩，模型多样，上手困难	建模方便，网格划分简便，模型单一，效率高，容易上手

图 15-7　Icepak 和 Flotherm 综合对比

处，方形网格必将被曲面切分，即固体曲面边界处的部分网格将同时包含固体和流体（见图 15-8），这类网格称为混合网格。多级网格实质上是在固液边界处根据既定规则自动裂解网格以达到局部智能加密的效果，而浸入边界法则是处理混合网格，这两者均需要完整的 CAD 几何数据用来精准识别固液边界。浸入边界法数值处理中，混合网格内的控制方程与常规网格略有不同，为模拟边界的热、力效应，方程中将根据理论假设施加力、热加源项。6SimgaET 建模快速高效，网格划分智能、容错率高，也非常适宜对电子产品进行热仿真。

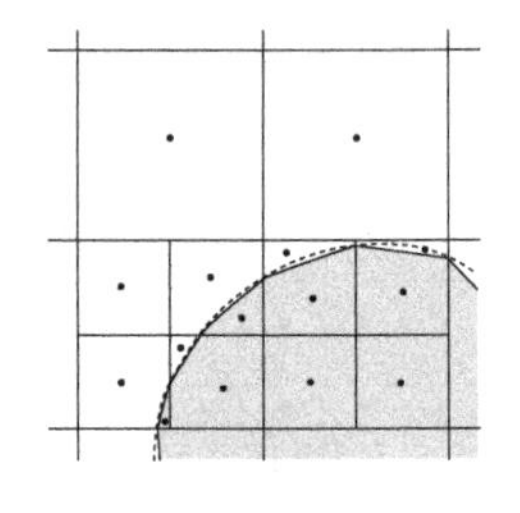

图 15-8　6SigamaET/Flotherm XT 对异形体的网格处理

15.4　热仿真软件的合理使用

归根结底，热仿真软件只是一个工具。能否科学使用，决定了它到底是创造价值，还是浪费时间和资源。热仿真通常以图 15-9 所示步骤进行。

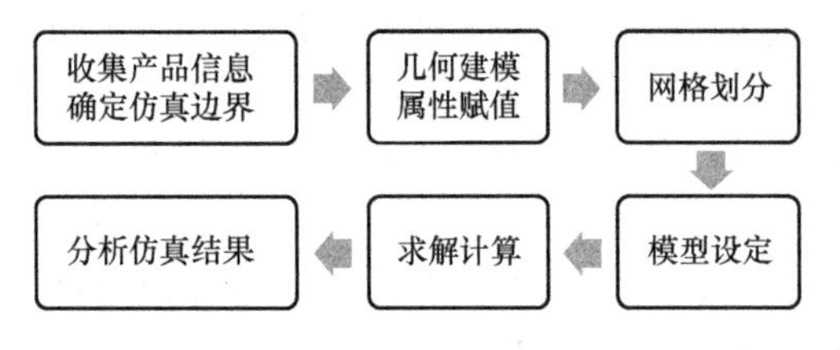

图 15-9　电子产品热仿真步骤

15.4.1　信息收集

热仿真的目的是对产品散热风险进行评估和分析。正确进行仿真的前提是全面理解会对产品散热产生影响的各类因素。本书不断强调热设计的综合性，几乎产品任何形态、材料属性、运行条件件等的变更都会对散热造成影响，如果在无法理解这些因素的影响机制前就使用软件对产品进行散热分析，则极有可能获得错误的结果，从而走向错误的设计方向。在进行热仿真前，需要与产品经理、结构工程师、硬件工程师、软件工程师、工业设计工程师等深入沟通，确认、收集表 15-1 列出的散热相关信息。

表 15-1　热仿真必要信息清单

序号	信息类别	备　　注
1	环境定义	产品的工作环境要求，包括环境温度、湿度、海拔、有无阳光直射
2	安装方式	建模时考虑周围器件、墙壁等对设备的影响
3	尺寸信息	结构 3D 图档，获得各组件的几何信息
4	功耗信息	整机热耗，具体模块及关键芯片热耗
5	PCB 布局	器件在 PCB 上的位置分布
6	器件规格	器件热特性参数，如热阻、封装信息和温度规格等
7	材料信息	机箱和内部各结构件材质、表面处理等相关材料信息
8	散热方式	自然散热、强迫风冷、液体冷却

15.4.2　几何建模和属性赋值

信息收集完成后，需要在热仿真软件中建出能够反映实际产品热特性的物理模型。这一过程需要准确理解仿真软件的几何建模操作和各属性赋值方法。

热仿真软件的几何建模能力远远不如专业的结构画图软件，而且越复杂的结构，耗费的计算时间也越长。在确保仿真结果准确度的前提下对模型进行合理的简化是仿真建模中的一大难题。热仿真模型的简化有四种方法。

1）使用软件自带的智能元件：如图 15-10 所示，Flotherm 和 Icepak 等热仿真专用软件中集成了许多可便捷调用的智能元件，它可以使用简单的块状对象来模拟原本极为复杂的部件（风扇、泵、热管等）。例如，风扇是强迫风冷设计中的核心物料，但其结构复杂，风扇扇叶附近的流场也非常复杂。这三个软件都提供了简化的风扇模块，使用者可以直接输入尺寸信息和风扇的 *PQ* 线来对风扇进行建模，方便快捷，且精度一般也可满足仿真要求。熟练使用智能元件来建模可以大幅提高建模效率，并降低网格量，缩减计算时间。

2）删除结构图中不影响散热表现的螺钉、按键等特征，将一些曲面特征用规

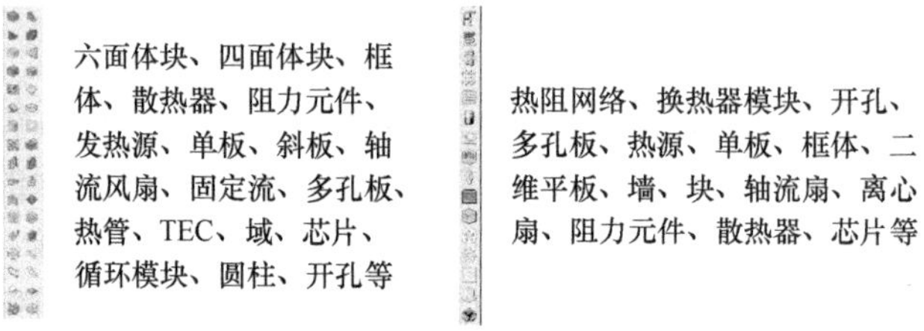

六面体块、四面体块、框体、散热器、阻力元件、发热源、单板、斜板、轴流风扇、固定流、多孔板、热管、TEC、域、芯片、循环模块、圆柱、开孔等

a)

热阻网络、换热器模块、开孔、多孔板、热源、单板、框体、二维平板、墙、块、轴流扇、离心扇、阻力元件、散热器、芯片等

b)

图 15-10　Flotherm 和 Icepak 中的智能元件

a）Flotherm 中的智能元件　b）Ansys Icepak 中的智能元件

则形状的对象替代，如图 15-11 所示。

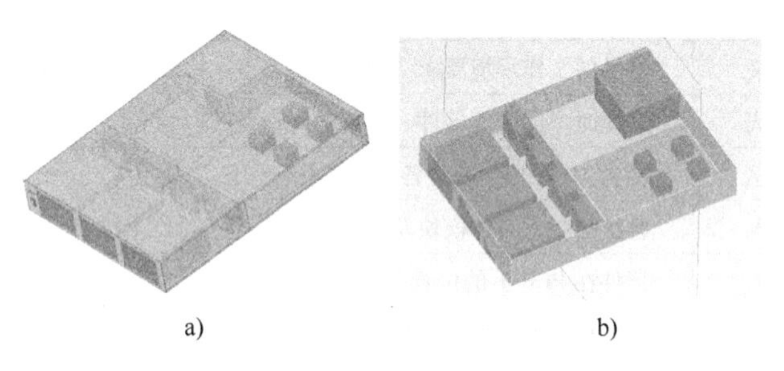

a)　　b)

图 15-11　结构图到仿真模型的简化示意

a）产品实际结构图　b）简化后 Flotherm 中的仿真模型

3）合理使用软件自带的数值近似工具，如数值风洞、Zoom-in 等功能。当产品中包含有多个类似的模块时，可以使用数值风洞计算出模块的风阻，使用简化的阻力元件和热源代替整个实际的模块。对于跨越尺度层级较多的设备，如大型机柜设备、储能产品和刀片式服务器等产品，可以使用简化模型先计算出特别关心区域的边界条件，使用软件的 Zoom-in 功能将这部分边界条件导出来，然后对特别关心区域内进行详细建模，并将导出的边界条件导入，从而实现从粗到细的过渡。

4）针对仿真软件自身几何建模的弱点，Flotherm 和 Icepak 都开发了对应的 CAD 转换功能，如图 15-12 所示。对于相对复杂而又对散热影响极大的结构，Flotherm 支持使用其自带的 FloMCAD 将结构图简化、转变为仿真软件可识别的对象，而 Icepak 则可使用 Workbench 平台下的 Spaceclaim 进行更为便捷的转换。

15.4.3　网格划分

前文的计算原理章节中强调了网格划分是决定热仿真结果可信的关键因素。网格划分的目的是将连续的求解域裂解成有限个求解控制体，使得原本在物理空间中存在的无限多个数值变成有限个数值。如图 15-13 所示，在一个方形面中，

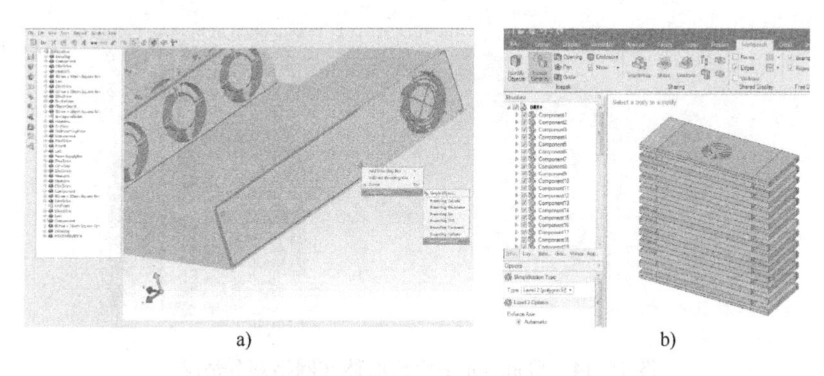

图 15-12　a）使用 FloMCAD 将 CAD 对象转化成 Flotherm 可识别的对象
b）使用 Spaceclaim 将 CAD 对象转化成 Icepak 可识别的对象

实际上存在无限多个点。但数值计算无法处理无限大的数据量，可以通过使用网格来对该面进行切分，将无限多个数据点使用有限个数值进行代替。在同一个网格覆盖的区域内，速度、温度、压强等所有物理量都是相同的。这样，网格的数量和尺寸就可以表征切分的精细度。当该面的物理量变化并不大时，可以采用较为粗略的网格，但当变化幅度较大或分布复杂时，就需要使用更为细密的网格。

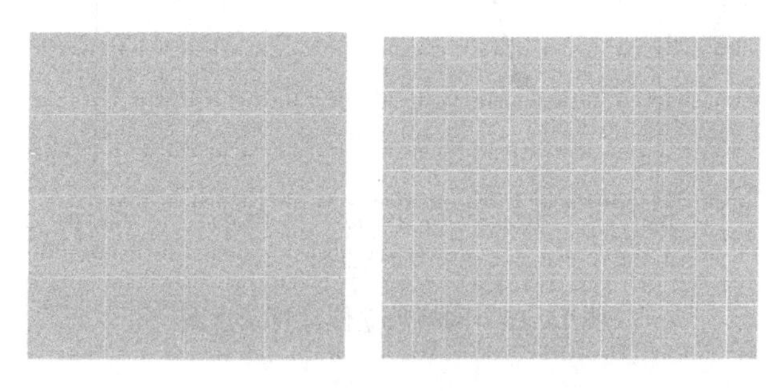

图 15-13　两种不同的网格精细度

网格越多，物理空间中物理量的变化越能被准确地捕捉到，但也因此会耗费更多的计算资源和计算时间。网格划分时，在流速、温度变化较大的区域，建议使用更精细的网格，而对于流速、温度变化平缓的区域，则可使用稀疏网格。如图 15-14 所示模型，在风扇、散热器区域附近，风速、压强、温度等变化较快，网格较密。而在电源、产品外壳外部，则使用稀疏网格，如图 15-15 所示。

求解精度和求解效率之间的网格密度平衡点并不容易找到，为确保实际网格在这个平衡点附近，可以进行网格独立性试验。网格独立性试验的意思是对于一个完全相同的模型，仅做网格加密的动作来对比仿真结果，当仿真结果不再随网格密度的增加而变化时，就认为当前的网格精度已满足要求。这对于一个可能会多次微调结构进行模拟计算的模型非常必要。

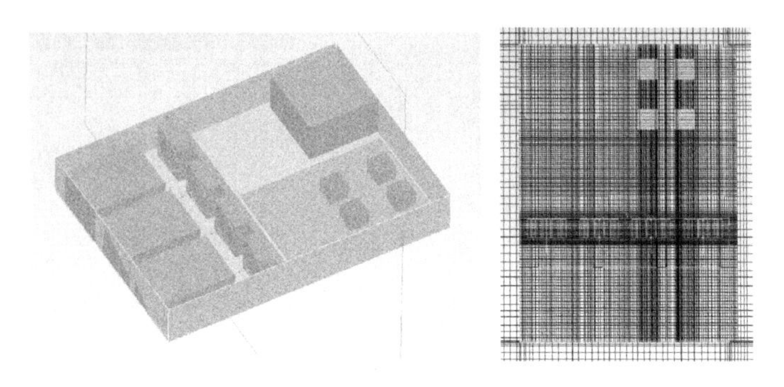
图 15-14　Flotherm 中模型原体和网格划分情况

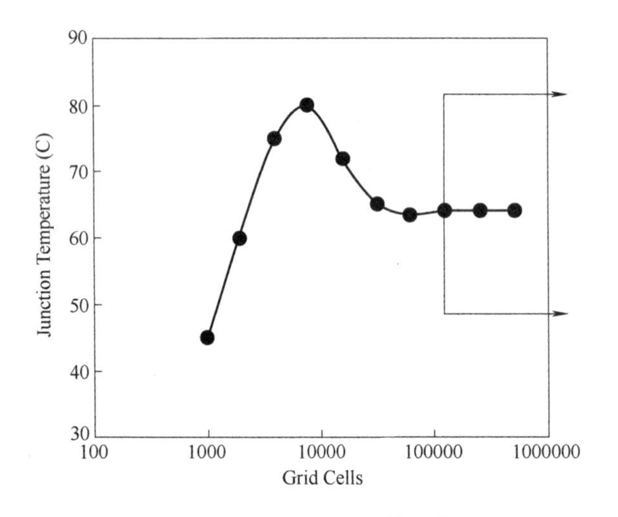

图 15-15　网格独立性计算示意图

15.4.4　模型设置

模型设置要结合具体的产品散热场景。常用的热仿真软件中的默认设置适用于绝大多数问题。但对于一些特殊的工作场景，仍需要使用者输入。常见的模型设置注意事项有：

1）自然散热产品，需激活重力选项（太空中散热的设备不需要激活）；

2）自然散热产品，需激活辐射换热选项，选择合适的辐射换热模型，并激活裸露表面的辐射计算；

3）受太阳直射的产品，打开太阳辐射选项，设置相关太阳辐射强度；

4）工作于高海拔的产品，需要更改默认设置，可通过更改流体物理性质参数实现；

5）受外界影响较大的产品，需适当扩展求解域，如自然散热求解域要大于设备本身，有强烈回流的强迫风冷设备也需要扩展求解域。

电子产品的工作场景复杂多样，仿真建模需要结合具体的物理场景对模型进行合理设定。必要时，为得到准确的计算结果，甚至需要对软件采用的离散方式、湍流模型和松弛因子等细节求解参数进行调整。如果想要从根本上提高并理解热仿真的精度，CFD 理论是必须要了解的知识。

15.4.5　求解计算和后处理

当完成网格划分和各项模型设定后，就可以开始计算。计算由计算机自动完成，无需干涉。当达到规定的收敛标准或最大计算步数后，计算自动停止。

热仿真的目的是分析散热方案的效果，因此计算结果的后处理是关键的一环。相同的仿真，在不同人手中发挥的作用可能完全不一样，这就体现在问题分析能力上。目前主流的热仿真软件可以实现的后处理功能丰富多样，可以满足常规的散热问题分析。后处理中重要的、可用来分析散热问题的方式有如下：

1）分析温度场：查看产品中关键器件的温度是否满足散热要求，根据温度分布判断产品可优化的方向，例如低温区域是否可优化利用，高温区域是否热源太过密集等。

2）分析速度场：对于自然散热和强迫风冷，对流换热都是重要的热量交换方式。更快的流体速度对应着更高的换热效率，因此，结合流速分布，可以进一步分析形成温度场的原因。对于散热风险大的区域，可以分析是否是因为风速太低，是否有必要加大风扇转速或降低系统风阻。通过查看速度分布，还可以判断是否存在风量旁流或者短路，尝试是否有必要采用导风板来优化内部风量分布；另外，通过查看速度矢量图，还可以判断系统中是否存在漩涡和热风回流，如果存在，则可以根据实际流场特征设计对应解决方案进行规避。

3）分析压力场：压力场的分布可以有效定位系统内大风阻件的位置，从而有效制订降风阻策略。例如某产品中，进出口压降很大，这时，通过削减产品内部的结构件或改变内部元件排布难以有效降低整体风阻，而通过加大进出口开孔率便可有效获得更低的系统风阻。

4）分析热量转移场：软件可以查看设备中的热量转移方式分别占据多大的比例。例如，对于自然散热产品，通过查看辐射换热的比例，可以定性判断是需要加强对流换热，还是加强辐射换热；可以通过查案元器件在不同方向上的热通量来判断哪个位置的散热优化对降低元器件温度更有利。

5）分析关键部件工作状态：风扇、泵、TEC、热管、VC 等部件是热设计中的关键部件。通过查看这些部件的工作状态，有助于迅速抓住系统散热瓶颈点并提出有效的针对性优化方案。例如，对于强迫风冷设计的产品，风扇工作点是关键设计细节。通过查看风扇工作点，可以快速判断当前风量是否有优化空间。当风扇工作于高压区时，优化设计应偏重于降低系统风阻或改选高压风扇；当风扇工作于低压区时，则可查看是否有低风压、大风量、低噪声的风扇可选。当系统有多个风扇时，通过查看不同位置处风扇的工作点，还可定性对比不同风路上的风阻大小，为进一步管理系统风量提供参考。

15.5 本章小结

不可否认，热仿真在热设计中的作用正越来越重要。但归根结底，热仿真仍然只是热设计的一个工具。一个合格的热设计工程师应能够通过查看仿真结果，从工程实际的角度提出具体的散热优化方案，而不是仅仅用仿真软件获得这些结果。另外，由于热仿真精度影响因素繁多（功耗信息、结构简化合理性、网格精度、各对象物性参数准确度、数值计算模型本身的误差等），因此工程师不应盲目根据仿真结果来判定散热方案是否合理。在现阶段，热测试仍然是检验产品散热是否满足要求的根本手段。

第16章 常见电子产品热设计实例

热设计工程师的根本职责是解决产品散热问题。这分为两个部分：

1）从产品需求角度出发，识别散热风险；

2）提出方案，解决风险。

本书前15章分述了电子产品热设计中需要用到的理论知识，从工程热设计角度对各类散热物料进行了解读，还详述了与热设计不可分割的噪声、风扇调速、热测试及热仿真的相关基础知识。本章将从应用角度出发，分析常见产品的散热设计思路，阐述如何使用这些知识实现优秀的产品热设计方案。

16.1 自然散热产品

自然散热方式的优缺点和选择该散热方式的依据见第4章。

自然散热的核心缺点是散热能力较差，这意味着当电子产品功耗密度提升时，自然散热类产品将触及“功耗墙”，散热问题会在某个拐点成为产品的关键技术难题，甚至成为制约产品体验的核心因素。在2010年以前，极少有厂商在宣传产品时重点提及散热设计，而如今，手机、笔记本、汽车电子甚至桌面电脑等产品，越来越多地关注热设计的先进程度。

由于综合性的原因，散热设计的具体优化方案必须结合实际产品情况进行。首先需要从热设计角度出发，列出所有可能的散热优化方案或努力方向，然后分析具体产品特征，综合考量外观、结构、硬件、软件、成本、时间、可靠性等所有产品层面的需求，敲定具备可行性的方案并实施。

对自然散热产品进行优化散热时，可从以下几个方面考虑：

a）强化辐射换热：使用在红外波段高辐射系数的表面处理方式；

b）降低对可见光的吸收：户外太阳直射的产品，应降低表面对可见光的吸收，包括表面处理、施加遮阳设计等；

c）消除局部热点，将发热源热量充分均散开：石墨片、铜箔、热管、VC等材料或物料的使用；

d）低热阻界面材料的选用：使用高导热效能的硅脂、导热衬垫、导热凝胶；

e）风道的通畅化设计：自然散热中对流换热也占主导，其风道需结合换热特点进行设计；

f）散热结构件的优化使用：包括散热部件的结构参数优化、材料优化，以及充分利用产品内结构件实现散热功效；

g）提高表面换热面积：使用更大的产品尺寸，设备表面采用翅片式等；

h）电路板设计的配合：芯片布局的配合，热过孔的设计，敷铜设计；

i）软件设计的配合：产品运行负载结合温度进行动态智能控制，充分利用所有散热潜能；

j）相变储能材料的使用：功耗突增状况下迅速吸收过余热量，维持产品温度；

k）元器件筛选：使用低热阻、高温度规格的元器件。

下面通过分析几类产品的设计形态，来阐述这些方法在具体产品中的应用。为强化理解和便于进一步查询，在下述每种产品的设计总结表中，均将各种优化手段对应的考虑方面与上述 11 条进行一一对应，并指出了其所在章节。

16.1.1 超薄平板电脑

目前来讲，受限于空间，超薄平板电脑一般采用自然散热设计。下面以 ACER Switch Alpha 12 为例，解读它使用的散热设计方案。Switch Alpha 12 是 Acer 于 2016 年推出的宣称搭载创新 LiquidLoop 液冷散热的二合一超薄平板电脑，其内部散热结构如图 16-1 所示。

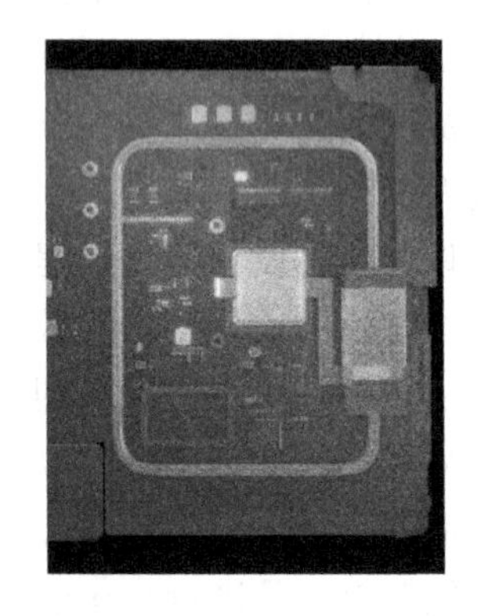

图 16-1　Switch Alpha 12 内部透视图

产品右侧被电池占去，左边则是电路板。从内部结构图上看，内部热量转移路径如下：

1）CPU 的热量通过导热件传递到环路热管 Acer LiquidLoop™；

2）热量传递到环路热管，液体发生汽化，在热管中形成单向的气液两相流；

3）在流体持续蒸发和冷凝的过程中，CPU 的热量被均散到整个产品空间中，最终通过设备外壳散失到环境中。

对于室内自然散热产品，热量终归要全部通过外壳散失到空气中去。这样，如何充分利用外壳就成为关键。Acer 使用的 LiquidLoop 技术，实际上就是环路热管（Loop Heat Pipe，LHP），它可以非常有效地将热量均散开来，如图 16-2 所示。第 9 章有关于传统热管工作原理的详细解读。LHP 从传统热管的基础上发展而来，内部进行的都是相变换热，不过它的毛细结构只在蒸发器吸热区域存在，将毛细抽吸与液体回流两个过程分离开来（见图 16-2）。对于 LHP，液体经过光滑内壁管线回流，流动压降显著降低，因而可采用能提供很高毛细压力的微米级孔径毛细芯来克服重力的影响，同时不会产生增加液体回流阻力的负面影响[1]。

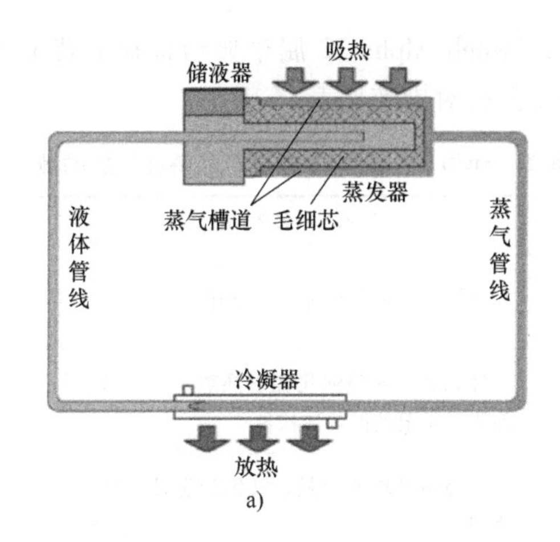

a)

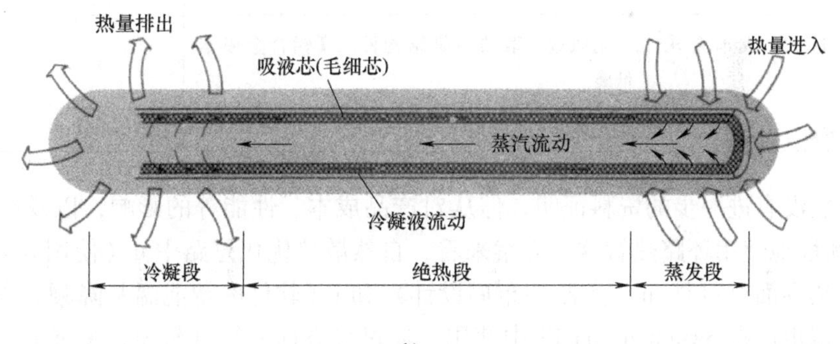

b)

图 16-2　环路热管和传统热管的工作原理示意图
a）环路热管　b）传统热管

Switch Alpha 12 的外观如图 16-3 所示，其结构设计参数如下：

1）长度 292.1mm；

2）宽度 201.4mm；
3）厚度 9.5～15.85mm（意味着拆除键盘后仅 9.5 mm 厚）；
4）外壳材质镁铝合金。

图 16-3　Switch Alpha 12 外观

从产品特征分析，Switch Alpha 12 属于典型移动消费电子终端，反映到散热设计端的问题或限制及其应对措施见表 16-1。

表 16-1　Switch Alpha 12 根据产品特征施加的散热方案

问题或限制	应对措施	对应思路和本书章节
CPU 唯一大发热源，热量集中	使用环路热管将热量均散开	c：第 9 章
超薄，空间小	外壳表面处理强化辐射换热，直接借用外壳作为最重要的散热结构件	a，f：第 2 章
长期手持，外壳温度要求严格	环路热管均散热量，镁铝合金外壳消除局部高温点	c，f：第 9 章
发货量大，成本要求严格	无风扇、散热器等结构件，镁铝合金成本低廉	f：第 6 章
外观考量	无外部开孔要求	无

虽然没有进一步的资料证明，但从对产品成本、性能等的影响，以及结合 Acer 创新性地使用环路热管这一方案来看，自然散热优化思路中 d（使用高导热效能的导热界面材料），h（元器件布局设计）和 i（软件的智能温基降频）等设计技术应该也已在 Switch Alpha 12 中使用。通过多方面的综合努力，Acer 在这样的空间内实现了 15W 的热设计功耗，其极限体积热流密度达到了 26.8W/L，远高于常规认为的 12W/L 的自然散热安全功率密度限制。

16.1.2　智能手机

手机的使用场景与超薄平板非常类似，热设计手段也极为接近。随着智能时代来临，手机热设计越来越受到重视。从产品使用特征角度分析，手机的热设计要求可以概述为如下四个方面：

1）长期手持、贴耳：良好的表面温升体验；

2）处理高负载任务：避免内部元器件频繁由于过热产生降频，保证产品良好的性能体验；

3）内部有电池，长期贴身放置：保证使用安全性；

4）发货量极大，出现质量问题影响恶劣：方案稳定性好，可靠性高。

从因素决定论而言，产品热问题的难易受到内外两个方面因素的影响：对内是发热密度，即单位空间内产品的发热量；对外则是产品能够采取的散热手段，或者说产品自身特点对散热方案设计提出的客观限制。

对于手机而言，这两个方面的因素都非常明显，如图 16-4 所示。

内：发热量稳步增加
CPU、PA等功耗提升，多摄像头也导致功耗增加

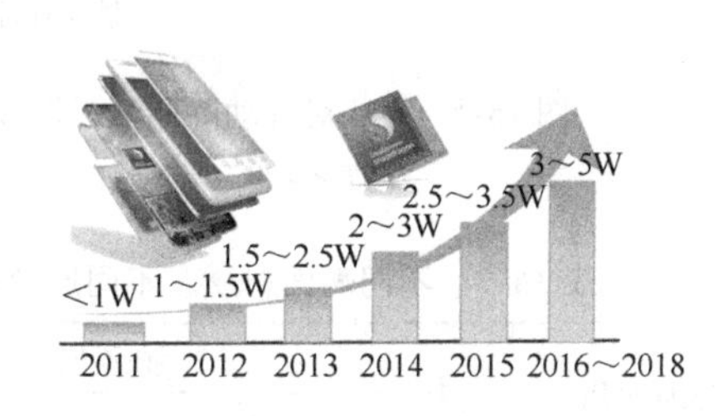

外：散热手段愈加受限
提高客户体验，厚度持续减薄；
外观、厚度、续航、快充、信号传输、防水防尘等影响散热材料、散热手段的使用

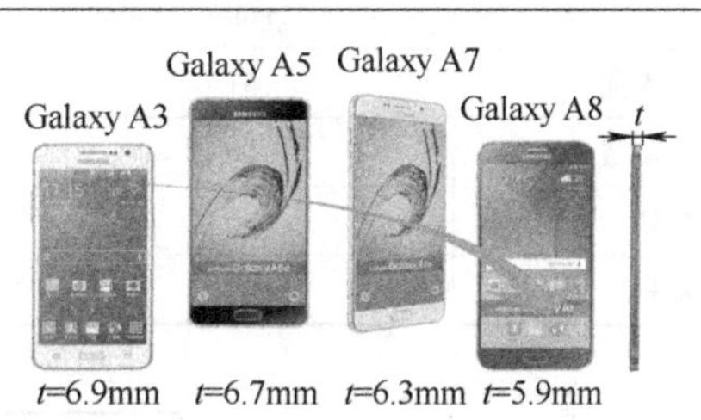

图 16-4　手机热设计面临的挑战：功耗增加，外观要求越来越高，散热空间愈加狭小[3]

由于外壳温度限制严格（对于手持式电子产品，温升一般要求低于 18℃，即室温 25℃下外壳温度不能超过 43℃，见图 16-5 和表 16-2），实际上，一般的智能手机热设计已不存在所谓的过设计。CPU 降频往往不是因为其自身超温，而是由于手机表面温度已经过高。当热设计方案更加先进时，带来的结果是手机在运行大负载的情况下降频情况出现得更少。从这个意义上讲，手机热设计的任何提升都将转变为系统流畅度的提升。由于空间有限，手机将热设计的综合性展现到了极致。手机热设计工程师必须全程与硬件设计、软件设计和结构设计工程师通力协作，如图 16-6 所示，应当关注所有影响到手机散热表现的细节设计，并从散热角度给出建议。

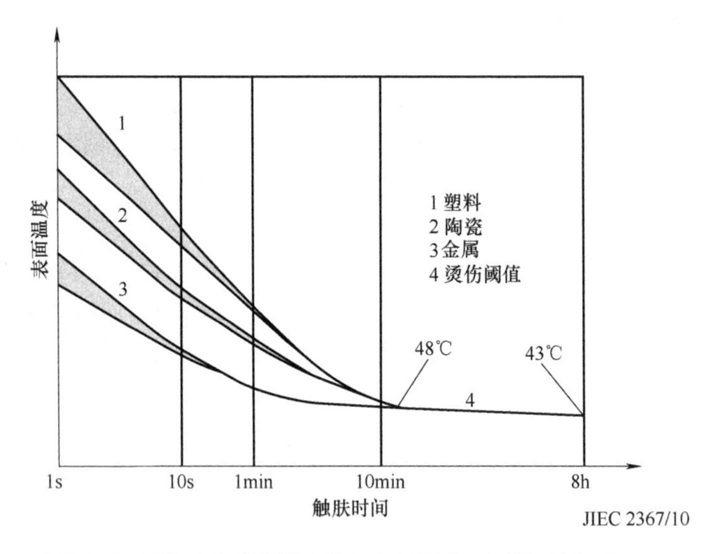

图 16-5　IEC 对移动终端表面温度的要求：触肤时间 < 10min，$T<48$℃；触肤时间 > 8h，$T<43$℃[2]

表 16-2　不同表面材质、不同连续触摸时间下的烫伤温度阈值[2]

表面材质	在不同连续触摸时间下的烫伤温度阈值/℃		
	1min	10min	≥8h
金属表面	51	48	43
陶瓷、玻璃或石头	56	48	43
塑料	60	48	43
木材	60	48	48

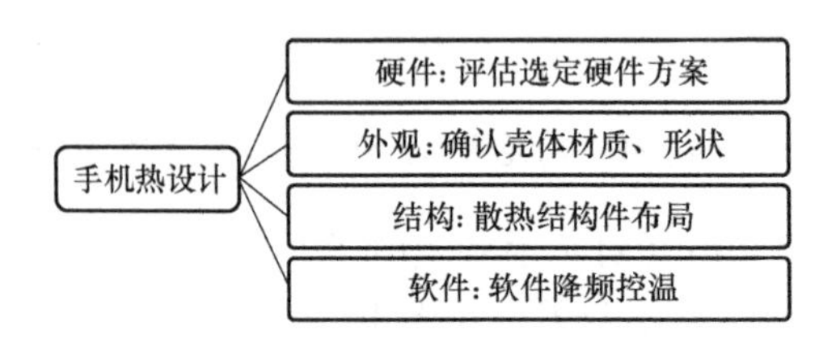

图 16-6　手机热设计的综合性

由于手机散热的特殊要求及该行业的迅速繁荣，甚至带动了行业内部分新物料和新工艺的巨大进步。石墨片、超薄热管和相变微胶囊在手机上近年来也开始广泛运用。手机中的主板、中框、LCD 屏均可贴石墨片均匀热量，辅助散热。热管或 VC 通常置于 CPU 上方，用来快速将 CPU 发出的热量转出。相变微胶囊则可以在手机启动大型应用时，快速吸收过余热量，维持产品温度。图 16-7 所示为手机中石墨片、热管和 VC 的应用。

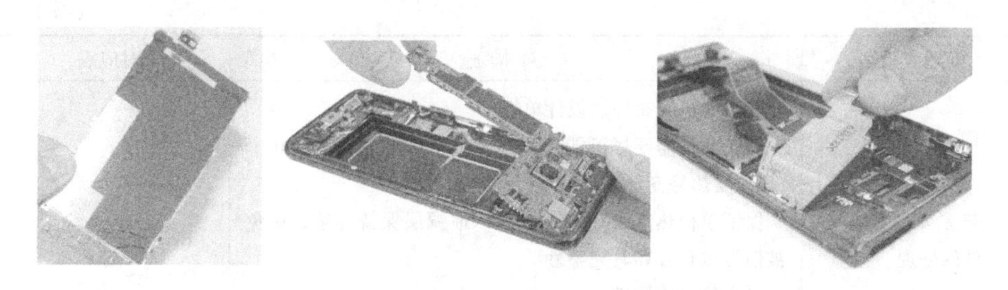

图 16-7　超薄的均热物料：手机中的石墨片、热管和 VC

从产品特征分析，智能手机的散热设计需求及其常见应对措施见表 16-3。

表 16-3　根据智能手机特征施加的散热方案

问题或限制	应对措施	对应点
长期手持，外壳温度要求严格	使用石墨片、热管、均热板等高导热物料均热，避免局部高温 结合手持特征，合理布局器件，控制高温区域分布	c：第 7 章、第 9 章
薄，空间小	在不占用额外空间的前提下施加散热措施 直接借用外壳和屏幕作为散热结构件 使用高导热系数的金属制作中框等 使用石墨片、超薄热管、超薄 VC 等占空间较小的散热结构件 合理布局各类器件，使用单板进行热量均散 使用合适的外壳材质和有利于辐射换热的表面处理方式，强化手机与外界的换热，提高手机握持温度体验 使用导热凝胶、超薄导热垫等导热界面材料	a，c，f，h：第 2 章、第 6 章、第 5 章、第 9 章、第 7 章
智能温基降频	合理布局温度传感器，软件实时监控 CPU 温度和电池温度，结合算法适度降频或控制充电速率，降低产品发热量	i：第 13 章（温度传感器布局准则）
成本要求严格	降低成本，减少特制风扇、特制 VC、特制热管等专用物料，尽量使用较为普遍的材料，同时充分借助内部结构件实现散热功效	f：第 6 章
防水要求	热设计避免外壳开孔，确保防水设计施加的各项措施（充电口、SIM 卡、麦克风等位置施加硅胶垫圈，PCB 使用防水涂层等设计），无对散热不利或对散热的负面影响可接受	无

（续）

问题或限制	应 对 措 施	对应点
热量集中、热敏器件的处理	与硬件协同布局、设计单板 发热器件需要尽可能远离温度敏感区域，远离 SIM 卡（SIM 受热易变形） 保证单板热流路径的连续性，地铜层保持连续，避免被信号过孔破坏其完整性 隔离热敏感器件 避免高发热器件集中布置 必要时施加热过孔	h：第 5 章
功率密度濒临极限	协同产品经理、软硬件工程师，综合权衡各部件成本、功耗、性能、温度四方关系，选择最合适的 CPU 平台方案及充电、电池管理方案 优先选择热阻低、温度规格高的元器件	h，i，k：第 5 章、第 2 章
高度可靠，稳定性高	控制、校验导热界面材料（石墨片、导热衬垫、导热凝胶等）和散热结构件（中框、屏蔽罩、热管等）的热稳定性 确保电池温度余量，测试验证极限情况下电池的温度状态 实时监控电池温度，必要时施加温基控制，确保手机安全	第 6 章、第 7 章、第 9 章、第 13 章（温度传感器布局准则）、第 14 章
应对突发高功耗	使用储热材料，吸收瞬时高发热量	j
外观考量	无外部开孔要求，热设计充分配合 ID 要求完成	无

注：系统功耗优化是一个非常复杂的硬件、软件、热设计的综合任务。不同芯片的功耗随工作频率、工作温度的变化规律以及整个系统的综合功耗是极难准确获得的。不同场景对不同芯片的计算需求也不相同。

随着 5G 及万物互联时代的来临，大量智能家居产品会出现。由于功能强大且需要更快地接收、发送数据，同时空间还受到严格限制，手机的热和电、磁将空前融合，见表 16-4。热设计工程师不得不学习更多电磁知识，以便在设计散热方案的同时考虑电磁的影响。电磁知识将在本书第 17 章详述。

表 16-4　5G 手机面临的新的热问题

产 品 需 求	技 术 参 数	热设计影响
发热量提高	5G 手机瞬时耗电量是 4G 手机的大约 2.5 倍	需要解决更多热量
传输数据更快	天线更多，对材质的介电常数、磁导率提出限制	电、磁、热的耦合
快速充电、无线充电	电池发热量提高，充电线圈的隔磁	电池热、磁问题
高续航	电池尺寸加大，进一步挤占芯片空间	电池热问题

16.1.3　户外通信设备

射频拉远单元（Radio Remote Unit，RRU）是一种典型的在户外使用的、要求防水防尘等级极高的通信产品（通常要求 IP65 或更高），5G 之后，基站的集成度更高，RRU 通常和天线集成在一起，称为 AAU（Active Antenna Unit）。如图 16-8 所示的 RRU 随处可见。

本书多次提及，分析产品应用场景和使用特点是确定散热方案的第一步。RRU 的使用环境与手机、平板电脑大不相同。可以概括为如下三点：

1）大多数安装于户外空旷处，热设计方案必须考虑太阳辐射的影响。RRU 的表面通常喷涂对太阳辐射吸收率很低的涂料，同时这种材料又可以保持较高的红外发射率。由于对可见光吸收率低，因此大多数 RRU 的表面颜色偏浅，最常见的就是浅灰色。为了进一步减弱太阳辐射，有些场景，RRU 甚至会设计遮阳罩，如图 16-9 所示。

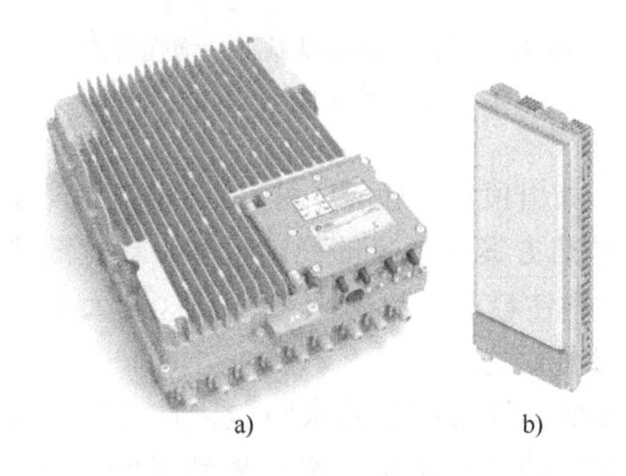

图 16-8　RRU 和 AAU 示意图
a）RRU　b）AAU

图 16-9　户外自然散热设备上方的遮阳罩

2）RRU 的覆盖范围极广，经常被安装于高塔、深山等施工难度、后期维护难度大的地方，如图 16-10 所示。因此设备尺寸和重量越小越好，产品散热方案越稳定可靠越好。这些要求对产品的结构形态、结构件材质等都施加了限制。

绝大多数的电子产品中，单板和元器件的重量和所占空间其实并不大，但为保证产品温度安全性而施加的散热器、风扇等部件却体积庞大，重量占比也高。RRU 中，外壳重量占比可达 50%～60%。从系统热设计的角度看，降低产品尺寸和重量需要从两个方面着手：

① 尽可能在有限的尺寸内实现更大的散热面积；

② 散热物料选择密度低、传热效果好的材质。

思路①导致的结果是绝大多数 RRU 类产品外壳直接设计成齿状。如图 16-11 所示的 RRU 外壳均为齿状。②则间接导致 RRU 的外壳通常采用压铸铝合金。随着半固态压铸技术的日渐成熟，导热性能更好的镁铝合金也开始批量应用。甚至有厂家已经开始使用内嵌相变抑制（Phase Change Inhibition，PCI）板的散热齿来减小 RRU 重量。除此之外，RRU 内部也应当采用各种手段降低传导热阻，如使用高导热效率的导热界面材料，外壳内嵌热管，提高 PCB 敷铜量和铜层排布方式等，以在最小的空间内实现最大的散热能力。

图 16-10　安装于高塔上的 RRU

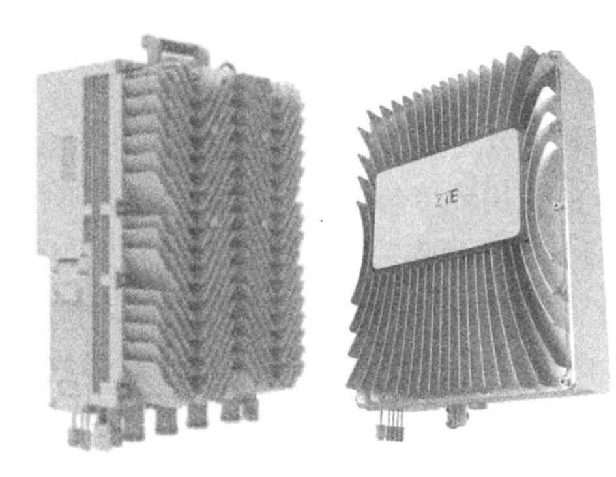

图 16-11　不同齿形的基站——增强对流，降低热级联[4,5]

由于产品常安装在一些难以维护之处（如山顶、偏远的乡村等），且其出现故障会直接造成通信中断，后果严重，因此散热方案必须足够稳定可靠。自然散热虽然散热能力较差，但没有运动部件，可靠性最高，故障率最低。这是大多数 RRU 厂家长期采用自然散热设计方案的主要原因之一。

3）运行于户外，属于完全无温控的场所，设备需要防水防尘，且可以在极大的环境温湿度范围内正常运行。多数 RRU 的产品防护等级要做到 IP65 以上，运行温度在 -40℃ ~55℃范围内。选择内部导热材料时，测试环境的设定都需要严格注意。对于确定会在极低温度下使用的 RRU，内部往往还需要装配加热片来保证关键元器件的正常启动。防水防尘的要求则使得 RRU 外部不能有开孔。

对 RRU 及类似的户外封闭式自然散热产品的热设计需求和应对措施总结见表 16-5。

表 16-5　户外封闭式自然散热产品散热设计思路

产品特征	应对措施	对应点
安装环境复杂，有深山、塔尖场景需求，产品尺寸、重量有严格要求	相同体积空间下尽可能增大散热面积 外壳设计成散热齿状，充分优化齿向、齿间距、齿高、齿厚等参数 使用高导热效率的导热界面材料 发热元器件通过界面材料直触外壳 外壳内嵌热管、VC、吹胀板等两相流结构件降低扩散热阻 外壳翅片内嵌吹胀板 使用高导热系数、低密度的金属材质制作壳体	d，e，f，g：第 6 章、第 7 章、第 9 章

（续）

产品特征	应对措施	对应点
户外安装，阳光直射	使用太阳辐射吸收率低，红外发射率高的表面处理方法 必要时安装遮阳罩 安装时避免上方有障碍物遮挡风道 多台设备集中安放时，避免相互之间的热级联影响	a，b：第 2 章
安装位置偏远，维护成本高	保持产品散热表现稳定可靠 尽可能采用自然散热 严格筛选导热材料、热管等失效概率高的散热部件 适当内置温度传感器，实现在线故障监测，降低人工现场检修频率	d，i：第 4 章、第 7 章、第 9 章、第 15 章
户外运行，可能出现的环境复杂多样	机身避免开孔，结合处施加密封处理实现防水防尘功能，确保这些设计对散热无影响或影响可接受 极低温下，根据需求设计加热片，保证设备正常冷启动；热测试方案设计严格参考环境要求，选择最恶劣的工况进行校验，确保散热满足要求	无
空间限制	优化内部器件布局，避免热量集中 必要时进行冷热隔离，温度要求严格的器件置于散热良好的区域 优先选择功耗低、热阻低、更耐温的元器件 视情况施加热过孔，解决结板热阻小的元器件的散热问题 提高 PCB 敷铜量和铜层排布方式，利用 PCB 约束热量转移方位	h，k：第 5 章

16.1.4　LED

发光二极管（Light Emitting Diode，LED）是一种能够将电能转化为可见光的固态半导体器件，它可以直接把电转化为光。LED 的优点是体积小、耗电量低、使用寿命长、环保耐用。

LED 的光电转换效率为 10%～40%，如图 16-12 所示，这意味着有 60%～90% 的电能转换为了热能。散热处理不好时，LED 的能效、运行寿命、光质量等核心参数都会显著恶化（见图 16-13）。散热技术是 LED 的关键技术之一。

大多数中低功率 LED 采用自然散热设计，灯具的外壳设计成翅片形式来增加

a)　　b)

图 16-12　a）各种类型灯的光电转换效率　b）城市夜里广泛使用的 LED

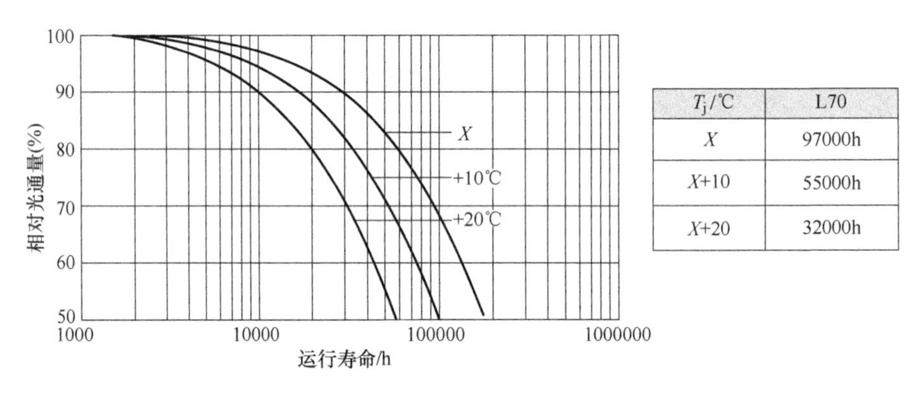

T_j/℃	L70
X	97000h
X+10	55000h
X+20	32000h

图 16-13　LED 芯片结温与运行寿命和相对光通量之间的关系曲线示意图

散热面积。当灯具功率密度很大时，采用强制风冷甚至液冷。图 16-14 所示为不同形态的 LED。

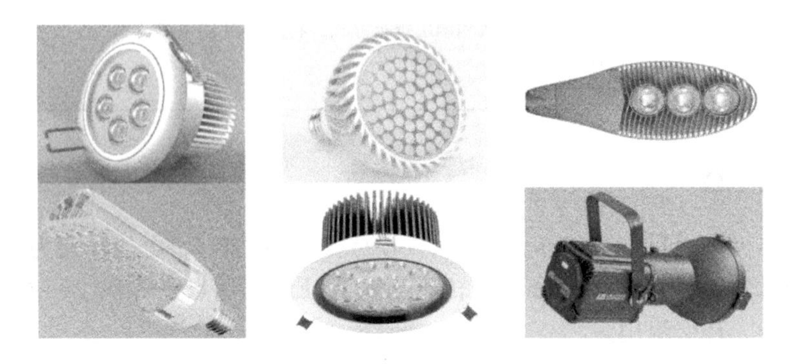

图 16-14　各种形态的 LED

LED 的散热路径与其他系统及产品略有不同。LED 的关键热源单一、纯粹，几乎所有的热量都由灯珠发出，且绝大部分热量都要穿过 PCB 基板，经由导热材料传递到散热器上，最后散失到环境中，如图 16-15 所示。发光面的热量散失几乎可以忽略不计。

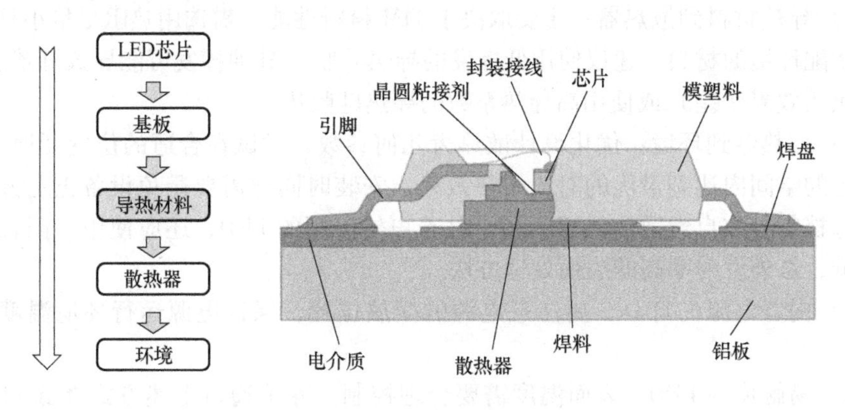

图 16-15　LED 传热路径

LED 灯珠的封装热阻和普通元器件稍有区别。由于另一面是发光面，不可能用来散热，因此灯珠绝大多数热量都只能透过 PCB 传递。LED 灯珠关键的封装热阻参数为 $R_{j\text{-}sp}$，即从灯珠结点到焊点的热阻。仿真模拟时，该参数可以视为结到单板的热阻，热测试时，可用来推算灯珠结温，如图 16-16 所示。

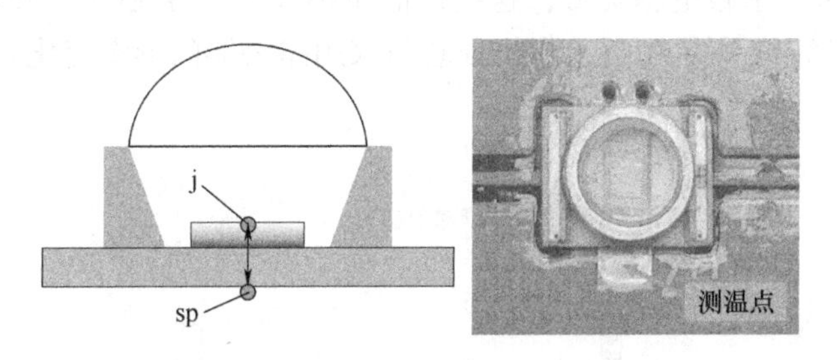

[T_j] = [焊点温度（T_{sp}）] + ([$R_{j\text{-}sp}$][功率])

图 16-16　LED 测温点

LED 灯散热设计不只是控制灯珠结温。对于内置电源灯具，还需要控制电源使用环境温度，保证电源正常运行；对于容易接触类灯具，还需要控制表面温度，防止烫手。

换一种思路来阐述 LED 灯的散热优化思路，以期读者能够加深对电子产品散热问题分析方法的理解。从 LED 灯的热阻网络和散热设计要求的角度入手，LED 散热设计的优化思路是：

1）LED 芯片到基板：选用热阻较低的灯珠；

2）基板到导热材料：尽量选用导热系数高的 PCB。目前，LED 行业已经在广泛使用 MCPCB（Metal Core Printed Circuit Board），相对一般的单板，MCPCB 的导热性能要好很多，部分 MCPCB 厚度方向导热系数甚至高达 20W/(m·K) [作为对比，普通含铜量约为 10% 的单板，厚度方向导热系数仅有 0.35W/(m·K)]。

3）导热材料到散热器：主要取决于 TIM 材料性能，需选用热阻尽量小且符合当前装配环境的材料，建议使用低挥发的导热硅脂（硅油挥发可能导致灯罩起雾，导致照明效果变差）或使用高导热系数的导热硅胶垫。

4）散热器到环境：优化设计散热齿几何参数，尝试在合适的位置开通风孔，在限定的空间内达到最优的对流散热效果，安装时同样需要避免设备正上方附近存在遮挡物导致自然散热风道不畅。对于户外应用的 LED，还应使用太阳辐射吸收率低，红外发射率高的表面处理方法。

5）内置电源的灯具，要注意电源的摆放位置，保证电源运行环境温度符合要求。

6）易触摸的 LED，表面温度需要合理控制。除了通过上述方式降低 LED 灯珠温度，还可以通过控制热流路径设计，选择低导热系数的表面材质等手段优化触感。

16.1.5 盒式自然散热终端

盒式终端指用户直接在终端使用的盒状电子产品，如机顶盒、路由器、智能音箱等。与手机、平板电脑类似，这些产品不但功能日渐强大，外观造型同样有严格要求。图 16-17 所示为近几年机顶盒与家用路由器的形态变化。

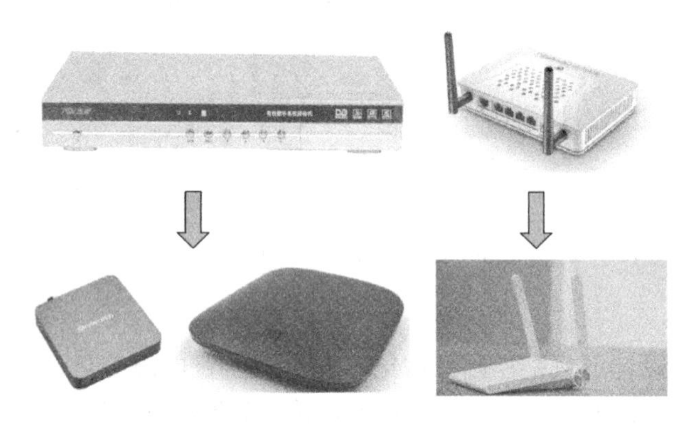

图 16-17 部分典型盒式终端的形态变化

盒式终端的功率密度一般不是很大，自然散热方案是设计首选。然而，自然散热能解决的功率密度极限毕竟相对较低，目前已经出现了使用强迫风冷方案的同类产品，如图 16-18 所示。

从产品市场需求特征角度分析，盒式终端类产品与手机、平板等有许多类似之处，如发货量大，散热要求稳定可靠，尺寸限制严格，表面温度有要求等。但受限于网线、电源、显示线等各种接头尺寸标准，这类产品的厚度一般比智能手

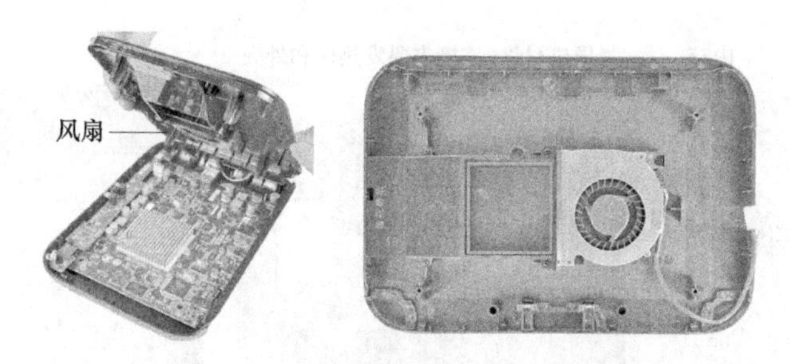

图16-18 使用风扇设计的某款机顶盒

机或平板电脑大很多，因此散热处理措施也有所不同。而且，由于通常没有显示面板（屏幕），且不会长期手持或随身携带，故对其表面温度要求、外壳材质和设计造型等与散热紧密相关因素相对放松。

芯片的热量散失包括顶部和底部两条路径，从源头出发，常规自然散热盒式终端产品内部热量传递路径如图16-19所示。

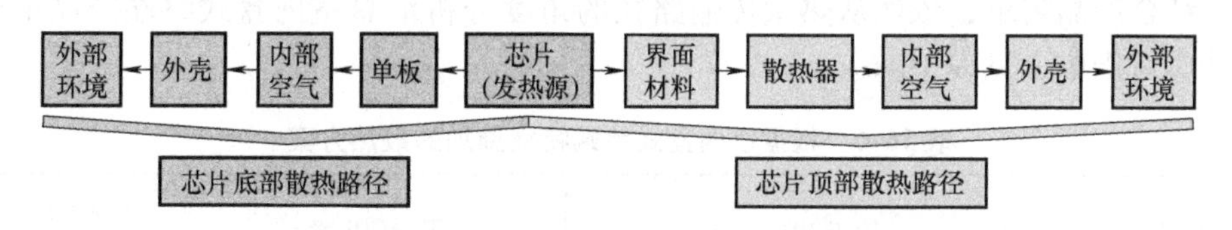

图16-19 传统自然散热盒式终端元器件散热路径

随着产品的日渐轻薄化，部分产品的散热设计已经开始尝试删除部分结构件，通过一件多用来实现更紧凑、成本更低的设计。常用的方法是在发热元器件上方和对应的单板底部热区贴附导热界面材料，界面材料的另一边则直触外壳，在这种设计中，热流路径简化为如图16-20所示。

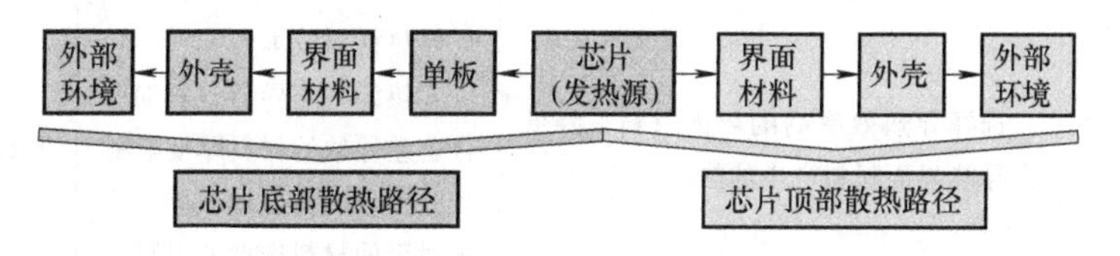

图16-20 轻薄设计的自然散热盒式终端元器件散热路径（移除专用的翅片式散热器）

从热设计角度解读，这种方案中产品的外壳直接充当末端散热部件，传热路径被极大缩短，降低了传热热阻。某些情况下，当外壳材质导热系数较低而内部热源又较为集中时，为了避免在外壳形成局部高温点，还可贴附金属片来进行均热，如图16-21所示。根据既有的方案看，这种设计可以在保证温度安全的前提下获得最大功率密度。当设计轻薄型产品时，推荐此方法。

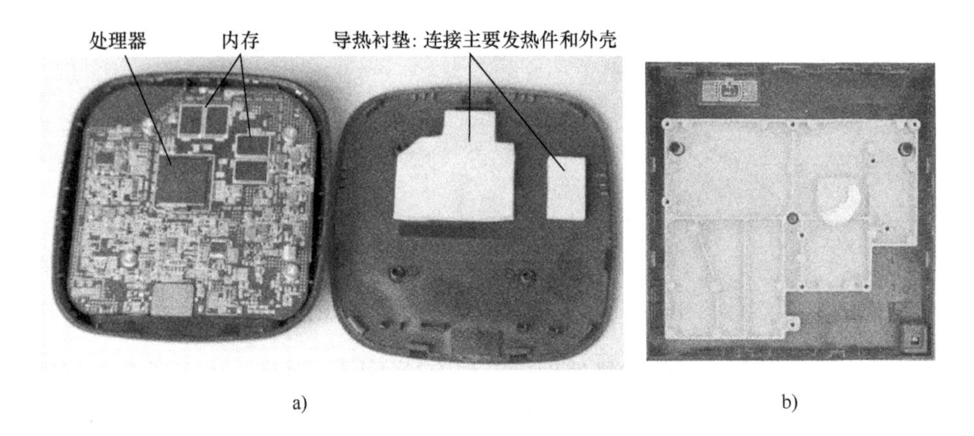

a)　　　　b)

图 16-21　a）某款轻薄机顶盒内部的关键热源分布、导热处理方式
b）某机顶盒顶部的压铸铝均温散热板

结合产品需求，依然从热量传输路径的角度分析汇总室内盒式终端产品散热设计应对措施，见表 16-6。

表 16-6　根据室内盒式终端特征施加的散热方案

热量传输路径	优化措施	限制因素	对应思路和本书章节
芯片—导热界面材料	选择结壳热阻较低的元器件 如果必须施加屏蔽罩，则应选择高导热系数的屏蔽罩材质，并在屏蔽罩和元器件之间施加高导热效率的界面材料	芯片选型限制 导热材料成本 屏蔽罩材质限制 芯片封装技术现状	d，f，k：第 5 章、第 6 章、第 7 章
导热界面材料—散热器	选择导热效率高的界面材料，降低由导热界面材料产生的热阻	导热材料成本 多热源共用导热材料时弥合公差导致的材料厚度限制 跌落、冲击振动试验等要求对界面材料选型的限制	d：第 7 章
散热器—内部空气	结合内部空间形态和热源分布，优化设计散热器形状参数 视情况选择高导热系数的材质 散热器表面处理，强化辐射换热	内部空间限制 成本限定 外观形态限制 内部器件布局、结构干涉等限制	e，f：第 2 章、第 6 章
内部空气—外壳	强化内部空气的流动：开孔，散热器形态等设计	内部空间限制 外观限制	e，f：第 2 章、第 6 章

（续）

热量传输路径	优化措施	限制因素	对应思路和本书章节
外壳—外部空间	均化外壳温度，提高表面红外辐射系数，提高外壳总换热效率 尽可能加大外壳表面积，如微翅片状设计，多凸点设计等 优化外壳周边空气对流强度，建议产品使用利于散热的放置方式（竖直壁面换热效果强于水平放置）	成本限定 外观形态、尺寸限制 设备放置限制	e，f：第 2 章、第 6 章
芯片—单板	选择结板热阻低的元器件 对结板热阻低的元器件施加热过孔	芯片选型限制 芯片封装特征限制过孔的使用	h：第 5 章
单板—内部空气	单板地铜层连续，避免阻断单板移热路径 局部加热过孔设计 元器件均散布局，避免热量集中 单板含铜量提升，强化单板各向导热性能 提高单板表面辐射率，强化辐射换热	硬件布局限制 成本限制 单板外观限制	h，k：第 5 章、第 2 章

自然散热的产品多数是封闭式的盒式或箱式产品，虽然产品种类不同，但读者如果仔细阅读了上述五种产品的热设计思路就不难发现，其整体都是围绕传热学理论基础来进行的，通过各种手段降低或控制各部分热阻，以便将热量转移到合适的位置，从而控制温度。图 16-22 简单总结了封闭式自然散热产品温度问题的解决思路。

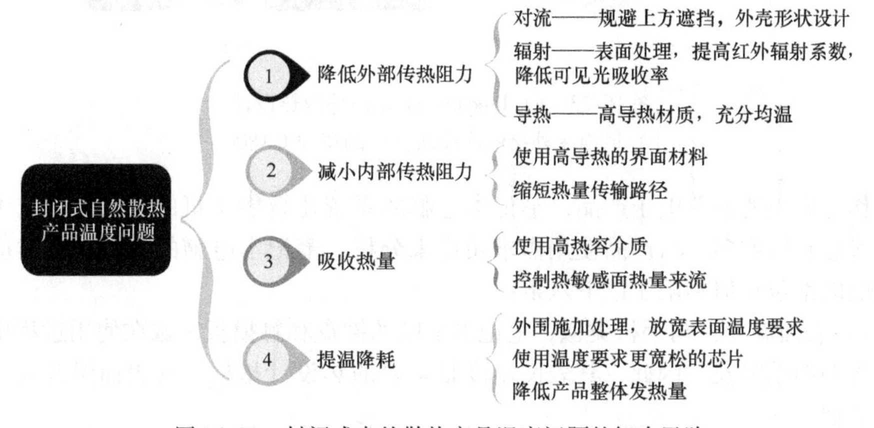

图 16-22　封闭式自然散热产品温度问题的解决思路

16.2 强迫风冷设计

本书第 4 章详述了冷却方式的选择依据。需要强调，除了强化表面辐射能力，前文提到的在自然散热中常用的单板器件布局、热过孔设计、单板敷铜设计以及低热阻界面材料的选用等在强迫风冷中也扮演着重要作用，某些情况下，由于元器件功率密度较大，高性能界面材料、热过孔等措施的效果可能比自然散热中还要显著。但这些措施已经在自然散热部分反复强调过，本节就不再重复。而由于空气流动的驱动力来源不同，强迫风冷中风道设计、风扇的选用以及散热器与风扇之间的匹配性会对整体方案的散热表现和方案成本起到决定性作用。本节将重点阐述这些在自然散热中不曾提及的优化思路，尤其是风道具体优化设计思路。

16.2.1 笔记本电脑

根据功率密度不同，笔记本电脑分为自然散热和强迫风冷设计两种。自然散热的笔记本与超薄平板电脑设计思路基本一致，甚至有些超薄平板电脑专门设计了可拆卸式的键盘，从而成为平板电脑与笔记本电脑两用的产品。当功率密度更高时，笔记本电脑就不得不采用风冷设计，甚至有些高端游戏笔记本电脑已经采用了外接液冷模块的混合冷却设计，如图 16-23 所示。

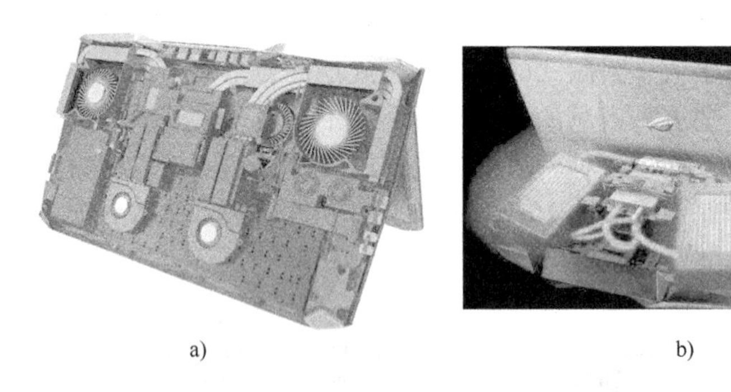

a)　　　　b)

图 16-23　a）Predator 21 X 内部散热设计
b）风冷 + 外接液冷模块设计的华硕 GX800

作为典型的消费电子产品，笔记本电脑的系统比智能手机的更加复杂，考虑的因素也有所增多。从产品使用需求角度来分析，笔记本电脑的热设计方案应当考虑的因素包括但不限于以下六条：

1）表面温度：与手机类似，笔记本电脑的键盘和触摸板区域在使用过程中也会被长期频繁触及。因此，其表面温度是重要的热设计指标，其表面温升要求与手机类似。

2）噪声：高功率密度的笔记本电脑通常使用强迫风冷设计。用户在使用笔记本电脑时，距离一般很近，噪声大小和噪声品质对客户的体验会有显著影响。而噪声的来源主要是设备内部的风扇，更小的噪声一般意味着更低的风扇转速，因此噪声体验也是散热方案优秀程度的直接反映。

3）体积尺寸：相对于台式电脑，笔记本电脑的核心优势就是便携和可移动。体积越小，这个优势越明显。

4）重量：同样，重量也会明显影响笔记本电脑的便携性，设计散热方案时，应当考虑不同方案带来的重量变化。

5）防尘：强迫风冷的笔记本电脑一般采用抽风设计，这将不可避免地造成设备内部积尘。积尘将会增大系统阻尼，进而导致散热表现恶化。在设计散热方案时，应当考虑设备防尘效果。

6）出风位置和出风温度：风道的设计应当避免吹出的热风朝向使用者常触及的位置。

笔记本电脑散热方案的核心就是在控制好发热源温度的前提下，解决上述六大问题。这些问题的解决思路及对应的本书章节总结如下：

1）控制键盘侧表面温度，可以配合芯片布局，将发热元件避开温升要求严格的手掌或触摸板区域。产品内部热管的排布可以将热量转移到散热器上，如转轴侧、数字键侧等，参考第 5 章。

2）控制噪声是笔记本散热设计难点之一，需要从多方面综合努力：

① 选择性能优异的风扇，保证在较低的噪声下风扇就能够提供充足的风量来满足系统散热要求，参考第 8 章。

② 充分优化散热齿设计，强化散热翅片换热效率，保证系统在尽可能小的风量下就能保持较低的温度，参考第 6 章。

③ 优化风道设计，规避热风回流导致的风量需求提高，举例如图 16-24 所示。

图 16-24　Dell inspiring 7000 后出风 + 底部进风设计，底部长垫既起到垫高笔记本，提供进风空间，又可以规避后侧吹出的热风回流入系统

④ 应尽可能降低设备风阻，如加大进出口开孔率，如图 16-25 所示，避免在主要风道路径上布置结构件，设计开孔时避免外接连接器对进出风口的遮挡，保证风扇可以在尽可能低的转速下提供充足的风量，进而降低噪声，参考第 8 章。

⑤ 设计智能化的风扇控制策略，根据芯片温度调整风扇转速，在保证散热安全的前提下尽可能降低风扇转速，进而降低噪声，参考第 12 章、第 13 章。

⑥ 设备主要进出风口路径上合理布局结构件，避免形成乱流，造成异音，参

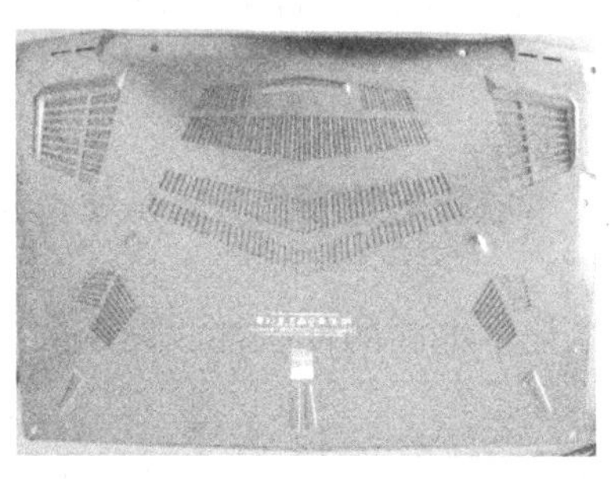

图 16-25　AORUS X7 DT V6 底部密集进风孔和侧边、背侧大出风口

考第 12 章。

⑦ 设计合理风道，控制电脑使用者位置的噪声体验，参考第 12 章。

3）体积尺寸和重量：

① 关键是提高空间利用效率，优化内部热管布局，使得系统整体热量可以动态地随各发热源的需求自动分配，充分利用设备中的各处空间和结构件进行辅助散热。图 16-26a 中，MSI GT83VR 中将风扇外壳做成金属材质，上搭接热管，风扇外壳同时也充当散热翅片，是一个典型的利用内部结构件进行散热的实例；图 16-26b 所示为 Alliennare 15 内部热管布局，CPU 和 GPU 热管充分共享，使得系统整体散热能力可以根据芯片实时负载自动分配。当 CPU 功率较低，GPU 功率较大（如用户运行画质要求高的游戏）时，GPU 的热量可以通过共享热管传递到 CPU 散热器侧，从而达到降温目的。当 GPU 功耗较低，CPU 功耗提高（如用户运行 CFD 仿真计算）时，CPU 又可利用 GPU 侧的散热器进行散热。热管布局、散热器结构件的优化等参考第 6 章和第 9 章。

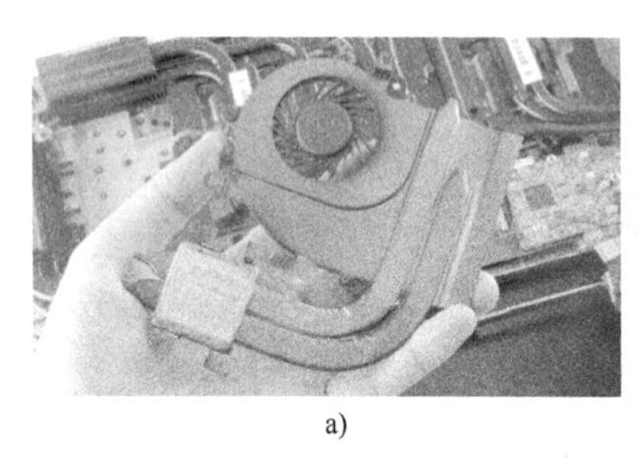

a)

b)

图 16-26　笔记本电脑内使用的辅助散热
a）风扇壳体散热　b）共享式热管布局

② 配合使用密度低、导热系数高的材料。当前，主要的散热鳍片材质都是铝合金，部分为达到均热目的而实施的材质也是轻质的石墨片，参考第 6 章。

③ 导热界面材料优先选择轻、薄的材质。笔记本电脑中推荐使用相变化材

料、导热膏等高传热效率、低空间占用的界面材料，参考第 7 章。

4）笔记本电脑多为抽风系统，整个系统内部呈负压，容易吸入灰尘。当灰尘日渐积累后，系统内部风阻就会增加，产品散热表现也会恶化。可以在进风口设置具备防尘功能的开口，如图 16-27 所示。另外，积尘速率和进出风口的风速直接相关。在相同运行场景下，风速越低，积尘越慢。提高系统内部换热效率，使得产品在更低的风速下达到温度要求，也是解决灰尘的有效举措。有关风扇的选择及其与内部散热结构件的匹配性设计参考第 8 章。

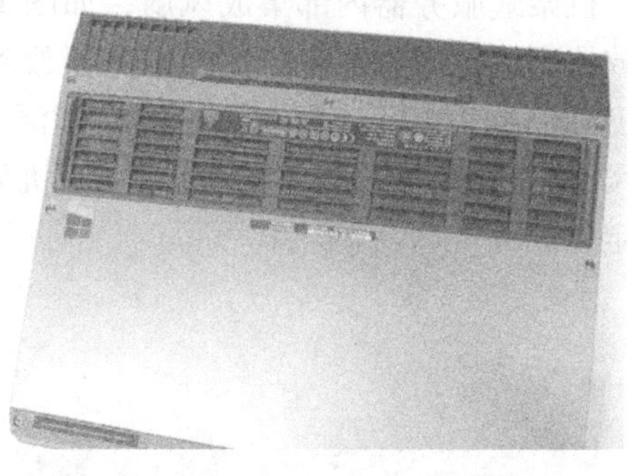

图 16-27　Alienware 13 进风口口设置为微孔，规避大颗粒灰尘、棉絮的进入

5）优先采取后出风设计，其次侧面出风，并避免前侧吹风，将系统产生的热风吹向人体不易触及的位置。

6）GPU 和 CPU 的功耗-温度-性能-转速软件自动同步控制。电脑的使用场景复杂多变，热设计方案应该充分考虑不同场景的适应性。内部主要热源的自动控制方案可以在充分挖掘系统散热能力的前提下释放尽可能优异的性能，这是笔记本电脑精品设计的关键提升点。关于热设计方案配合系统需求的智能控制参考第 13 章。

笔记本的散热设计中，系统热风险点明显，但由于功率密度的提升，加之消费电子对外观造型的特殊要求，散热设计综合性强，需要热设计工程师多方协调，了解甚至掌握传热、材料、噪声、电路、软件等多方面的知识。

16.2.2　服务器

服务器，也称为伺服器，是提供计算服务的设备。由于需要提供高可靠的服务，因此在处理能力、稳定性、可靠性、安全性、可扩展性、可管理性等方面要求较高。

服务器是典型的强迫风冷且需要精益设计的电子产品，鉴于复杂的结构和相对充分的空间，服务器的热设计有许多独特之处，可使用的热设计优化手段也相对丰富。

1. 服务器的种类

散热角度，通常根据高度和形态来划分服务器。

（1）高度　服务器的高度单位通常用 U 来表示，1U = 44.45 mm。常见的服务器高度为 1U ~ 8U。服务器的高度决定了产品空间，因此与热设计方案紧密相关。作为热设计中的关键物料，轴流风扇的尺寸标准也受到了服务器高度的影响。常见的 40 系列、80 系列和 120 系列风扇，分别对应的服务器高度就是 1U、2U 和 3U。4U 的服务器则通常使用两层 80 系列风扇叠加，或者直接使用 140 系列风扇。

（2）形态　高度很大程度上决定了的热设计的空间，而形态则决定了内部风道的大体构造。从形态上来分，服务器有机架式、刀片式、塔式和机柜式四类。

机架式服务器内部集成风扇，如图 16-28 所示，使用时可以单独放置，也可以放置到机柜内。多台机架式服务器放到机柜中，就组成机柜式服务器。服务器宽度（一般为 19in，即 482. 6mm）和深度需要适应机柜的规范。服务器机柜的标准尺寸见表 16-7。从这个角度讲，当机架式服务器高度确定后，实际上其体积就确定了。

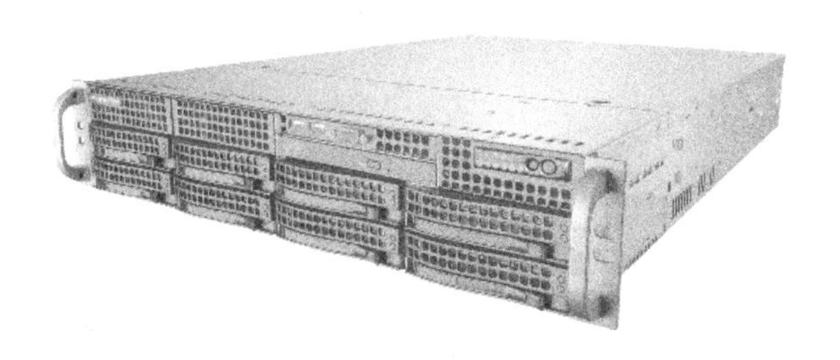

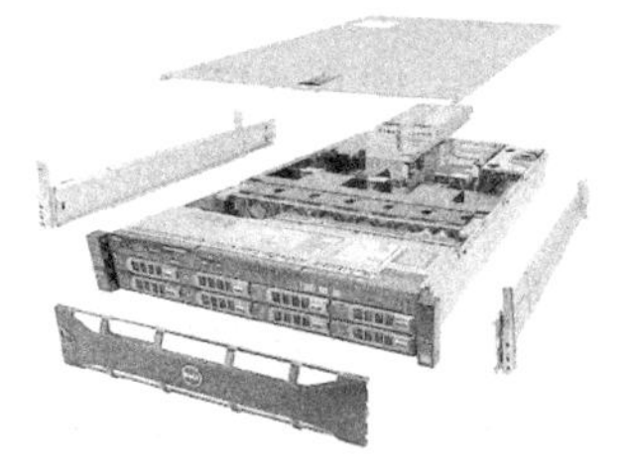

图 16-28　机架式服务器

表 16-7　部分服务器系列机柜标准尺寸表

容量/U	宽度/mm	深度/mm	高度/mm	体积/CBM
18	600	600	988	0. 5992
		800		0. 5992
		1000		0. 7370
22	600	600	1166	0. 5369
		800		0. 6971
		1000		0. 8574
32	600	600	1610	0. 7362
		800		0. 9560
		1000		1. 1757
42	600	600	2055	0. 9360
		800		1. 2153
		1000		1. 4947
		1200		1. 7741
	800	600		1. 2513
		800		1. 5781
		1000		1. 9409
		1200		2. 3037

塔式服务器与常规使用的桌面电脑非常类似，如图 16-29a 所示，包含硬盘、电源、主板、CPU、显卡等模块，其尺寸通常比台式电脑大。

刀片式服务器由多块形似“刀片”的单板组合而成，故此得名，如图 16-29b 所示。其内部集成风扇，是除机架式服务器之外另一种既可以单独放置，也可以放置到机柜中运行的服务器。实际使用中，每个刀片都可以单独运行各自的系统和程序，也可以共同运行一个系统。从散热角度解读，这种特征意味着刀片式服务器中存在某些槽位满负荷运行，发热量巨大，但某些槽位空载，发热量极小的工况，也存在所有刀片都同时达到最大功耗的可能。同时达到最大功耗的场景是热设计中需要考虑的最恶劣场景。

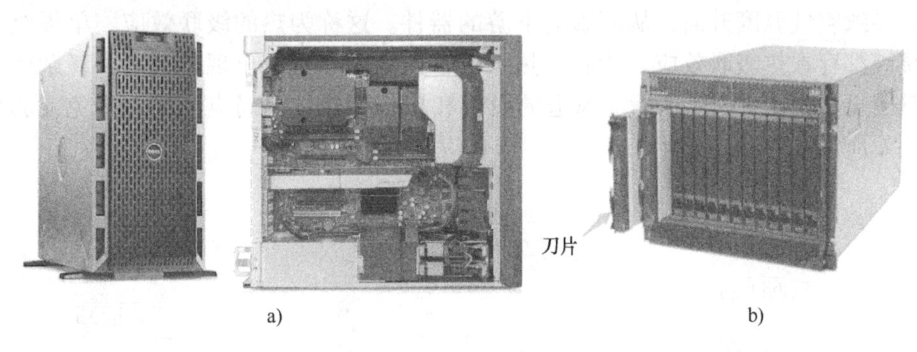

图 16-29　a）塔式服务器外观和内部典型构造　b）刀片式服务器

从上文可知，严格来讲，机柜式服务器不能称为一种单独的服务器形态，它只不过是机架式服务器或刀片式服务器放置到机柜中之后的整体形态，如图 16-30 所示。当机柜的进出风口布局可以由服务器设计者决定时，如何将其与数据中心内部的气流组织形式相协调，同时又与机柜内各模块的风道相匹配是另一个重要的热设计课题。

图 16-30　机柜式服务器

2. 服务器的热设计思路

除了优化单板器件布局、热过孔设计、单板敷铜设计以及高导热效率材料的使用（包括界面材料和各类散热结构部件）等通用散热强化措施，服务器热设计的具体方法和强化思路都有特殊之处。

（1）刀片式服务器的散热评估思路　刀片式服务器中包含多个尺寸空间近似的单板，同一个单板可能配置在插箱的不同位置。对任意一个位置都进行散热评估既浪费时间，也没有必要。正确的做法是先对比该单板可能配置的槽位的散热环境，选择最恶劣的槽位进行评估。对比某槽位散热环境时，应从如下两个方面分析获得结论：

1）槽位风量：风量越小，散热环境越恶劣；

2）进风温度：进风口温度越高，散热环境越恶劣。

在没有任何实际经验时，确定散热最恶劣槽位可以通过制作发热样板，并测试发热样板在各槽位的温度表现，温度最高者为散热最恶劣位置。也可以通过仿真建模，建立阻力、发热量与实际单板均相当的简化单板模型，迅速获得各槽位的风量和温度分布，快速定位到散热最恶劣槽位。

建立阻力、发热量与实际单板均相当的简化单板模型需要使用风洞测试实际单板的风阻曲线，也可以使用仿真软件中数值风洞功能，仿真获得。

（2）热级联效应和风道设计　空气流过发热体后，发热体与空气之间进行换热，导致空气温度升高，从而影响下游的器件。这称为热的级联效应。单板级和系统级都存在热级联效应，所有多热点电子产品中都可能出现热级联，复杂产品尤其明显，如图 16-31 所示。风道的设计和单板元器件布局应当竭力避免或弱化这一效应。

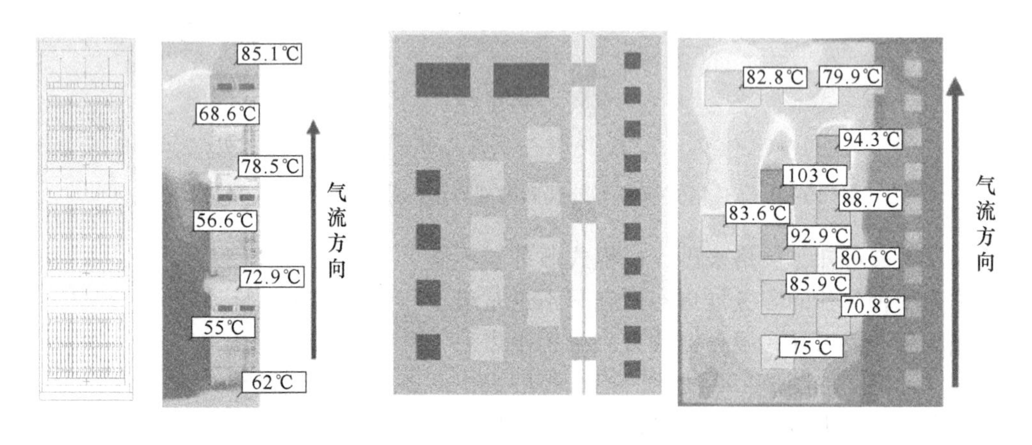

图 16-31　某下进风刀片式服务器系统级热级联和单板级热级联（图片来源：Flotherm 12.0）

风道的优化设计可从以下几个角度审视：

1）弱化热级联：单板层面，发热元器件交错布局；系统层面，规避上游插箱出风口直接对准下游插箱，如全部采用前进风后出风，或左进风右出风设计，如图 16-32 所示。必要时，可在插箱之间施加导风罩，进一步减少上游热风被直接吸入下游插箱。

2）热敏器件置于冷风口：服务器中的最关键的散热风险点是硬盘和 CPU，其中硬盘耐温性较差，一般要求控制在 55℃以下。为了确保这一点，服务器中多数会将硬盘置于入风口区域，吸入的新风温度低，避免受系统其他发热元件的烘烤作用，如图 16-33 所示。对于其他强迫风冷的设备，尽量将耐温性差或散热风险大的元器件放置到冷风区域这一准则同样适用。

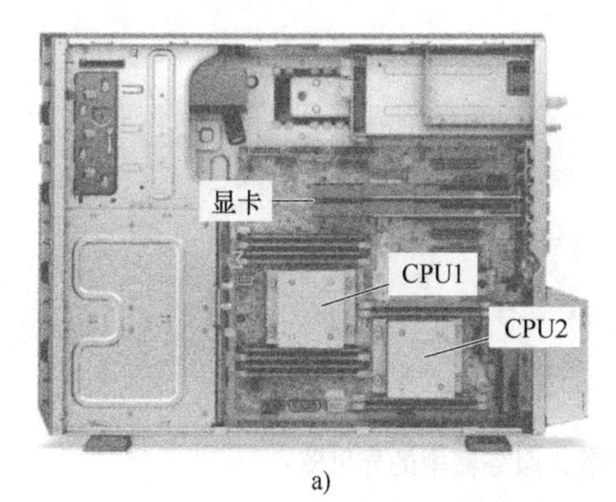

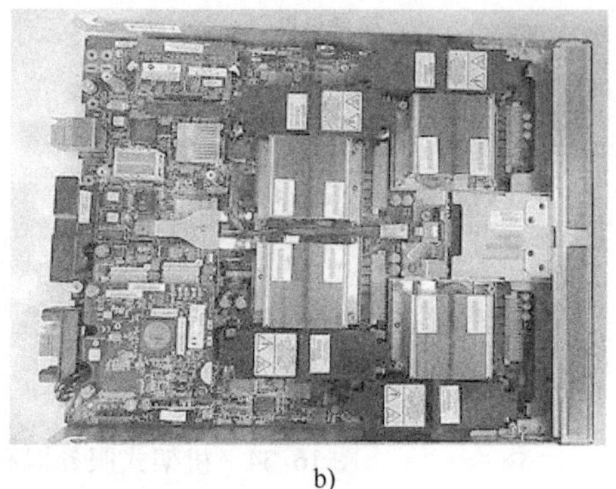

图 16-32　大发热源在风路上交错布局
a）某塔式服务器　b）某机架式服务器

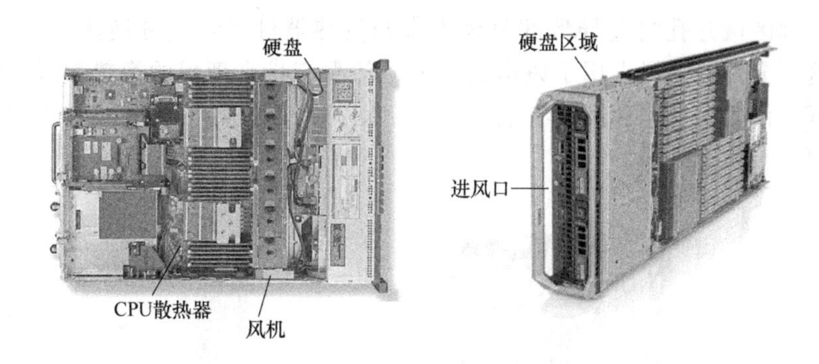

图 16-33　机架式服务器和刀片式服务器中硬盘相对位置

3）将风导向高发热区，避免风量浪费：风扇驱动提供的风量是有限的，应当将空气导向散热风险更大的区域，避免风量浪费。许多服务器中会施加导风罩来控制风流路径，将风引向高发热区域，如图 16-34 所示。由于空气流动的复杂性，导风罩的设计依靠经验难以获得最优解。通常的做法是使用数值仿真查看产品内部的流动状态，然后模拟施加挡板、导流板等结构件带来的流动速度的分布变化，直至满足要求。

4）合适区域开孔降风阻、改变风流方向：当风扇选型既定时，降低系统风阻有利于获得更大的风量，从而优化系统散热。与电流类似，当起始点和终点的气压差相同时，流阻低的区域必然伴随着更高的流速。导风罩的施加实际上是通过增大低发热区的风阻，空气被“逼”入高发热区。从另一个角度出发，设计者还可以通过加大高发热区空气流通路径上的开孔、移除挡风部件等措施降低流动风阻来主动“吸”入更多风量。

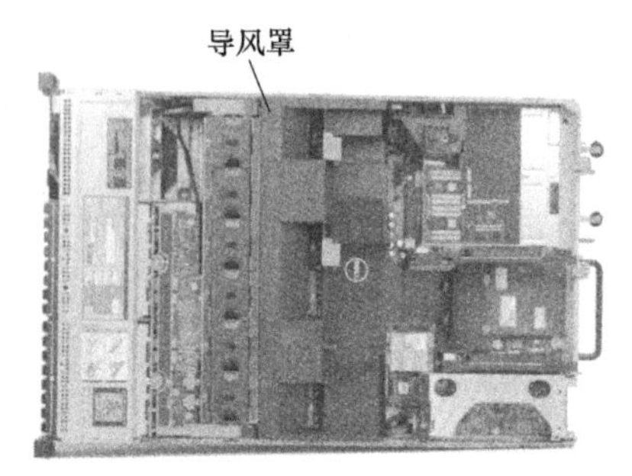

图 16-34　机架式服务器和塔式服务器中的导风罩：
封堵低发热区流动路径，将风引导到 CPU 区域

5）关键流通路径避免开孔，防止风量外泄或吸入无效风：并非所有的开孔都对散热有益。如图 16-35 所示，倘若该插箱使用底部吹风顶部出风模式，则刀片面板侧底部区域开孔将会导致部分风尚未与发热器件产生充分换热就流出系统。显然，这部分外泄的风占用了风扇的动力，却没有带来理想的换热效果，应当避免。同理，倘若该插箱顶部装有抽风风扇，则刀片面板侧顶部区域应当尽量避免开孔，避免吸入无效风。

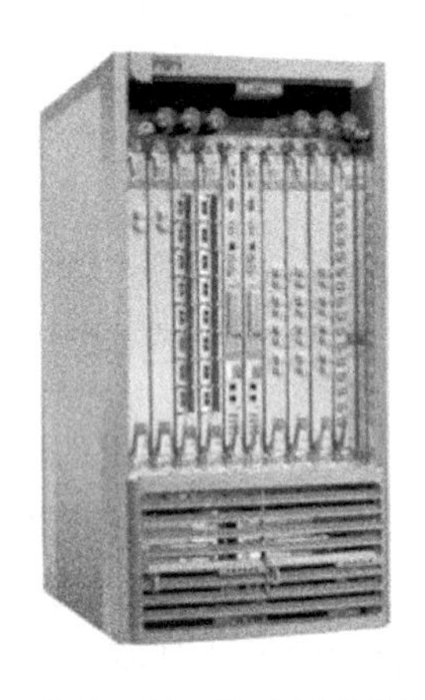
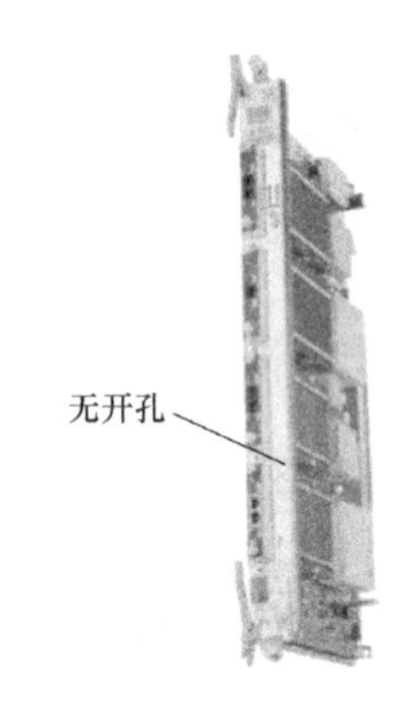

图 16-35　防止风量外泄和吸入无效风量示意图

服务器中一般集成多颗风扇，风扇调速控制是一个重要课题。目前多数产品仍然采用所有风扇同步调整的方式来简化调速策略。实际上，由于不同风扇影响的散热区域不同，所有风扇同步调整显然不是最优方案。对产品进行热影响区域划分，为不同风扇设置不同权重系数，并将这些权重系数加载到风扇调速策略中，实现安全、高效的风扇异步控制，是未来多风扇体系风扇调速策略的重要提升点。强迫风冷产品散热问题优化思路如图 16-36 所示。

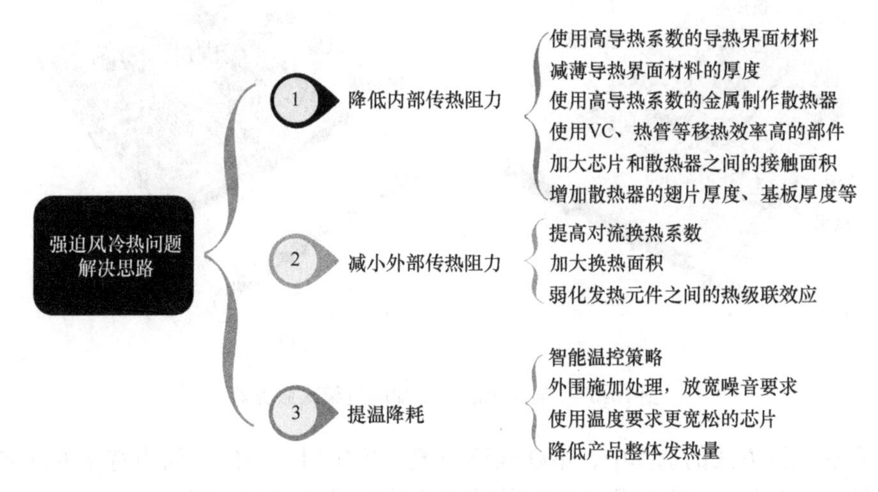

图 16-36　强迫风冷产品热问题分析优化思路汇总

16.3　液冷和风冷的混合冷却

电子产品热设计中，混合冷却有两种：

1）自然散热和强迫风冷。设备中存在完全封闭的、内部无主动驱动空气流动部件的模块，同时也存在风扇和其他裸露的、风扇可吹及的元器件。封闭的腔体内部散热方式为自然散热，风扇吹及的区域则为强迫风冷。

2）强迫风冷和液体冷却。设备中有冷板、泵、液体管路、风扇和散热器等部件。关键发热元器件安装冷板，其热量被流动的液体沿管路携带到换热器区域与外界进行换热。未施加冷板的元器件则可以安装散热器进行降温。这种设计中同时存在液体冷却和强迫风冷两种冷却方式。

本节主要阐述后者。前者的设计并未引入新的注意点，可以参考 16.1 节和 16.2 节所列示的方法和思路。

液体冷却的优点在本书第 4 章和第 11 章有详细描述，此处不再重复。强迫风冷和液体冷却的组合，目前在实际产品的形态中更多的是开式系统，即产品中不集成换热器，设备需要连接外部的冷却单元才能运行（见图 16-37a）。这种冷却方式实际上是将关键散热风险点发出的热量转移到了系统外部，借助外部的换热空间实现了温度控制。这种设计的缺点一目了然，即需要外接设备。为使用这类产品，客户可能不得不重建（或部分重建）机房，来装配这些外置的冷却单元。为了克服这个缺陷，有些产品直接将换热器也集成到了设备内部，使得设备能够和强迫风冷的产品一样，可以独立运行（见图 16-37b），称为一体式混合冷却设计。

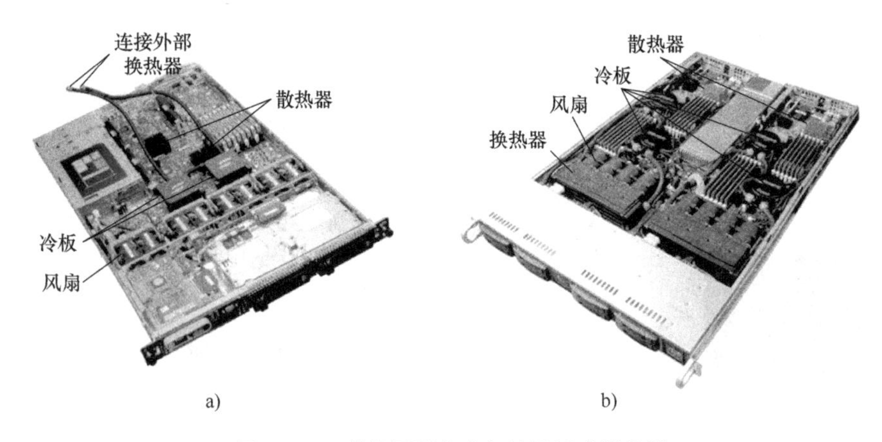

图 16-37 某使用混合冷却的机架式服务器

在热设计方式的选择中，不断强调当温升确定时，一定空间内特定的换热方式能解决的热量是有其上限的。一体式混合冷却设计没有利用外部的空间，其冷却上限将受到设备本身空间的约束。而开放式的混合冷却方式使得设备的主要发热量被转移出去，其冷却上限不再受制于设备本身的空间，而是由外部液冷换热设备和内部风冷模块共同决定。

风道设计对复杂产品热设计至关重要，但其对产品形态的影响显而易见。一个利于散热的风道可能不得不与单板器件布局、开孔域、导风结构件的安装等多方妥协让步。一体式混合冷却设计实际上是一个折中方案。它克服了开式液冷方式不得不外接设备的缺陷，又在一定程度上利用流动液体的超强定向移热优势缓解了单纯强迫风冷中出于散热考虑对单板元器件布局、导风结构件安装等提出的种种严格要求。

在浸没式冷却普及之前，混合冷却可能是高功率密度复杂电子产品最合适的冷却手段。图 16-38 所示为一种使用混合冷却的显卡。这种设计方案中，主要的发热源和散热风险极大的元器件可以通过液冷解决，而那些功率不是很大，但自然散热又无法解决的器件，则可以通过常规的强迫风冷方案解决。

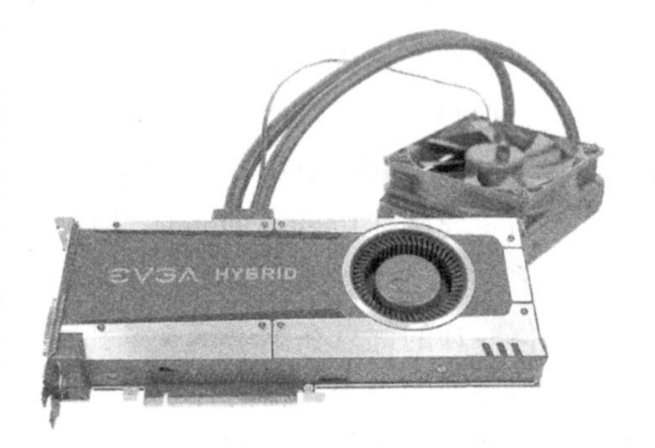

图 16-38 使用混合冷却的显卡模块

对混合冷却产品进行散热设计时，其特殊之处在于液冷和强迫风冷的配合，这涉及功耗的分配。混合冷却的设计步骤和各阶段的热设计优化思路汇总简述如下：

1）确定混合冷却的形式是开放式还是一体式。

2）评估产品各发热元器件散热风险，初步圈定无法在既定限制下使用强迫风冷解决的元器件，对其采用液冷设计。至于判断方法，可以先按照单纯强迫风冷方案对产品进行原始散热评估，超温幅度较大者，定位为需要使用液冷方案解决的器件。

3）对于开放式混合冷却，液冷部分的设计包括冷板的优化设计、液体管道的布局和快接头的选型。这些优化设计思路在本书第 11 章有详细描述。

4）对于一体式混合冷却，液冷部分设计还包括泵的选型和换热器的设计。由于换热器集成在产品内部，其与强迫风冷部分分享系统风扇，因此需要关注其形态尺寸带来的风阻变化，避免由于使用强力换热器致使系统中其他未使用液体冷却的部件散热无法通过。

① 通常会先根据液冷部分元器件的需求，确定换热器的换热能力需求，初步设计符合要求的换热器；

② 将换热器作为设计边界条件，设计强迫风冷部分，校核、检验散热效果；

③ 根据验证结果，调整风扇选型、换热器细节参数或强迫风冷部分散热器设计、单板布局以及开孔域等热相关参数，直至全部元器件散热通过。

16.4 动力电池热管理

环境污染问题的日渐突出，使得清洁能源成为大势所趋，新能源汽车的需求正迅速增长。而作为能量存储单元，电池的性能和使用寿命直接决定了电动汽车的性能（见图 16-39）和成本，如何提高电池的性能和寿命成为电动汽车的研究重点。

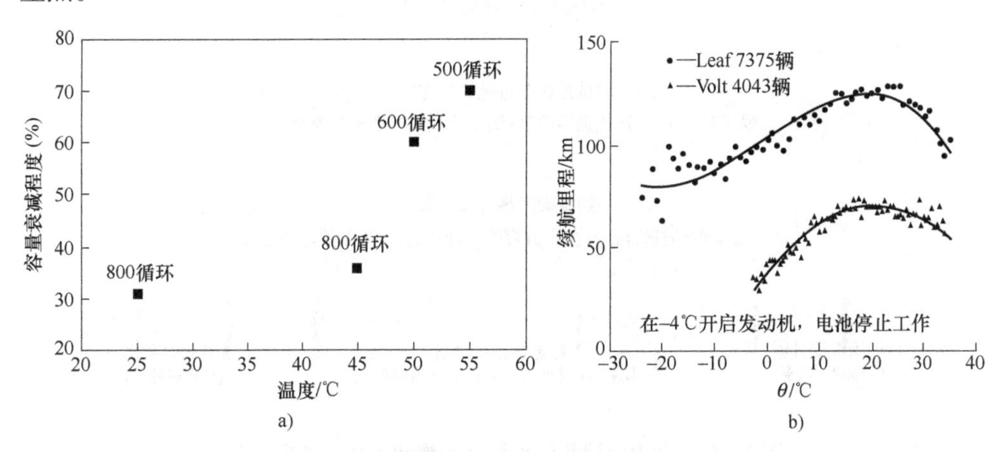

图 16-39　a）典型电池不同温度、不同循环次数下容量衰减程度实验结果
b）Leaf 和 Volt 在不同温度下的续航里程统计

目前，电动车辆上使用的动力电池多为锂离子电池，且是由多个单体电池通过串并联方式组成电池组，从而实现大功率充放电，满足车辆大功率的动力要求。

锂离子电池在进行充放电时，由于转换效率小于100%，内部将产生热量。如果散热不及时，则会导致电池局部温度快速上升，电池使用寿命大大缩短，严重时甚至会造成电池热失控，汽车发生爆燃，如图16-40所示。当动力电池温度过低时，电池的容量和寿命同样会极大衰减[6,7]。实质上，使用燃料电池的汽车同样面临电池温度敏感性问题。即所有类型的动力电池均需要温度控制设计以保证运行效率、寿命和安全性。

动力电池热管理方案的设计步骤如图16-41所示。

图16-40 因热失控发生爆燃的电动车

1）确定热管理系统的设计目标：应用场景不同时，热管理方案所受到的空间、重量、成本等限制也不尽相同；

2）确定电池系统热相关参数：各种场景下的发热量，电池本身的传热特性，电池对温度的敏感性；

3）根据要求和热学参数，选择合适的热控方式，并输出首版详细热设计方案；

4）根据设计方案进行打样测试，分析测试结果，实施改进措施，并对方案中的一些自动控制策略进行验证，迭代得到终版设计方案；

5）整车/整电池包实际样品测试，如有必要，则对部分自动控制参数进行微调，输出终版动力电池热管理方案。

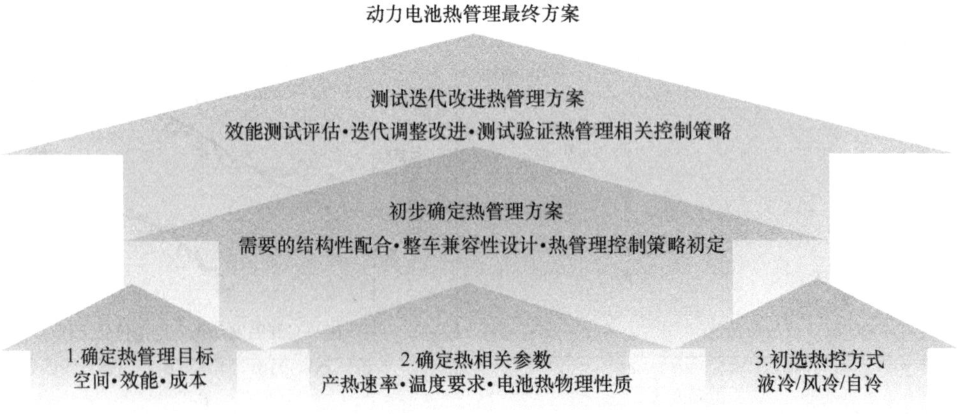

动力电池热管理最终方案

测试迭代改进热管理方案

效能测试评估•迭代调整改进•测试验证热管理相关控制策略

初步确定热管理方案

需要的结构性配合•整车兼容性设计•热管理控制策略初定

1.确定热管理目标

空间•效能•成本

2.确定热相关参数

产热速率•温度要求•电池热物理性质

3.初选热控方式

液冷/风冷/自冷

图16-41 动力电池热管理设计步骤和各环节考虑因素

16.4.1 电池热管理系统的目标

结合电子产品运行场景，电池热管理系统的目标可以细化如下：

1）保证单体电池处于适宜的工作温度范围，能够在高温环境中将热量及时转移、低温环境中迅速加热或者保温；

2）减小单体电池内部不同部位之间的温度差异，保证单体电池的温度分布均匀；

3）保持电池组内部不同电池的温度均衡，避免电池间因温度不平衡而降低性能；

4）考虑极端情况，消除因热失控引发电池失效甚至爆炸等危险；

5）满足电动汽车轻型、紧凑的要求，成本低廉、安装与维护简便；

6）有效通风，保证电池所产生的潜在有害气体能及时排出，保证使用电池的安全性；

7）温度等相关参数实现精确灵敏的监控管理，制定合理的异常情况应对策略。

16.4.2　电池热学信息确定

任何方案的设计都需要先明确输入信息或限制条件，其中最基础的、必不可少的信息有以下三类：

1）电池自身的发热速率。热管理方案的原理是通过一定手段将电池发出的热量转移到合适的位置来控制电池温度，电池发热速率决定管理方案的热量转移效率要求。

2）电池的温度要求。不同电池对温度敏感性不同，而温度是热管理系统控制的核心目标。

3）电池的热物理性质。在相同的产热速率和热管理方案下，电池本身的导热系数、密度和比热容等电池热物性参数对电池温度表现有巨大影响。

电池热管理系统的设计，实际所用到的热设计知识，与常规电子产品，如服务器、电源等产品并无本质差异，仍需要从热传导、对流换热、辐射换热三个角度考量合理的热管理方式。

1. 电池发热速率

锂离子电池在充放电循环过程中伴随有各种热量的吸收或产生，并导致其内部温度发生变化。这些热量包括由化学反应熵变产生的可逆热 Q_r，电极因极化产生的极化热 Q_p，因电阻产生的焦耳热 Q_j，电池本身因温度升高而吸收的热量 Q_{ab}，电池内部因发生副反应所产生的热量 Q_s 等[8]。

上述各吸热和放热部分，可以使用以下公式示意性描述：

$$\text{电池总的产热量 } Q = Q_r + Q_p + Q_s + Q_j + Q_{ab} \tag{16-1}$$

有的研究将电池的极化热与焦耳热之和等效为由于电池的全内阻带来的热量，而电池的全内阻则可以通过仪器测定。某些情况下，为细化内部热量分布，还可以使用仪器测量电池的欧姆电阻，欧姆电阻即为焦耳热 Q_j 的产生来源[9]。

电池的发热速率不是一个固定值。动力电池充放电过程中，电池内部化学反应复杂。热量的产生与电池的类型、充放电速率和工作温度都直接相关，产热机理影响因素的复杂性使得很难直接使用数值方法对电池的发热速率进行模拟计算。图 16-42 所示为50℃工作环境温度下某 $LiFePO_4$ 锂离子电池在 1C 充放电时电压和热流随时间的变化曲线[8]，可见其综合热流密度随时间变化的复杂程度。表 16-8 中对比了该电池在不同放电倍率、不同工作温度下的发热量，亦表现出极大的不同[4]。

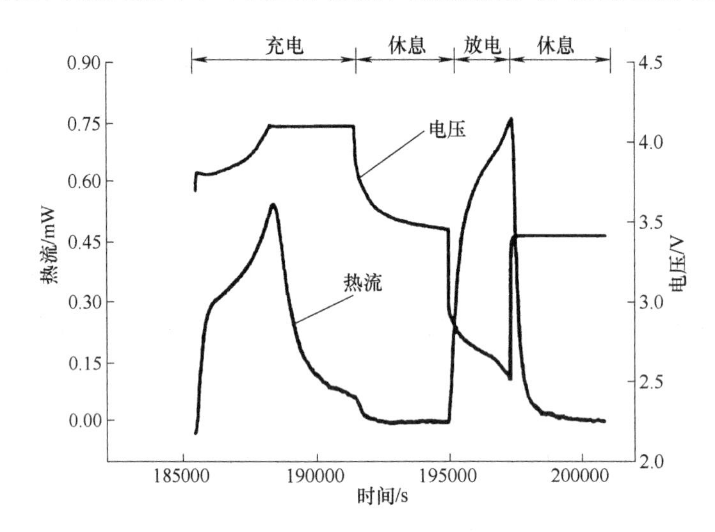

图 16-42　50℃工作环境温度下 CR2025 型 $LiFePO_4$ 锂离子电池在 1C 充放电时电压和热流随时间的变化曲线[8]

表 16-8　不同工作环境温度下 CR2025 型 $LiFePO_4$ 锂离子电池在不同放电倍率下产热量对比（负号表示放出热量）[8]

工作温度/℃	放电倍率/C	发热量/mJ
30	0. 1	-111. 52
	0. 2	-193. 62
	0. 5	-609. 31
	1. 0	-964. 53
50	0. 1	-253. 16
	0. 2	-326. 25
	0. 5	-859. 48
	1. 0	-1491. 08

表 16-8 仅表述的是 $LiFePO_4$ 锂离子电池的相关实测数据，当电池类型变更时，电池的放热特点又有不同。目前，通常采用的研究方法是实验与数值模拟相结合：首先使用实验方法测量典型电池在某些典型温度、不同充放电速率下的产

热速率，获得的测试数据通过拟合物理控制方程得出等效的反应热参数，将这些反应热参数加载到数值模拟的模型中，模拟电池在温度连续变化时的电池发热速率。在电池组热管理方案设计过程中，也可以使用数值模拟来预先查看设计效果。需要注意的是，当细致地研究单体电池在充放电过程中电池随温度的实时变化时，简单地将电池的发热速率设定为一个固定值，可能造成模拟结果或理论计算结果有很大误差。当然，这种简单等效仍可以用来定性地对比不同热管理方案的优劣。

2. 电池导热系数、密度和比热容

在系统方案设计时，必须考虑电池的导热系数、密度以及比热容。其中：

1）密度：可以通过测试电池体积和质量，根据密度的定义直接获得；

2）比热容：可以通过测试将电池温度升高特定的温度值，测量所需的热量获取；

3）导热系数：导热系数是矢量，由于电池由多种材质组合而成，在不同方向和不同位置处，导热系数不尽相同。导热系数的确定需要获得电池内部的详细成分构成及对应的几何尺寸参数，通过当量导热系数的计算公式分别获取。

表 16-9 为中航锂电 70A · h 磷酸铁锂动力电池的当量热物理参数和内部相应的内部组成材料属性。

表 16-9　中航锂电 70A · h 磷酸铁锂动力电池热物理参数[8]

构　件	成　分	密度/(kg/m^3)	比热/(J/kg)	导热系数/[W/(m · K)]
内核	铜、铝、磷酸铁锂、石墨、电解质等	2173	895	1.1（x 方向） 18.3（y，z 方向）
气隙	空气	1.225	1006	0.024
负极极柱	铜	8900	385	398
正极极柱	铝	2700	903	238
外壳	尼龙	1180	1500	0.35
顶盖	尼龙	1180	1500	0.35
螺帽	铝	2700	903	238

除了使用热物理测试，还可通过确定电池中各组分所占用的比例，以及各组分的物理特性采用加权平均的方式计算得出电池的等效导热系数、比热容等参数[10]。

3. 电池的最优工作温度

动力电池温度问题多在如下情境中出现：

1）高温运行环境中；

2）快速充电时；

3）需要快速放电的驾驶过程中；

4）低温情境下的充放电过程中。

其中前三种需要降温，最后一种需要加热。不同电池的理想工作温度区间是不同的，在进行电池热管理系统设计之前，需要明确电池的最优工作温度范围。电池热管理系统最关键的目标就是在汽车所有运行状态下都保证电池温度位于这些合理的工作温度区间内。在当前工艺技术水平下（2018 年），Ni-MH 电池的最佳工作温度范围为 20～40℃，极限为 -20～60℃；铅酸电池最佳工作温度范围为 25～45℃[6]，极限为 -20～60℃；磷酸铁锂电池的工作电压区间在 2.0～3.65V（三元电池的工作电压区间在 2.75～4.2V），放电工作温度为 -20～55℃，充电温度为 0 ～ 45℃。需要注意的是，温度区间的确定必须要与电池的工艺技术水平和所要求的使用寿命关联起来确定。目标温度区间除了决定电池包中冷板、风扇等具体结构件的设计，其上下限值也是设计电池热管理系统自动控制策略的重要参考。

16.4.3 电池组热管理方案类型

本书第 1 章概括了电子产品热问题的内外两个解决思路。电池的热问题也与之相同：向内提升电池本身技术工艺，即电池能量密度更大，能量转化效率更高，相同尺寸的电池储能更多，且输出功率相同的情况下发热速率更小，材质适应的温度范围更广；向外则是电池热管理系统的设计，通过自然散热、强迫风冷或者液体冷却等外部措施控制电池包的温度。本节将重点解读后者，此处将电池的热管理按照风冷散热、液冷散热和相变冷却三种类型来描述。

1. 风冷散热

风冷散热相对来讲是比较原始的电池热管理方案，由于效率低下，目前高续航的纯电动汽车已经极少使用。电池包自身的自然散热设计所使用的优化手段与 3C 电子产品完全相同，详细可参考本章第一节内容。其差异之处在于电池包和整车空间位置的协调。当使用自然散热方案时，将电池包置于通风且远离其他发热体的车体部位对电池温度表现至关重要。

类似地，强迫风冷设计的电池包也是如此，其采用的散热优化手段可以参考 16.2 节内容。强迫风冷设计的电池包，风道的设计几乎演变成电池包内电池的排布形式和箱体进出风口形态和相对位置的设计。由于电池本身发热速率的复杂多变性，目前多数强迫风冷设计的方案中，电池的排布仍严重依靠实际测试确定。常见的电池包中过风形式有串联和并联两种，如图 16-43 所示。

串联设计的风道，冷风在电池包内在前进的过程中温度逐渐升高，致使处于下风向的电池温度偏高，从而导致电池包内电池的温度不均匀性较大。而并联风道可以较好地规避这一点。也有实验表明，并联风道的设计更有利于形成均匀的温度场。

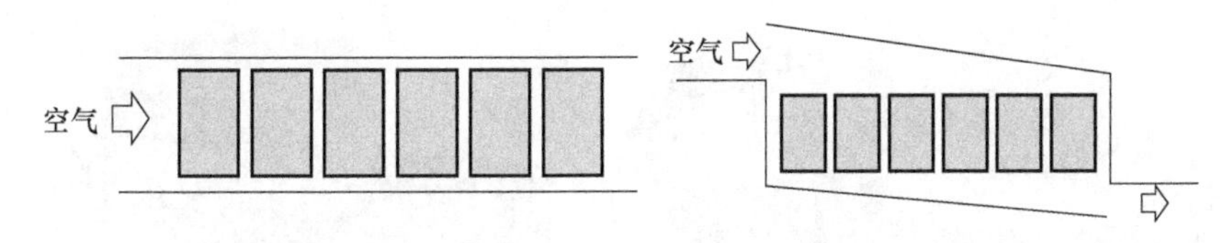

图 16-43　串联和并联风道

综上所述，在风冷散热中，除去拓展散热面积、高导热材料的选择、高性能风扇的选择等常规强化散热措施，电池的安装位置和风道形式也是关键设计点。

2. 液冷散热

随着电池功率密度的提升，空气为热载体的热管理方式已逐渐无法满足温度控制的要求。液冷散热的高效移热及强大的均热能力，使其日渐成为动力电池包热管理的首选方案。图 16-44 和图 16-45 描述了几种典型的液冷方式。

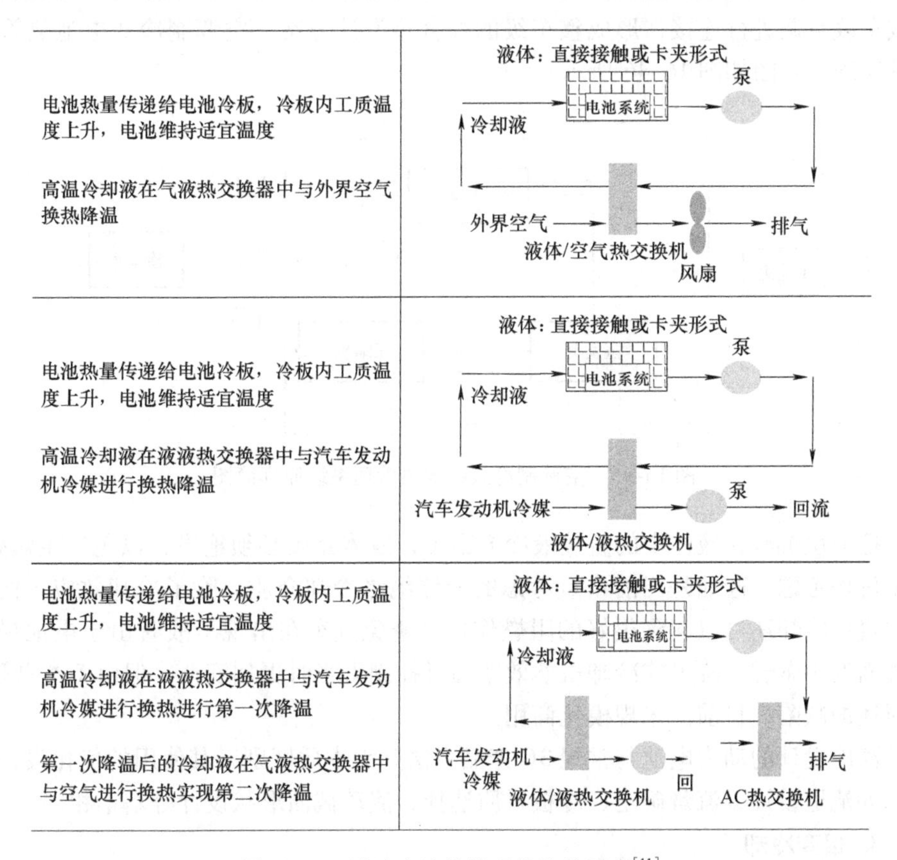

图 16-44　液冷电池热管理的几种形式[11]

对于间接液冷的电池包，传热介质可以采用水和乙二醇的混合液或者低沸点的制冷剂。电池包中，冷板与电池之间的导热衬垫除了有降低接触热阻的功能，

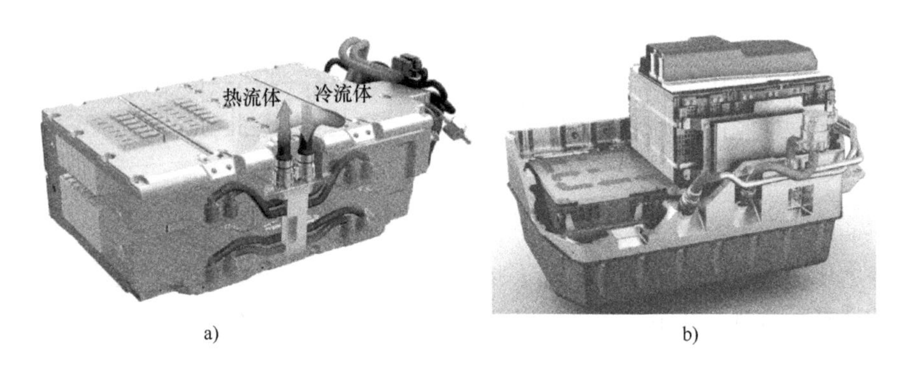

a)　　b)

图 16-45　电池包液冷散热示意图

a）保时捷 Panamera S E-hybrid　b）保时捷 Boxster

同时还有缓振、绝缘和阻燃作用。液冷方案的电池包还可以和车体的发动机制冷液或车载空调进行连接，形成整车级的综合热设计方案。空调制冷式电池热管理系统原理示意图如图 16-46 所示。

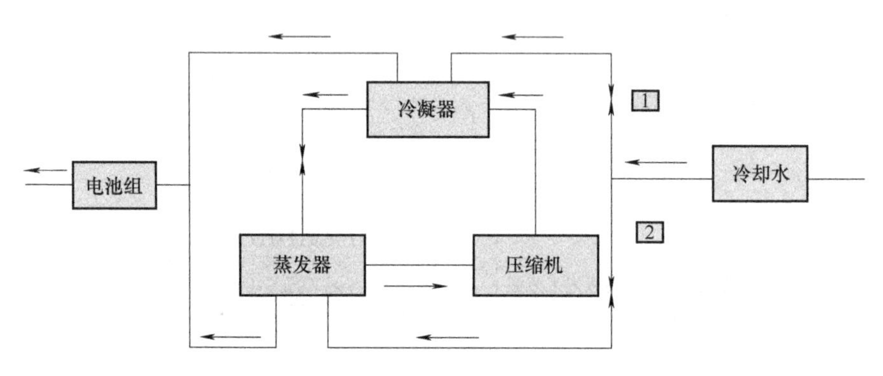

图 16-46　空调制冷式电池热管理系统原理简图

把模块沉浸在液体中的直接液冷方案中，液体介质必须绝缘，以免发生短路。出于价格考虑，硅油是当前重点考虑的液体绝缘冷却介质。除了冷却效应，使用硅油直接冷却还可以起到很好的阻燃作用，避免汽车在出现事故时由于电池局部高温而发生爆燃。浸没式冷却虽然效率高且控制得当时更加安全，但由于本书第 4 章所述的缺陷，目前尚未规模化商用。

液冷设计的动力电池与常规 3C 产品方法并无本质区别，其使用的优化设计方法，如流道设计、流量确定、冷板材质选择、流动截面形状设计等基本相同。

3. 相变冷却

电池对温度的敏感性很容易令人将其与相变材料（Phase Change Material，PCM）对热量产生的温度反应连接起来。PCM 的特征是在极小的温度变化范围内可以收大量热，在需要维持恒温的设备中经常使用（如保暖服装、电器防热外壳、保鲜盒、保温盒、取暖器、储能炊具等[12]）。利用 PCM 进行电池冷却原理是：当电池进行大电流放电时，电池释放大量热，PCM 吸收电池放出的热量，自身发生相变，而维持电池在相变温度附近。此过程是系统把热量以相变热的形式储存在 PCM 中。当电池温度下降到 PCM 熔点以下时，相变材料又可以释放自身能量，维持电池温度。通过材料的相变化可以经济地将电池温度控制在合理范围内。

通过冷却原理可以清楚地看到，PCM 的相变潜热和相变温度是其在电池热管理中应当考量的关键因素（密度、毒性、价格等传统因素当然也很重要）。理论上讲，当 PCM 的体积潜热足够大时，电池甚至只需要被包裹在 PCM 中就可保证温度适中（运行间歇较长且可能置于寒冷环境中的车型，需要加热部件以保证冷启动）。没有了运动部件和占据大量空间的换热器、冷板管路等部件，其可靠性、紧凑性和装配难度显然极具优势。

16.4.4　动力电池加热系统

动力电池的最佳工作温度是一个范围，当动力电池温度过低时，电池的容量和寿命会极大衰减。可能的原因包括电解液受冻凝固等[2]。在低温时，由于电池的活性差，电池负极石墨的嵌入能力下降，这时大电流充电很可能出现电池热失控甚至安全事故。

一般而言，加热系统是为了让电池在低温环境下依然能够正常使用。加热系统主要由加热元件和电路组成，其中加热元件是最重要的部分。常见的加热元件有可变电阻加热元件和恒定电阻加热元件，前者通常称为 PTC（Positive Temperature Coefficient），如图 16-47 所示，后者则是通常由金属加热丝组成的加热膜，如图 16-48 所示，譬如硅胶加热膜、挠性电加热膜等。

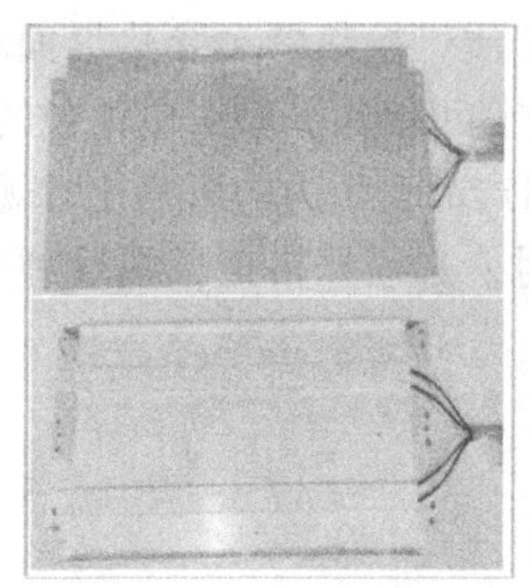
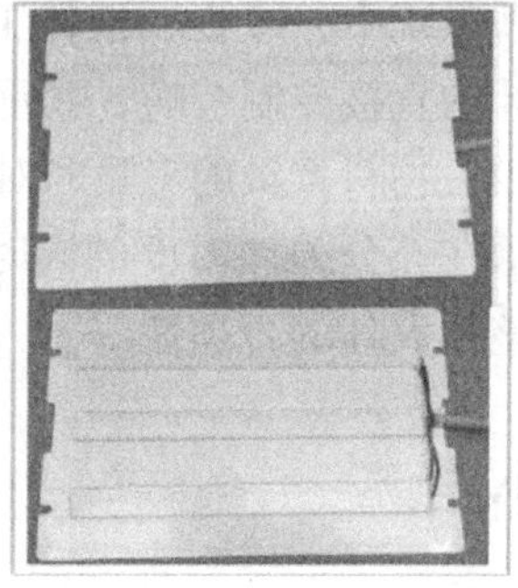

图 16-47　平板式 PTC 加热器

PTC 由于使用安全、热转换效率高、升温迅速、无明火、自动恒温等特点而被广泛使用。其成本较低，对于目前价格较高的动力电池来说是一个有利的因素。但是 PTC 的加热件体积较大，会占据电池系统内部较大的空间。

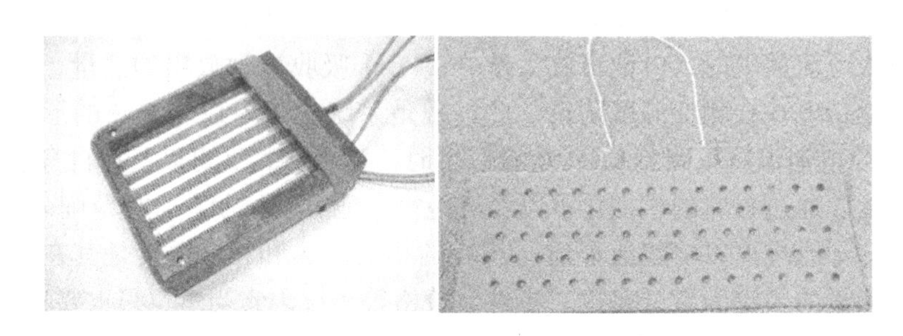

图 16-48　硅胶加热膜、挠性电加热膜

绝缘挠性电加热膜是另一种加热器，它可以根据工件的任意形状弯曲，确保与工件紧密接触，以保证最大的热能传递。硅胶加热膜是具有传统金属加热器无法比拟的柔软性的薄形面发热体。但其需与被加热物体完全密切接触，安全性比PTC 差。加热膜另一个明显缺点是电池被加热温度较难控制。

16.4.5　动力电池热管理系统的重量考虑

动力电池能量密度和成本是电池包最关注的指标。2016 年 4 月，工业和信息化部、国家发展改革委、科技部联合印发了《汽车产业中长期发展规划》。规划的新能源领域的阶段性目标是：①到 2020 年，锂离子动力电池单体比能量大于 300W · h/kg；系统比能量争取达到 260W · h/kg；成本 <1 元/W。②到 2025 年，新能源汽车占汽车产销 20% 以上，动力电池系统比能量达到 350W · h/kg。2016 年发布的《节能与新能源汽车技术路线图》也提到了纯电动汽车动力电池的比能量目标是 2020 年 350W · h/kg，2025 年是 400W · h/kg，2030 年是 500W · h/kg。

动力电池管理系统中，冷板、液体工质、换热器、导热界面材料、泵、加热片等都属于热设计的直接控制范畴，其重量可能占到整个电池包的 30% 甚至更多，电池包中热管理相关物料重量的考量和对产品竞争力的影响比常规的 3C 产品要明显得多。热设计师在充分关注温度的同时，必须严格把握热管理系统所占用的空间和重量，确保整体设计的合理性。

16.5　本章小结

本章详细解读了各类常见产品的热设计优化思路。以解读产品特征→将特征需求转换为热设计要求→思考对应的热设计策略为主线，详细描述了本书所讲知识的具体应用方法。本章可以作为读者对热设计知识掌握水准的一次综合应用示例，也可以在获取本书之初作为引子，直接选取书中对应章节快速获得适合自己的知识进行学习。

参 考 文 献

[1] 柏立战，林贵平，张红星. 环路热管稳态建模及运行特性分析 [J]. 北京航空航天大学学报，2006，32 (8)：894-898.

[2] IEC GUIDE 117. Electrotechnical equipment - Temperatures of touchable hot surfaces Appendix A [S]. 2010.

[3] Tang，Heng，Tang，et al. Review of applications and developments of ultra- thin micro heat pipes for electronic cooling [J]. Applied Energy，2018 (223)：383-400.

[4] 张炯. 4G/5G 融合，促进网络演进发展. [Z/OL] [2020-01-15]. https://www.zte.com.cn/china/about/magazine/zte-technologies/2018/1/4/4.html.

[5] 中兴通讯. 中兴通讯 5G 高频基站产品荣获 2017 中国设计红星奖. [Z/OL] [2020-01-15]. http://5g.zol.com.cn/672/6722392.html.

[6] 饶中浩，张国庆. 电池热管理 [M]. 北京：科学出版社，2015.

[7] Ramadass P，Haran B，White R，et al. Capacity fade of Sony 18650 cells cycled at elevated temperatures Part Ⅱ. Capacity fade analysis [J]. Journal of Power Sources，2002，112 (2)：614-620.

[8] 宋刘斌. 锂离子电池（LPF）的热电化学研究及其电极材料的计算与模拟 [D]. 广州：中南大学，2013.

[9] 梁金华. 纯电动车用磷酸铁锂电池组散热研究 [D]. 北京：清华大学，2011.

[10] 云凤玲. 高比能量锂离子动力电池热性能及电化学-热耦合行为的研究 [D]. 北京：北京有色金属研究总院，2016.

[11] Pesaran A. Battery thermal management in EV and HEVs：issues and solutions [J]. Battery Man，2001，43 (5)：34-49.

[12] 陈爱英，汪学英. 相变储能材料及其应用 [J]. 洛阳理工学院学报（自然科学版），2002，12 (4)：7-9.

第17章 热、电、磁的结合

随着5G时代来临，社会步入万物互联，电子产品在生活中将无处不在，第一代5G手机中的天线馈点如图17-1所示。从名字就可看出，电子产品的任何设计都不能完全脱离电。热在电子产品中的影响越来越大，热设计工程师不得不在有限的空间内采用更加复杂、更加有效的方式来解决热问题，在这种情况下，热的某些方案甚至会影响到电的性能。如何在电性能得到保证的前提下有效解决热风险，是热设计工程师需要深度思考的问题。另外，电子产品相互之间的电磁干扰，信息的高速传输和天线数量的增多将对产品内部结构设计、材料选型产生巨大影响，也使得热和电之间的耦合设计将变得越发重要。理解一些基本的电学概念及其对材料的要求，对热设计工程师在前期评估中充分结合相关限制，设计可实施性更强的散热方案有很大帮助。本章将从热设计工程师的角度来解读一些电磁知识，帮助热工程师理解要解决的问题的实质，以及在热设计方案中应当考虑的电磁学限制。

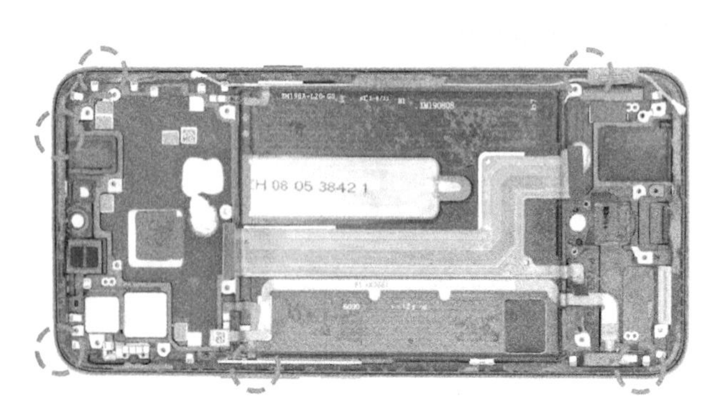

图17-1 第一代5G手机（VIVO iQOO Pro 5G）中的天线馈点（相对4G手机大量增多）

实际上，电磁兼容（Electro Magnetic Compatibility，EMC）是电子产品的重要性能指标，其本身就是一门非常复杂的学科，它包含两个方面[1]：

1）设备在正常运行过程中对所在环境产生的电磁干扰不能超过一定的限值，即电磁干扰（Electro Magnetic Interference，EMI）；

2）设备对其所在环境中存在的电磁干扰具有一定程度的抗扰度，即电磁敏感度（Electro Magnetic Susceptibility，EMS）。

电子产品的 EMC 设计的相关方法和所用到的材料大体汇总如图 17-2 所示[2]。

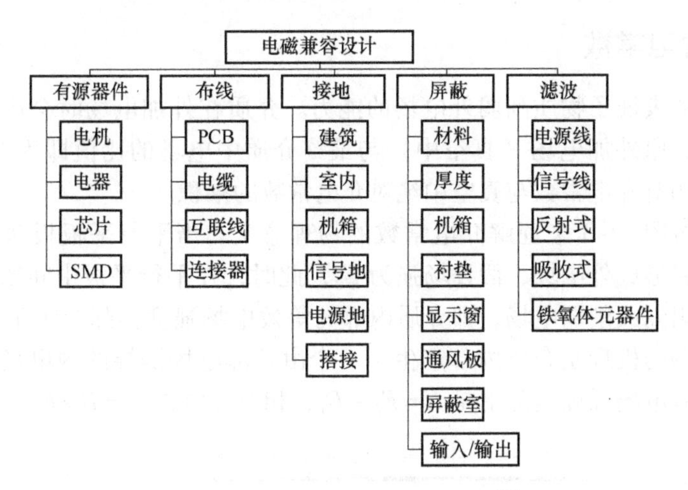

图 17-2　电磁兼容设计技术框架[2]

可以看到，电磁兼容性设计涉及电磁、材料、机械、热学等多个学科，而且产品越复杂，电磁兼容问题就越难解。这种跨学科属性以及显著的发展趋势与热问题非常类似。基于此，作者认为，热和电磁兼容问题将成为制约半导体进一步发展的核心难题。

17.1　一些电磁学概念

17.1.1　电容

电容公式如下：

$$C = Q/U \tag{17-1}$$

式中，Q 为电容器储存的电荷量；U 为电容器两端的电压。可以看到，当电容相等时，电压越大，电荷量越大。电容是衡量电容器在单位电压下储存电荷能力的指标。当一个电容器在很小的电压下就能储存大量电荷时，电容数值很大，表示该电容器储存电荷能力强。反之，若一个电容器在很大的电压下也只能储存很少的电荷，则证明其储存电荷能力弱。

平行平板又有一个电容公式如下：

$$C = \frac{\varepsilon S}{4\pi kd} \tag{17-2}$$

式中，C 为电容量；ε 为相对介电常数；S 为面积；k 为静电力常量；d 为两个平板间的距离。电容并不是一个材料的属性，而是一个器件、一个系统或者一个模块的性质。但电容除了受结构层面的影响外［式（17-2）中的 S，d］，还受到内部材料介电常数的影响，而介电常数就是材料的物理性能了。

17.1.2 介电常数

介电常数表征了物质削弱外电场的能力。介质在外加电场时会产生感应电荷而削弱电场，原外加电场（真空中）与最终介质中电场的比值即为介电常数[3]。介电常数是相对介电常数与真空中绝对介电常数的乘积。

可以通过图 17-3 来理解介电常数的物理意义。当平行平板板两侧有电压差时，平板间将形成外电场，假设场强为 E_0，此时，在平行平板中间塞入介质，介质的存在将阻隔或削弱电场，即介质内部的等效电场强度实际会小于 E_0。这种阻隔或削弱电场的机理是介质内部产生了一个由外部电场诱导的内电场。介质内部的综合或等效电场强度实际上是 $E = E_0 - E_1$，相对介电常数 $= E_0/E$。

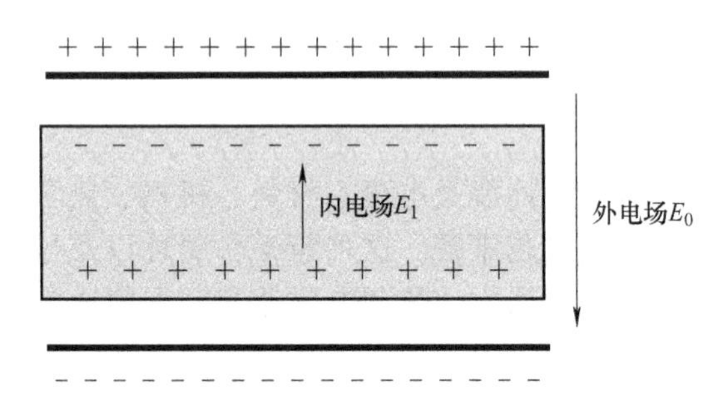

图 17-3　平行平板内填充电介质时内部电场分布

介质内部产生电场的过程在电磁学中称为极化。介质通过内生电场削弱原始电场的能力就用介电常数来衡量，削弱的程度越大，表示介质的介电常数越大。由于这种削弱是由外部电场诱导的，因此介电常数又称为诱电率。作者对介电常数的理解是它体现了材料本身对电场传输的阻滞能力或拖拽能力，介电常数越大，阻滞能力越强。这个感性的认知对于理解下面两小节讲的内容或许会有帮助。

1. 万物互联时代的低介电常数材料

从前面平行平板间的电容公式还可看出，介电常数越大，电容也越大。

介电常数对电子产品性能有很大影响。低成本、低功耗、高密度、高速度显然是半导体行业的发展方向。其中高密度直接意味着电子元器件尺寸的不断缩小，同时单板上导线的线宽和线间距将越来越小。如此一来，互联中的电阻 R 和电容 C 产生的寄生效应将越来越明显。从材料角度出发，减弱这一效应有以下两个方式[4,5]：

1）采用电阻率低的材料——降低电阻；

2）采用低介电常数的绝缘介质——降低电容。

早期半导体中多用铝作为信号线，而现在铜已经大规模应用。作为对比，铝的电阻率约为 2.8μΩ·cm，铜仅约为 1.8μΩ·cm，降低幅度达 40%。在已知的金属中，银的电阻率更低，可以达到约 1.7μΩ·cm。当然，由于价格高昂，银的应用相对较少。绝缘介质的介电常数影响的则是电容，使用介电常数更低的绝缘介质能够降低寄生电容，减少损耗。寄生效应产生的损耗最终将变成热能，这对于降低能耗也有直接的帮助。

众所周知，5G 时代信息最重要的特征就是传输速率快，而信号延迟时间与介电常数同样有直接关联[6]

$$\tau = RC = 2\rho\varepsilon\left(\frac{4L^2}{d^2} + \frac{L^2}{T^2}\right) \tag{17-3}$$

式中，τ 为信号延迟时间；R 为电阻；C 为电容；ρ 为导线金属的电阻率；ε 为导线之间绝缘材料的介电常数；d 为导线之间的距离；L 为连线的长度；T 为导线的厚度。集成度和功能性的提升必然使得 L 增大，d 和 T 减小，因此随着半导体行业的发展，如果不能优化导线材料的电阻率和中间绝缘介质的介电常数，则信号延迟时间将越来越长。这显然不符合人们的预期，因此，5G 时代，半导体行业的材料将面临新的挑战。

2. 高介电常数材料的应用

并非所有的材料都需要低介电常数。可以从公式看出，介电常数直接影响电容量，而电容器是电子产品中一个重要的元器件。衡量电容器性能有两个主要方面，即高的储能密度 u 和低的散热损耗 q。

$$u = \frac{1}{2}\varepsilon E^2 \tag{17-4}$$

$$q = 2\pi f E^2 \varepsilon \cdot \tan\delta \tag{17-5}$$

可见，在电场强度 E、工作频率 f 恒定的条件下，电容器的储能效果取决于材料的介电常数 ε，而发热性能则决定于材料的介电损耗 $\tan\delta$[7]。对于介电常数，这里产生了一个储能和发热的平衡。即介电常数越高，储能能力越强，但同时发热量也越大。而且随着信号处理的加速，电容的工作频率也将上升，即使介电常数不变，其发热量也会增大。因此，要同步提高这两个性能，就必须同时控制好材料的介电损耗。

17.1.3　介电损耗

前文提到，电介质在有外部电场的情况下会发生极化，即会产生一个内部电场，其方向与外部电场相反（见图 17-3）。在交变电场中，当外部的电场方向不断发生变化时，内部电场必然也跟随变化。内部电场的激发实质上是带电微粒的定向运动或定向偏转，偏转过程中，需要消耗能量，转换成热，这种现象叫做介电损耗[3]。在恒定电场中也会有介电损耗，只不过是仅发生在第一次极化瞬间

(极化弛豫期间)。很容易理解，当外部电场方向变化速率加快时，这种损耗会增大。因此1.2.2节中电容的发热量与外部电场工作频率正相关。

1.2.2节中电容发热量公式中的 $\tan\delta$ 指的是介电损耗因数。一个实际的电容可以等效为一个理想电容（无损耗）和纯电阻的并联。在这种情况下，介电损耗因数就变得容易理解，其数值为

$$\tan\delta = \frac{I_R}{I_C} \tag{17-6}$$

很明显，$\tan\delta$ 越大，电容的损耗越大。由于损耗的机理来源于带电微粒定向移动或定向偏转的耗能，故此介电损耗和材料本身的特性有关。不同材料内带电微粒类型不同，带电微粒定向移动或定向偏转所受阻力也不同（这涉及极化的不同类型），因此介电损耗因数各不相同，如图17-4所示。

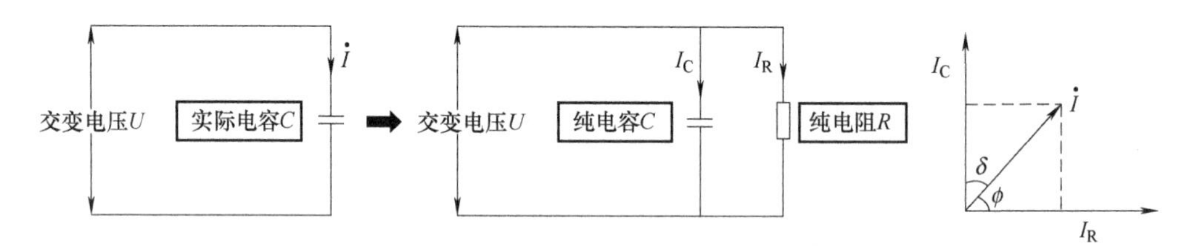

图17-4　介电损耗等效图和介电损耗角

从图17-4的介电损耗角公式还能得出另外一个启示，那就是在交变电场中，由于极化弛豫，电介质中的电场也在持续变化，且变化速率与外加电场的大小、频率相关。这说明材料的介电常数也是随外加电场频率的变化而变化的。

可以看出，介电常数和介电损耗与电介质内微粒的运动紧密相关，所以外加电场的频率对其影响很大。同时，温度也会影响物质内部微粒的运动，因此对这两个参数也有很大影响。当温度很高时，材料内微粒的热运动（无序的）甚至会明显扰乱带电微粒在外电场作用下发生的定向移动，导致介电常数急剧下降，介电损耗迅速上升。另外，电介质吸入水分之后也会导致这两个参数改变，对于极性电介质或多孔类电介质，这种影响更加突出。从这个几个角度理解，就可以推断出未来电容器对材料、热设计层面的要求：

1）开发高介电常数电介质；

2）开发低介电损耗电介质；

3）控制好电容器工作过程中的温度；

4）加强电容器封装的气密性。

这些因素相互之间都有强烈的耦合。对热设计而言，温度控制不当会导致电介质介电常数下降（电容器储能能力下降），介电损耗提高（电容器发热量增加，会进一步导致电容温度升高）。同时，温度提高，多数情况下还意味着电容器外围

封装的气密性削弱。

17.1.4　磁导率

材料的磁导率与介电常数有类似之处，表示在空间或在磁心空间中的线圈流过电流后，产生磁通的阻力或是其在磁场中导通磁力线的能力。磁导率越大，材料导通磁力线能力越强。在这一点上，它与电导率有相似的意义（电导率越大，电阻越低）。理解磁导率的概念，首先需要理清电磁场中非常重要的两个概念，即磁场强度 H 和磁感应强度 B。

磁场强度的提出是效仿电场强度的概念，但后来发现这个概念不能准确描述磁场对试探电流元的影响，因此有些人称之为一个“废弃的量”[8]。电流诱导产生磁场后，真空环境下其周围某点的强度可以用磁场强度 H 描述，此时试探电流元感知到的力效应可以用 H 来描述。但当周围不是真空，而是充满某种材料时，试探电流元感受到的磁力效应就不再是 H，而是 B 了。这是因为环境中充满的这种材料受到 H 的影响，产生了一个原本不存在的、附加的磁场。试探电流元此时感受到的是这两个磁场的综合场，这个综合磁场就称为磁感应强度 B。磁导率 μ 的表达式如下：

$$\mu = B/H \tag{17-7}$$

相对介电常数刻画的是材料对电场传输的阻滞作用，同样有一个相对磁导率。与永远不小于 1 的介电常数（材料对外电场总是表现出抗拒）不同，相对磁导率的变化范围非常巨大，有些材料表现出对外磁场的抗拒（抗磁体，产生的附加磁场与外磁场方向相反），有些表现为对外磁场的顺从（顺磁体，产生的附加磁场与外磁场方向相同），见表 17-1。

表 17-1　常见磁介质的相对磁导率 μ_r [9]

物质名称	μ_r	物质名称	μ_r
真空	1	水银	0.999971
空气（标况下）	1.0000004	银	0.999974
铂	1.00026	铜	0.999900
铝	1.000022	碳（金刚石）	0.999979
钠	1.0000072	铅	0.999982
氧（标况下）	1.0000019	岩盐	0.999986

无论是顺磁体还是抗磁体，相对磁导率都接近 1（见表 17-1），即产生的附加磁场相对原磁场而言很小，甚至有些分析中可以直接将其忽略。这类对原磁场影响很小的材料统称为非铁磁物质，显然，有非铁磁物质，就必然有对应的铁磁物质。铁磁物质产生的附加磁场强度比原磁场大很多倍，从而可以显著地改变原磁

场。铁磁物质的相对磁导率是一个很大的正实数。

从电磁学基本理论可知，电磁波在介质中的传播是相互垂直的电场和磁场交替激发的过程（见图 17-5）。磁导率和介电常数分别反映了电场和磁场在介质中的传播，这两个参数对电磁波的传播速度影响在麦克斯韦推导出的电磁波在介质中的传播速度公式中得到了极致的体现

$$c=\frac{1}{\sqrt{\varepsilon\cdot\mu}} \tag{17-8}$$

即介电常数或磁导率越大，电磁波传播速度越慢。在高频时代，电路板间介质趋向于低介电常数，实际与低介电常数材料间信号传播速度更快也有直接的关联。

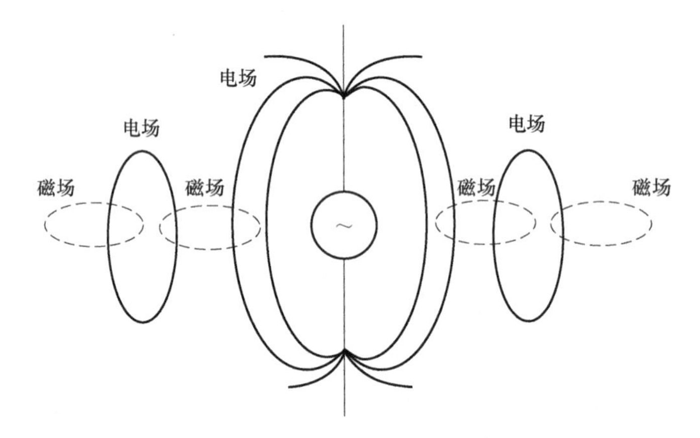

图 17-5　电磁波的传播过程[10]

虽然电磁波是电场和磁场交替激发形成的，但电场和磁场有很大的差别。所有的电场都是有源的，它来源于电荷，并且电场线不闭合。但磁场正好相反。所有的磁感线都是首尾相接的，即找不到磁感线的源头在哪里。到目前为止，尚无确切证据证明磁单极子的存在。作者粗浅地以为，磁场产生的机理是带电微粒的运动，磁场本身是一种运动，而不是现实存在的物质。类似电流表征的是带电微粒的定向移动，不能说电流是一种物质。而磁场也类似，电荷的定向运动称为电流，而这种运动本身除了电流的属性之外，还有另外一层属性，就是磁场。根据现代物理学的发现，变化的电场和变化的磁场又会交替激发。电和磁的这种奇妙组合决定了它的复杂性。

物质在力、热、电、磁等方面有很多种属性，深究到底，则是互通的。从电磁的角度上分析，物质本质上都是由带正、负电荷的微粒组成的，而且这些微粒都在不断运动。当将物质置于电磁场中时，这些运动的带电粒子将因受到外部电磁力的作用而改变原来的状态。带电粒子微观层面的这种变化，反映到宏观效应上则表现为物质对电磁场的极化、磁化和传导响应，分别由介电常数、磁导率和

电导率来描述。一般来说，物质对电磁场同时表现出上述三种响应，只是大小强弱差异较大。主要表现为极化和磁化效应的物质称为电介质和磁介质，而以传导效应为主的物质称作导体[11]。

17.1.5　磁化机理

外部磁场会改变物质中原本的磁状态，称为磁化[12]。磁化过程中物质内部产生的附加磁场反过来再影响外部磁场，磁导率反映的就是物质磁化的难易程度。磁场本身表达的是一种运动，理解起来就比电场复杂，从现实来看，磁化也远比极化复杂。这一点从相对磁导率的变化范围和介电常数的变化范围幅度就可以得知。

近代物理学的研究表明物质都是由分子或原子构成的。而无论是分子还是原子，内部都包含电子和原子核。电子无时不刻在进行两种运动，即自旋运动和环绕原子核的轨道运动。电子的运动就形成了固有磁矩。如图 17-6 所示，在没有外加磁场的情况下，物体内部的分子是随机运动的，各处分子电流取向杂乱无章，内部电流相互抵消，因此宏观上物体不表现磁性（见图 17-6b）。当外加磁场 B_0 时，物体内的分子电流将受到外加磁力的影响而产生两种变化：①分子电流形成的固有磁矩在外加磁力的情况下受到安培力的作用会在一定程度上克服热运动呈现转向趋势，由于磁力矩总是使磁矩的方向转向与磁场方向一致，因此外加磁场会被加强。从分子电流的分布层面看，如图 17-6c 所示，外加磁场后，原本杂乱无章的分子电流呈现定向排列，取其中的某个截面分析则是物体内部的分子电流仍能够相互抵消，但最外层的电流却相互连接，形成了束缚电流（又名磁化电流）α，束缚电流的方向和外加电流的方向相同，从而加强外部磁场[9]。②除了改变分子电流的取向，施加外部磁场的过程中，每一个运动着的带电微粒还会受到洛伦兹力的影响，产生一个与外磁场方向相反的磁矩，这种效应会削弱外磁场。

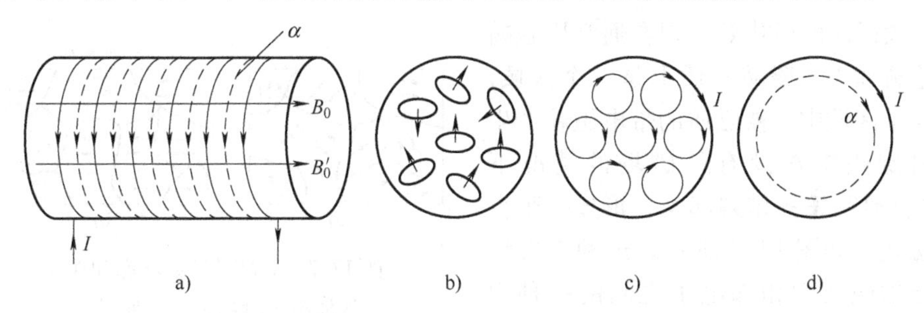

图 17-6　分子电流在外加磁场的情况下形成的定向排列[9]

通常认为在抗磁质中分子电流的固有磁矩是完全抵消的，即使外加磁场，也不会有磁矩的转向效应，而只是有前文所述的第②种变化，故抗磁质总是表现为对原磁场的削弱[12]。惰性气体、Li^+、F^-、食盐、水以及多种有机化合物都属于抗磁质。在顺磁质中，分子电流的固有磁矩在外部施加磁场的过程中产生的转向效应从而对原磁场的加强足以覆盖第②种变化中对原磁场的削弱，以至于两种效应竞争的综合结果是加强原磁场。过渡元素、稀土族元素和锕族元素等都属于顺磁质。

顺磁质和抗磁质都属于弱磁质，其相对磁导率都非常接近1，对外部磁场的影响并不大。上述分子电流的假说是由安培提出的，用来解释这类弱磁质的磁化现象。在电子领域中，铁磁质是最常用来改变或设计电磁场的材料，其磁化机理又不相同。

相比于弱磁质，铁磁质有如下特征[13]：

1）能产生特别强的附加磁场，使铁磁质中的磁感应强度远大于真空时的磁感应强度，即相对磁导率μ_r很大，见表17-2；

2）铁磁质中的磁导率μ不是常量，而是与磁场强度H有复杂的函数关系；

3）磁化强度随外磁场变化，其变化落后于外磁场的变化，而且在外磁场停止作用后，铁磁质仍能保留部分磁性；

4）一定的铁磁材料存在特定的临界温度，在此温度时其磁性发生突变，该温度称为居里点。当温度在居里点以上时，铁磁质转化为顺磁质。

表17-2　常用磁性材料的磁导率[16]

物质名称	相对磁导率
铸铁	200～400
铸钢	500～2200
纯铁	18000（最大值）
硅钢（含硅4%）	7000（最大值）
坡莫合金（铁78.5%，镍21.5%）	100000（最大值）

铁磁质的磁化效应现在通常用磁畴理论解释[9]。磁畴本质上是一个区域，在这个区域中，铁磁质的带电微粒产生的自旋磁矩在没有外磁场的情况下“自发地”整齐排列起来，形成一个自发磁化，如图17-7所示。这种自发性源于铁磁质中相邻电子之间的一种很强的交换耦合作用。磁畴的体积尺度为10^{-12}～$10^{-8}m^3$，线性尺度约为$10^{-4}m$[12]。从尺度上可以看出，虽然包含大量原子（通常认为是10^{17}～10^{21}个），但这个尺度仍然很小。因此，虽然每一个磁畴内已经形成了自发磁化，但由于大量磁畴的方向属于杂乱无章状态，磁性相互抵

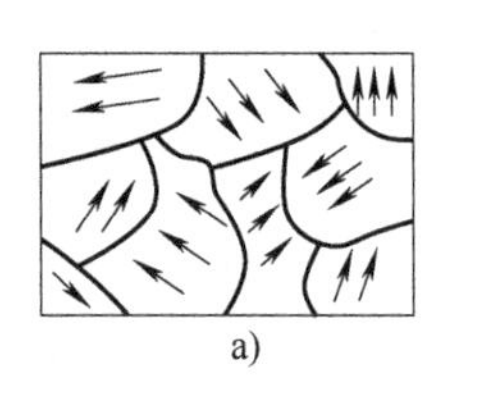

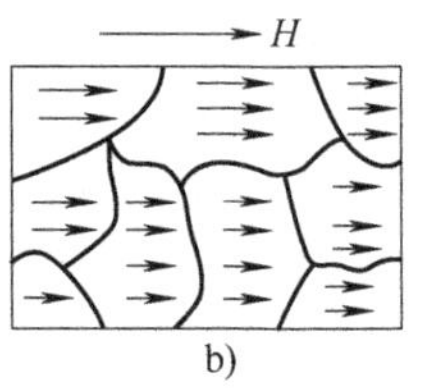

图17-7　磁畴的原始状态和在外加磁场时的定向排列[14]

消，因此宏观上铁磁质也不显磁性。

当外加磁场时，各磁畴会产生变化。那些自发磁化方向与外加磁场方向接近的磁畴内部的磁化方向会进一步趋向于与外加磁场方向相同，并且这类磁畴本身的大小也会增加。而那些自发磁化方向与外加磁场方向相反或差异很大的磁畴，其内部磁化方向会被扭转，其体积也会缩小。这种改变从内至外都是在强化外磁场，没有中间的大范围抵消，因此相对磁导率非常高。当外加磁场非常大，内部所有磁畴都已经完全平行于外部磁场时，铁磁质的磁化就达到了饱和。

由于铁磁质中存在杂质和内应力，使得磁畴转向时存在阻力。当外部磁场很大时，磁畴能够克服更大的阻力，从而转向更加彻底，铁磁质的磁导率就会更大。因此，外部的磁场大小会影响铁磁质的磁导率。另外，当外部磁场去除后，由于这些阻力的存在，磁畴也无法回到原始的、完全混乱无序的状态，从而表现为一定的磁性，这就是所谓的剩磁。由于阻力的存在，磁畴的转向需要时间，故而会落后于外部磁场的变化速度，这就是磁滞现象。当温度升高时，由于内部分子热运动加剧，磁畴的转向被无序的分子热运动扰乱，磁畴取向性减弱，材料的相对磁导率会下降。当温度高到一定程度（居里温度）时，分子热运动非常剧烈，以至于磁畴的取向性被完全打乱，铁磁质就变为了顺磁质。同理，当磁性材料受到外部撞击时，磁畴的取向性也会被减弱，磁性也会下降。

17.1.6　磁滞损耗

从前文可知，材料磁化的过程，实质上就是分子电流磁矩或磁畴取向发生变化的过程。微观上这是一种运动状态的改变，因此必然涉及损耗。由于弱磁质相对磁导率非常接近 1，故磁滞损耗几乎可以忽略，但铁磁质的磁滞损耗就比较显著了。

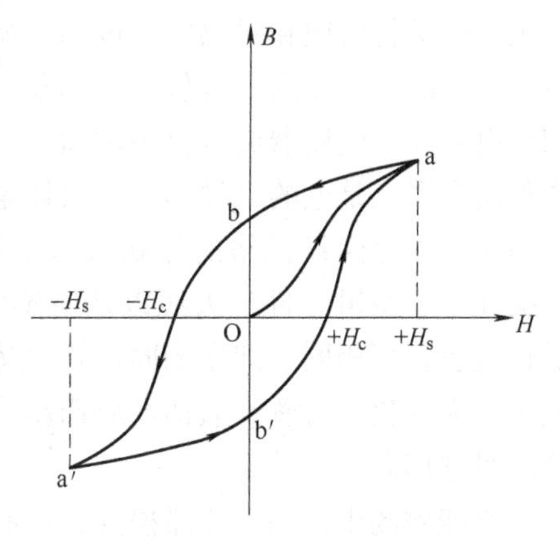

图 17-8　磁滞回线[16]

结合图 17-8 来解释磁滞损耗。原始状态下，逐渐在铁磁质周围施加外磁场，磁畴内自发磁化方向开始呈定向排列，铁磁质内的磁感应强度逐渐上升，当达到一定强度后，自发磁化全部排列完毕，磁感应强度就不再上升（Oa 线），此时铁磁质内的磁感应强度称为饱和磁感应强度，常用 B_{max} 表示。磁滞回线中 B-H 线的斜率实际上就是磁导率，可以看到磁导率是先增大后减小。

当铁磁质内磁感应强度达到饱和值后，如果逐渐减小外部磁场 H，则由于内部阻力的存在，此时 B 并不是沿原 Oa 线减小，而是沿另一条线减小。当外部磁场为0时，铁磁质内磁感应强度仍不为0，这时的感应强度称为剩磁感应强度，通常用 B_r 表示。这时继续减小外磁场，即施加反向的磁场，当反向磁场的磁场强度 $H=-H_c$ 时，铁磁质内的磁感应强度为0，通常将 H_c 称为矫顽力，表示铁磁质抗去磁的能力。当继续增加反向磁场时，铁磁质的反向磁化同样会达到饱和。这时，将反向磁场逐渐减弱到0并继续从0开始正向增加时，铁磁质内的强度遵循类似的规律变化并形成循环。*B*-*H* 线形成的这条曲线就称为磁滞回线。实验表明，当在铁磁质外部施加交变外磁场，即对其进行反复磁化时，铁磁质会发热。这个发热量与磁滞回线包络的面积成正比。

根据磁滞回线的形状，铁磁材料被分为三种，即硬磁材料（又名永磁材料）、软磁材料和矩磁材料（又名磁性瓷），如图17-9所示。

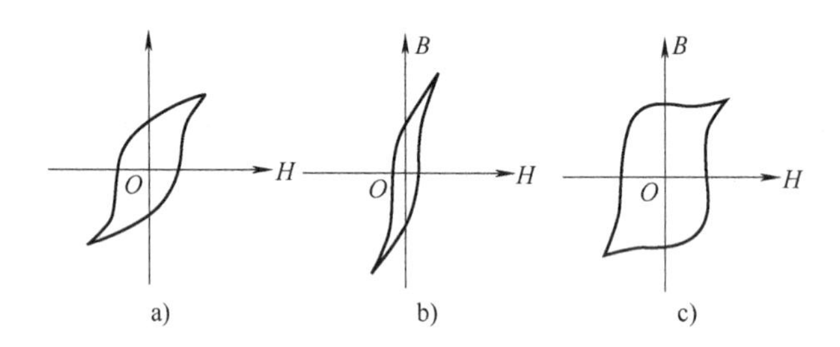

图17-9　三种材料的磁滞回线形状

a）硬磁材料　b）软磁材料　c）磁性瓷[16]

硬磁材料矫顽力和剩磁均较大，抗去磁能力强，适宜制造永磁铁，如碳钢、钨钢。软磁材料饱和磁感应强度高，相对磁导率高，矫顽力低，易被磁化的同时也容易去磁，其磁滞回线包络的面积也不大，因此磁滞损耗相对较小，因此适宜制作电磁铁、变压器或电机中的铁心，如软铁、硅钢等。硬磁材料和软磁材料通常都是金属，是电的良导体。铁氧体是另一种类型的铁磁质，其磁导率和电阻率都很大，磁滞回线包络的形状近似矩形，稳定性极佳，通常用来制作记忆元件、开关元件、逻辑元件、天线以及电感中的磁心等。实际上，不同类型的铁氧体，其性能也各不相同。即使相同的铁氧体，其磁滞回线形状随外部磁场的频率也会发生巨大变化。有些铁氧体高频阻抗大，有些铁氧体低频阻抗大，实际使用需结合场景选用。

交变磁场中，除了磁滞损耗，还有涡流损耗。涡流损耗是由外部磁场的变化产生的感应电动势和感应电流导致的。降低涡流损耗最常用的方法就是提高铁心的电阻率，降低感应电流的强度。

至此，可以理解电感的发热量来源：①通电时，线圈电阻产生焦耳热，焦耳热与电流大小、绕线材质、绕线几何尺寸有关；②交流下磁心产生磁滞损耗，磁滞损耗与外部电流的频率、磁心的磁滞回线形状有关，频率越高，磁滞损耗也越大；③交流下产生的涡流损耗，涡流损耗与外部电流的频率的二次方成正比；④交流下产生的介电损耗，由于存在正负极，电感器也有电容的属性，交变电流下，材质被反复极化，会产生介电损耗，介电损耗也是与频率大小呈正相关。

17.2 信号传输

变化的电场产生变化的磁场，变化的磁场又产生变化的电场，同样重要的是，诱导出的磁场或电场都不止存在于原有电场或磁场的范围内，而是在其邻近的范围内也会产生，这是电磁波传输的基本机制。催生现代信息传输产业的另一个重要特征是电磁波不需要借助任何介质就可以以光速传播，这使得两台相距很远的设备在没有有线连接的情况下仍可以高效通信。电磁波的传输本质上是波源能量通过电和磁的这种交替激发被传递出去的过程，这一过程就是无线电磁波的辐射。5G 或更往后的时代，无线电波的传输是电子产品领域非常重要的课题。

17.2.1 无线电磁波的形成

电子产品内部空间是有限的，在设备内部，当数字信号被转换为高低电平电信号之后，高低电平与天线通过传输线进行连接，传输线上就会形成电磁波，只不过这些电磁波被传输线限制在线所在的边界内。这种由传输线所引导的，能沿一定方向传播的电磁波称为导行波，如图 17-10 所示。

如图 17-11 所示，由于传输线上的电流流向相反，在传输线之外，其诱导的外部磁场方向也相反，并且因为传输线间距很小，相同位置处其诱导的磁感应强度大小也近似相同，故而完全抵消。但在传输线之间的狭小间隙内，磁场方向却相同。所以电信号在传输线上被转换为的电磁波可以沿传输线传导，且被限制在传输线之间的间隙内。由于信号在变，所以传输线间隙内的电场和磁场都是交变的，为降低损耗，间隙内的材质的介电损耗和磁滞损耗都需要降低。天线间的材质一般都是弱磁质，因此磁滞损耗很低，这就集中在介电损耗的控制上。

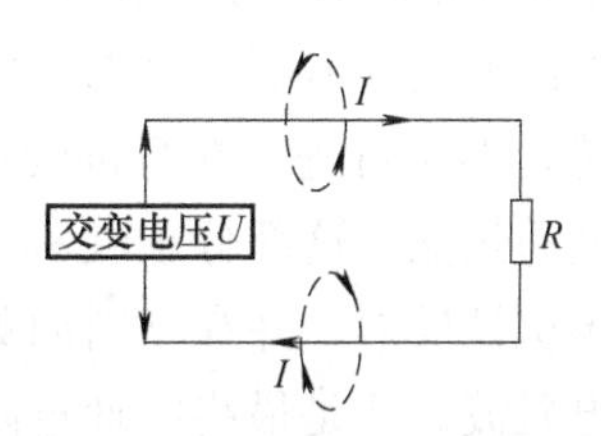

图 17-10　导行波的传输[17]

在发射端，当平行导线逐渐张开时，导行电磁波将被逐步转换为自由电磁波向周围空间辐射，在接收端，自由电磁波则被逐渐转换、收拢为导行电磁波。

电磁波的特性是波长越短，频率越高，传输信息的速率越快。天线的尺寸与波长是一个数量级，因此，随着数据传输速率的提升，单个天线的尺寸会越来越小。传输线间介质介电常数的增加会进一步缩小电磁波的波长，因此高介电常数的研发有利于天线的小型化。高频电磁波方向性强，为提升信号多方向的接收性能，天线的数量也需要增加。

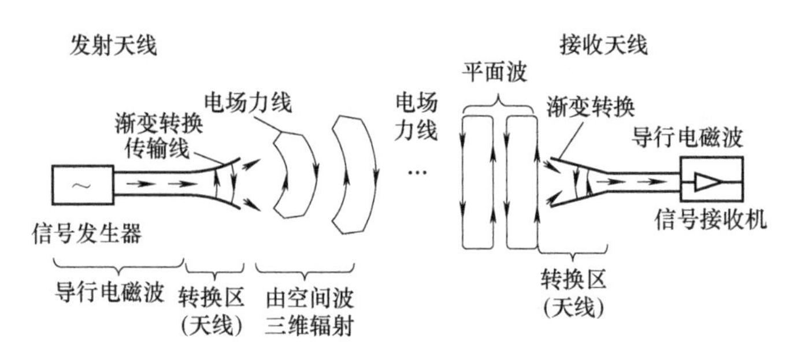

图 17-11　天线的能量转换过程[18]

17.2.2　无线电波的传输

光也是电磁波，因此可以用光在不同介质中的传播现象来快速理解无线电波的传输。现实生活中，经常看到光的反射、折射、干涉等现象，电磁波可以与之类比。电磁波在不同介质界面上折射的具体角度、折射系数、反射系数等与材料的磁导率、介电常数有关。理想导体中介电常数为无穷大，外部电场强度被全部屏蔽（静电屏蔽），内部没有电场，当电磁波入射时，会被全部反射，相当于电磁波完全无法透过，如图 17-12 所示。

在不同媒介的交界面上，电磁波会出现多次折射和反射，在介质中传播时，由于介质的极化和磁化，还会出现损耗。如图 17-13，R_1 表示入射电磁波在第一层界面上的反射值，这部分电磁波直接折回。透射的电磁波（这时方向已经有所偏转）继续行进，在行进的过程中，由于介质的极化和磁化，部分能量会被损耗，转换为热能，这部分损耗称为吸收损耗 A。当行进到另一个边界上时，电磁材料会再次被反射，并在材料内如此往复，且与入射电磁波产生干涉。能够透射过去的电磁波，才是最终的通过阻碍的电磁波 B，如图 17-13 所示。

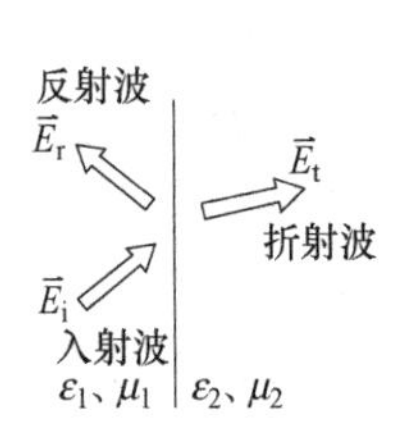

图 17-12　光的反射和折射

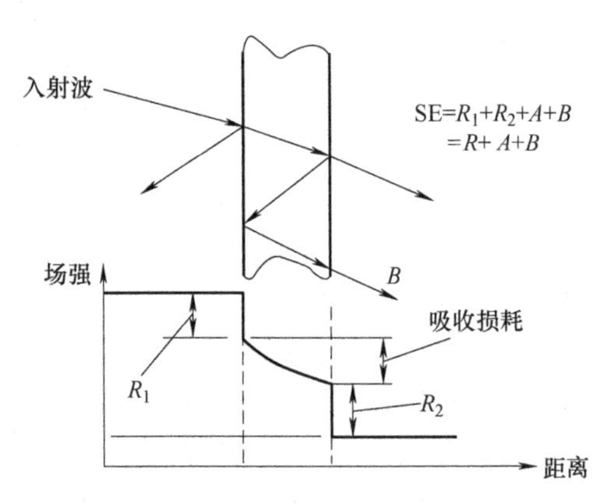

图 17-13　电磁波在介质中传输的衰减[19]

随着信号传输速度的增加，无线电波的频率会提高，这意味着交变属性会增加。为了增加透射率，降低损耗，需要从多个角度考量电磁波的传递。①降低反射系数（反射场强/入射场强）；②提高折射系数（折射场强/入射场强）；③降低无线电波传输路径上障碍物的介电损耗和磁滞损耗。体现到产品设计上，则是天线的方向布局（调整入射角度）和外围包覆的保护材料的介电常数、磁导率、介电损耗角和磁滞回线形状的选择。无线电波从天线上发出之后，遇到外围包覆材料，相当于从空气入射到包覆材料上。空气的相对磁导率和相对介电常数均为 1，是难以改变的，要降低反射系数，提高折射系数，只能从包覆材料上做出改变。

1. 电和磁的定量描述——麦克斯韦方程组

理解无线电磁波在不同介质中的传递必须要了解麦克斯韦方程组（经典电磁理论的总结）[20]。麦克斯韦方程组是电学基本理论的总结，细节推导相当复杂。表 17-3 仅对其方程形式和其表征的物理意义做简要描述。

表 17-3　麦克斯韦方程组及其物理意义

定律名称	方程形式	物理意义
电场高斯定律	$\nabla \cdot \vec{E} = \dfrac{\rho}{\varepsilon_0}$	式中，E 为电场强度，ρ 为电荷密度，ε_0 为真空介电常数，描述电场强度和电荷的关系
磁通连续原理	$\nabla \times \vec{E} = -\dfrac{\partial \vec{B}}{\partial t}$	式中，B 为磁感应强度，阐述变化的磁场诱导出电场。与电场高斯定律共同说明：电场不仅与电荷有关，还与磁场的变化率有关
法拉第电磁感应定律	$\nabla \cdot \vec{B} = 0$	说明磁场是一种无源无汇的场，或者说磁单极子不存在，或者说磁感线总是闭合的
一般形式下的安培环路定理	$\nabla \times \vec{B} = \mu_0 \vec{J} + \mu_0 \varepsilon_0 \dfrac{\partial \vec{E}}{\partial t}$	式中，J 为传导电流密度，此式表明运动的电荷（电流）和变化的磁场都会诱导产生磁场

电荷、电场、电流和磁场之间的关系如图 17-14 所示。

2. 波阻抗和电磁波的反射与吸收

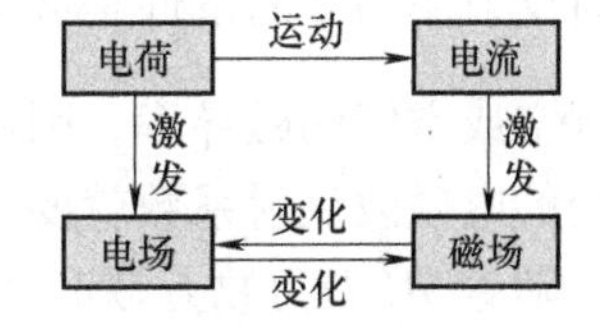

图 17-14　电荷、电场、电流和磁场之间的关系

根据电磁波理论，当电磁波从一种介质入射到另一种介质上时，如果两种介质的波阻抗完全相等，则电磁波将无反射地穿过分界面进入另一种介质[21]。

前文已述，材料的极化和磁化涉及内部带电微粒的运动，其具体强度与频率强相关。现实的测试数据已经证明，实际材料的介电常数和磁导率均为复数，可用式（17-9）和式（17-10）表达

$$\varepsilon = \varepsilon' - \mathrm{j}\varepsilon'' \tag{17-9}$$

$$\mu = \mu' - j\mu'' \tag{17-10}$$

介电常数和磁导率的实部和虚部均与频率相关（介电常数并不是一个恒定不变的数值）。其虚部分别描述在极化和磁化过程中产生的各种损耗。虚部越大，材料在交变电磁场的作用下损耗越大。在现实中，无线电波在传递信号的过程中，必然是交变的电磁场，因此，当电磁波透过虚部高的材质时，其能量衰减会更明显。

波阻抗定义为介质中电场与磁场耦合分量的比值，常用式（17-11）表示[21]

$$Z = \frac{|E|}{|H|} = \sqrt{\frac{\mu}{\varepsilon}} = \sqrt{\frac{\mu_r \mu_0}{\varepsilon_r \varepsilon_0}} = Z_0 \sqrt{\frac{\mu_r}{\varepsilon_r}} \tag{17-11}$$

式中，Z_0为自由空间的波阻抗；ε_r，μ_r分别为相对复介电常数和相对复磁导率。以最简单的电磁波入射情况为例，当电磁波从自由空间垂直入射到理想介质中时，如图 17-15 所示，在介质表面上电磁波的反射系数和透射系数的公式如下[21]：

$$\text{反射系数}\ R = \frac{E_r}{E_i} = \frac{Z - Z_0}{Z + Z_0} \tag{17-12}$$

$$\text{折射系数}\ T = \frac{E_t}{E_i} = \frac{2Z}{Z + Z_0} \tag{17-13}$$

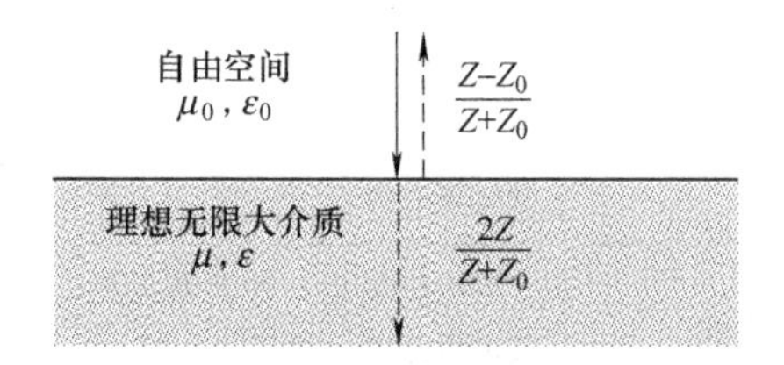

图 17-15　电磁波垂直入射到理想无限大介质中

3. 无线电波传输特性对热设计的影响

从前述无线电波传输公式可以看出，电磁波从自由空间垂直入射到理想介质中时反射率为 0 的条件是 $Z = Z_0$，也就是$\frac{\mu_r}{\varepsilon_r} = 1$。对于常规材料，磁导率都非常接近真空或空气的磁导率，因此相对磁导率接近于 1（参考表 17-1），这样，减小界面处的电磁波反射系数就要求被入射材料的介电常数也接近空气，即也要接近 1。

随着 5G 及万物互联时代的到来，设备的无线通信将会成为标配，在这种产品中，覆盖天线区域的结构件材质需要充分考虑无线电波的透射性。同样，对于天线包覆材料，多数是弱磁质，其磁导率通常变化很小，因此，影响无线电波反射率的因素就变成了包覆材料的介电常数。包覆材料的介电常数越小，越有利于更多的电磁波进入包覆材料。即存在如下的定性关系：

$$\frac{E_t}{E_i} \propto \frac{1}{\varepsilon} \tag{17-14}$$

式中，E_t，E_i和 ε 分别为透射场强、入射场强和包覆材料的介电常数。

综合无线电波在介质中传输的特性，对于需要透射电磁波的介质，为了降低衰减，需要考量如下因素：

1）使用低介电常数材质；

2）降低材料介电常数的虚部；

3）降低材料磁导率的虚部。

不得不指出，这些限制对热设计是非常不利的。对于自然散热的产品，外壳是热量散失到环境中的必经之路，使用高导热系数的外壳，无疑能消除热点，提高温度可靠性。而外壳通常又是设备与外界通信的电磁波的必经之路。金属的导热系数通常非常高，但由于导电性极佳，因此其介电常数非常高，电磁波甚至几乎无法透过。5G 及之后的时代，数据传输速度的提升，致使电磁波频率不断提高，其内部天线的数量和分布会严重影响产品散热部署。开发低介电常数、低介损、低磁损同时导热系数又高的材质对处理后续产品的热问题至关重要。

在这种理想材料商业化之前，热设计工程师要做的是在施加热设计方案时提前考虑，从温度控制的角度与天线工程师协同工作，将天线的位置部署在相对有利于整机热管理的位置，从而在不影响功能的前提下降低产品设计成本，提高综合竞争力。

注意，电磁波在不同介质中的传输是非常复杂的，非理想材质的波阻抗除了与磁导率和介电常数有关，还与材料的厚度（电磁波在有限厚度的材料边界处会发生反射，反射回来的波又与入射波产生干涉）及电磁波的入射频率有关[22,23]，电磁波在介质表面的反射系数还与其入射角度有关[24]。本节仅通过最简化的过程阐述电磁波传输过程中的一些基本现象。

17.3 电磁兼容、电磁屏蔽以及对热设计的影响

当前的电子产品中，数字信号的处理仍然是全部通过高低电平来实现的（量子计算还没有规模性商业化，那时热管理问题将更加严峻）。因此电子产品中到处是电流，或者说到处是运动的电荷。根据前文所述，所有运动的电荷都会诱发电磁场。运动的电荷诱导出的这些电磁场如果不加以管理，则其相互之间会发生干扰，导致无法实现预设的功能。对电磁场进行合理控制，是保证电子产品正常运行的重要手段。

从本章开头提到的电磁兼容包含的两个概念就可看出，从对象角度考量，电磁屏蔽会被分为主动屏蔽和被动屏蔽。主动屏蔽是屏蔽干扰源，直接将干扰源产生的电磁波限制在一定范围内。被动屏蔽则是保护敏感设备，防止外部电磁场对其运行产生干扰，主动屏蔽和被动屏蔽分别对应 EMI 和 EMS。

17.3.1 电场屏蔽

在施加外电场时，导体内的电荷将重新分布，最终达到的结果是导体内部的场强处处为零，从而不再有自由电子的定向移动，这种状态称为静电平衡。利用导体的这一性质，就有了静电屏蔽。如图 17-16a 所示，闭合导体内部空腔电场为零，此时，无论外部电场如何变化，其内部都不受影响，相当于将自己保护起来，因此是被动静电屏蔽的简化图。图 17-16b 的闭合导体外壳接地，这使得电荷只可能出现在闭合导体内壁面，闭合导体内诱导产生的任何电场终止于导体外表面，即内部电场不会对外部产生任何影响，这相当于对干扰源进行封锁或限制，因此称为主动静电屏蔽。

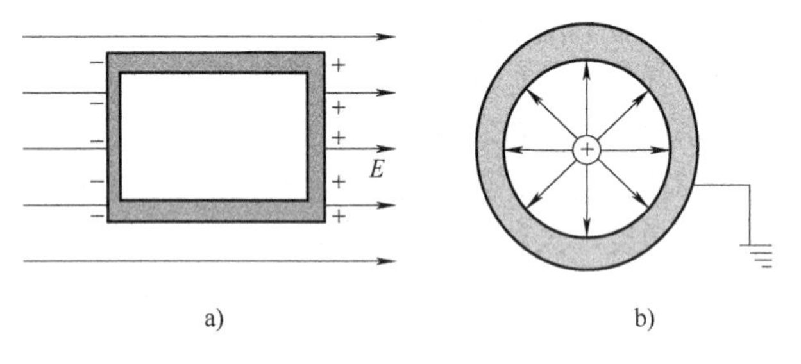

图 17-16 a）被动静电屏蔽 b）主动静电屏蔽[25]

屏蔽体接地无疑会达到更好的效果，因为这样既能够保证其内部不受到外部电场的影响，又能保证干扰源产生的电场不影响外界。使用封闭导体实现静电屏蔽在电子产品中随处可见，芯片上方的屏蔽罩是典型的静电屏蔽应用，如图 17-17 所示。

图 17-17 某手机主板上的屏蔽罩

17.3.2 磁场屏蔽

磁场屏蔽的一种方法是在被屏蔽体周围施加一种磁阻更低的通路，将磁场吸引到低磁阻通路中去，从而有效减少被屏蔽体内的磁场强度。从屏蔽机理上可知，这种屏蔽材料必须是磁导率较高的材质。这种屏蔽方法类似于热设计中的风道设计，通过控制空气流动路径中不同位置的流阻来有效分配风量，流阻低的区域，流过的风量就高。这种屏蔽的机理如图 17-18 所示。

显然，屏蔽材料的磁导率越高，厚度越厚，构建的低磁阻通路磁阻越低，屏蔽效果也就越好。为了实现小型化、紧凑化的同时达到屏蔽效果，就需要开发高

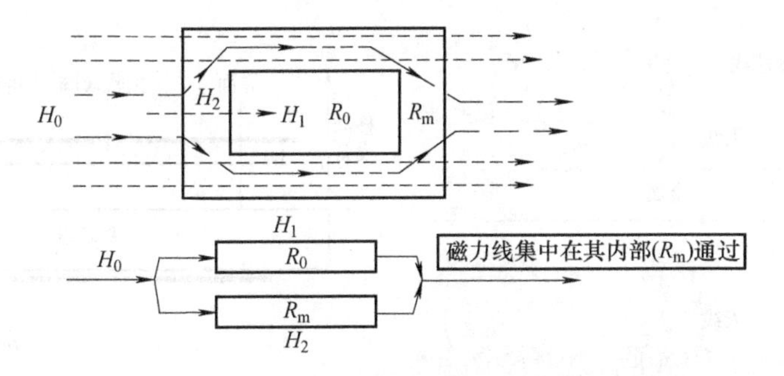

图 17-18　低磁阻材料的磁屏蔽原理示意图[19]

磁导率材料。需要指出的是，在这种情况下，磁场通过的位置是关键，而其本身的衰减或削弱不是考虑的重点，有些时候，甚至还需要尽可能降低磁场衰减。手机无线充电或 NFC 天线就是典型例子，如图 17-19 所示。这两种通信方式都使用电磁感应原理，而手机内部存在很多金属。由于结构空间设计考量，接收端和发射端通常会紧邻一些金属介质，当电磁场遇到金属介质时会诱导电子涡流，电子涡流协同电阻将电磁能转化为热能，导致电磁波的传输受到阻碍。在无线充电上，表现为充电效率低，发热量大，在 NFC 天线中，则表现为数据传输效率低甚至出现传输故障（当然也伴随着发热量增加，不过相对来讲增加量不大）。在这种情况下，为了避免磁场进入金属介质同时保证电磁能被很好传输，可以在接收端或发射端放置高磁导率、低磁损和低介损的材料（高磁导率实部、低磁导率虚部、低介电常数虚部），在接收端或发热端与其临近的金属介质之间构建低磁阻、低损耗通路，将大多数电磁波引导至低磁阻的通路上传输，从而实现目的（见图 17-20），这种材料通常称为隔磁片。

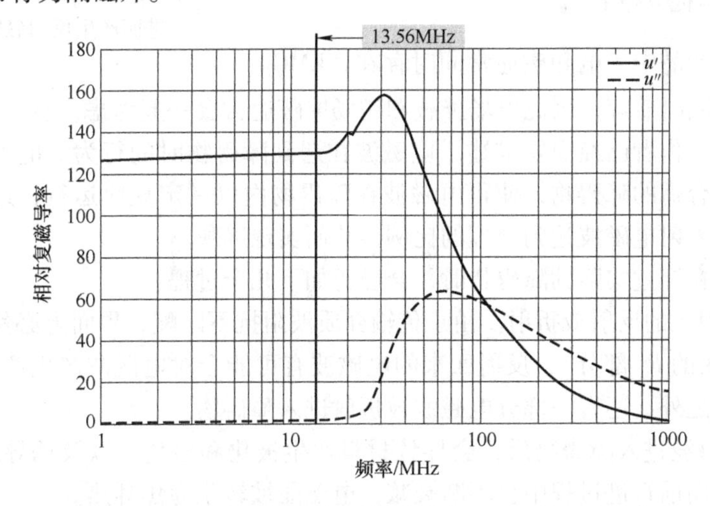

图 17-19　某款应用于 NFC 天线隔磁片相对复磁导率（NFC 的工作频率为 13.56MHz）

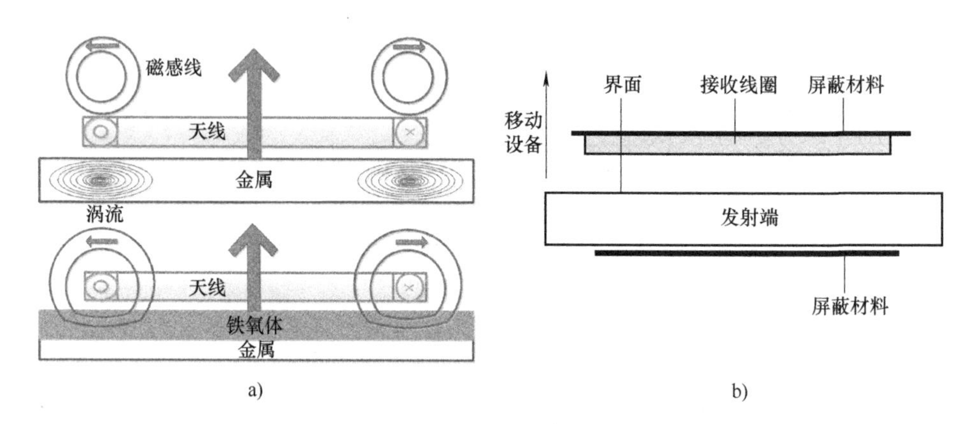

图 17-20　a）NFC 天线中的铁氧体[25]　b）无线充电设备中的高磁导率屏蔽材料[26]

在这种低磁阻通路的方式中，必须要保证屏蔽材料有极高的磁导率，这几乎必然是铁磁质。而铁磁质材料在高频段磁导率会迅速下降，因此高频交变磁场的屏蔽需要使用另外一种方法，即通过感应电流诱导出的反向磁场来削弱外磁场。要加强反向磁场，就必须加大涡流，即要使用低电阻的介质。因此所看到的高频磁场屏蔽体多数为电的良导体，如铜、铝或铜镀银等[22]。这种屏蔽方式必然伴随着热效应的产生，因为感生涡流在金属内部流动会产生焦耳热，如图 17-21 所示。当使用的屏蔽体电导率较差时，就会导致要达到相同的屏蔽效果，产生的热量更多。

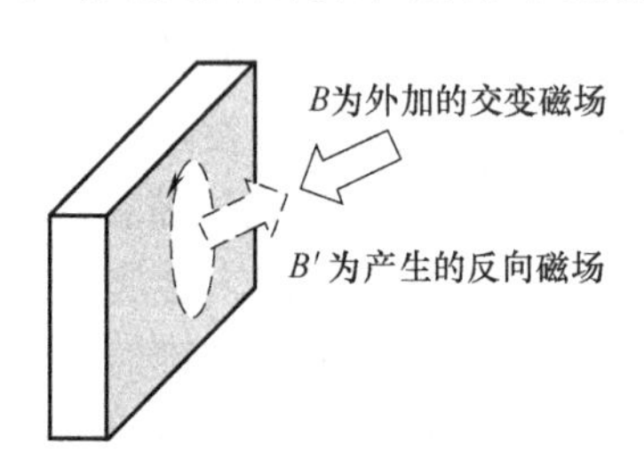

图 17-21　外部交变磁场在金属板内感生涡流，进而产生反向磁场

17.3.3　电磁屏蔽

在电子产品中，电和磁通常同时存在，EMC 也是指电磁同时兼容，因此电场屏蔽和磁场屏蔽通常会一起考虑。在 17.2 节电磁波的传输中，作者已经简要描述了电磁波在遇到障碍物时的行为。电磁屏蔽其实就是要选取合适的障碍物，使得电磁波在障碍物内以一定规律运行，运行后的透射电磁波与入射电磁波达到合理的比例，从而实现屏蔽。

电磁波在穿过实际的障碍物时，会经历如下几个过程：

1）界面上的反射或折射。由于传输介质波阻抗不匹配，界面上必然发生反射（见图 17-13 的 R_1 部分），反射回来的电磁波有可能会对电磁波产生源形成干扰。除了反射波之外，还有一部分电磁波被折射进入障碍物。

2）电磁波进入障碍物后，会导致材料产生极化和磁化，以及诱导产生涡流。因此电磁波向前行进过程中会不断衰减，电磁能被转化为焦耳热。

3）电磁波传递到障碍物的边界后，由于波阻抗不匹配，因此会发生二次反射，并在障碍物的两个边界上多次反射、折射，反射回来的波还会在边界上与入射波、折射波产生干涉。最终透过障碍物传输出去的波为透射波。

对于高频电磁场，障碍物内部的极化弛豫和磁化弛豫明显，由此诱导的介电损耗和磁滞损耗增加，因而吸收损耗会增加。因此对于吸波材料，高频电磁场的吸收反而更容易解决。对于吸波材料，由于反射回来的电磁波有可能对电磁波产生源形成干扰，因此还希望材质本身的反射系数越低越好。

17.3.4　电磁兼容

电磁兼容是电子产品需要达到的目标，是产品质量指标之一，电磁屏蔽是为达到这一目标的手段之一。电磁屏蔽可以认为是用外在的手段通过引导电磁波的取向来解决电磁波对电子元器件的影响。除此之外，还可以从设计层面加强产品电磁兼容性。如通过控制 PCB 布线间距、走线方向、绝缘材料等来减少相互之间的干扰，依据不同芯片的电磁敏感性和电磁干扰性来设计芯片的选型（电磁波产生源）的空间分布和互联方式等。

电磁兼容设计对热设计的影响如下：

1）低频电磁场的屏蔽使用高磁导率的隔磁片，隔磁片导热系数一般很低［约 1W/(m·K)］，不利于散热。

2）部分高频信号处理器件上需要施加吸波材料，而吸波材料的韧性、导热系数都很低，不利于外部施加散热器等刚性结构件。

3）外壳开孔越大，电磁波的穿过率越高，或者整机的屏蔽效能越差，这不利于电磁兼容性设计。但外壳开孔越高，对散热尤其是强迫风冷散热改善明显。开发高开孔率、低电磁波透射率的开孔结构对散热设计非常关键。

4）电磁兼容设计过程中的选材不当可能会导致产品发热量急剧上升，产品散热难度加大。

5）产品机箱、散热器等结构件多数为金属材质，其对电磁波的反射率很高，容易形成谐振从而对机箱内电路产生干扰，机箱或散热器壁面涂抹或贴附吸波材料又会导致成本升高、热量传输效率下降。

6）散热设计中，风扇、TEC 等部件本身也包含电路，其可能会对产品内部产生电磁干扰。

17.4　本章小结

热与电磁的融合设计是大势所趋。本章从热设计工程师角度出发，系统性地解读了一些电磁学概念，对天线对产品热设计的影响做了原理层面的分析。此外，还解释了电磁屏蔽相关机理，对当前电子产品中常用的一些电磁屏蔽方法做了归纳，并对电磁兼容设计对热设计产生的影响做了总结。热学和电磁学分属不同学科，作者才疏学浅，在大量阅读相关专业文献的基础上写就本章，所有现象或机理描述均流于表面，仅为热设计工程师提供参考性价值。在作者看来，深入研究电磁兼容和天线原理对成就极致的热设计方案有极大帮助，对理解未来万物互联时代电子产品散热设计新思路非常必要，读者可自行钻研。

参考文献

[1] 刘栋，王化深. 电子设备的电磁兼容设计 [J]. 仪器仪表用户，2004，11 (1)：81-82.

[2] 电磁屏蔽结构设计实用技术 - 百度文库. https://wenku.baidu.com/view/71eac74cbe23482fb4da4c4d.

[3] 李铿. 大学物理教程：电磁学 [M]. 北京：国防工业出版社，1996.

[4] 贝润鑫，陈文欣，张艺，等. 低介电常数聚酰亚胺薄膜的研究进展 [J]. 绝缘材料，2016，49 (8)：1-11.

[5] 赵智彪，许志，利定东. 低介电常数材料在超大规模集成电路工艺中的应用 [J]. 半导体技术，2004，29 (2).

[6] 董锡杰. 低介电常数材料微观结构及其对介电性能和热性能的影响 [D]. 武汉：华中科技大学，2010.

[7] 李玉超，付雪连，战艳虎，等. 高介电常数、低介电损耗聚合物复合电介质材料研究进展 [J]. 材料导报，2017 (15).

[8] Jack Captain. 磁场强度 H，磁感应强度 B 有什么区别？各自代表什么意义？https://www.zhihu.com/question/56837431/answer/268816789.

[9] 吴百诗，罗春荣，马永庚，等. 大学物理学：中册 [M]. 北京：高等教育出版社，2004.

[10] 刘青爽. 异向介质天线的研究 [D]. 天津：天津大学，2012.

[11] 刘顺华. 电磁波屏蔽及吸波材料. [M]. 2 版. 北京：化学工业出版社，2014.

[12] 戴坚舟，阴其俊，钱水兔，等. 大学物理：下册 [M]. 上海：华东理工大学出版社，2007.

[13] 黄祝明，吴峰. 大学物理学. [M]. 2 版. 北京：化学工业出版社，2008.

[14] 红星机器. 铁磁性矿物、顺磁性矿物、逆磁性矿物的不同特点. http://www.hxcxj.com/n68.html.

[15] 黄英才. 电磁学教程 [M]. 贵阳：贵州科技出版社，2004.

[16] 康行健. 天线原理与设计 [M]. 北京：北京理工大学出版社，1993.

[17] 傅林. 电磁场与电磁波 [M]. 北京：北京理工大学出版社，2018.

[18] 周辉. 磁屏蔽技术的仿真研究 [D]. 长沙：湖南大学，2014.

[19] 张三慧，臧庚媛，华基美. 大学物理学：第三册-电磁学 [M]. 北京：清华大学出版社. 1991.

[20] 丁世敬，葛德彪，黄刘宏. 电磁吸波材料中的阻抗匹配条件 [J]. 电波科学学报，2009，24 (6)：1104-1108.

[21] 钱照明，程肇基. 电力电子系统电磁兼容设计基础及干扰抑制技术 [M]. 杭州：浙江大学出版社，2000.

[22] 罗辉. 多元复合吸波材料电磁特性研究 [D]. 武汉：华中科技大学，2016.

[23] 闫春娟. 多层纳米吸波涂层的阻抗匹配及优化设计 [D]. 南京：南京理工大学，2007.
[24] “科普中国”科学百科词条编写与应用工作项目. 静电屏蔽. 百度百科. https://baike. baidu. com/item/% E9% 9D% 99% E7% 94% B5% E5% B1% 8F% E8% 94% BD/11019158？fr = aladdin.
[25] 杨红星. 应用于 NFC 天线的 NiCuZn 铁氧体的制备及仿真研究 [D]. 成都：电子科技大学，2017.
[26] 李东月. 用于无线充电中的 NiCuZn 铁氧体屏蔽材料的研究 [D]. 成都：电子科技大学，2015.

后　记

感谢您阅读本书！

帮助读者快速、高效地掌握热设计技能，将本书所讲的理论、经验和方法用于解决实际工作中遇到的温度问题，是编写此书的核心目的。真切期望读完本书，您能有所收获！

由于国内没有类似的工程性热设计书籍作为参考，为检验其内容编排的合理性，在本书公开发布前，我基于书籍内容，组织和参与了多次不同形式的热设计学习研讨会。结合这些研讨会的反馈，我对书籍内容进行了多次调整。

我想特别提及的一个改动点是热仿真软件操作部分。

我个人的体会是，太多人过于“迷信”热仿真软件的作用了，以至于绝大多数人对热设计技能的学习都弄反了顺序。几乎所有初学者或者想进入热设计行业的人，都想从学习热仿真软件开始。不能否认，热仿真的确非常有用，但学习软件操作对培养初学者的热设计能力几乎没有任何帮助。会做热仿真绝不指娴熟于软件各项操作，软件中涉及的各类参数的物理意义、各种对象的热学简化处理思想以及对仿真结果的分析能力才是更重要的。设计者在掌握热设计基本概念和理论，熟知各类物料的特性之前就尝试学习仿真软件，往往会遇到无穷多的问题（某参数是什么意义，要不要设定，设置多少；某元器件如何建模，如何简化，是否可忽略），效率极低。但反过来，先尝试掌握基础的热设计知识和常见的设计准则，并深度剖析一些典型产品的热设计方法和优化思路，再去学习软件，效率和效果就会大大改善。

基于此，我对书稿进行了大幅修改，删除了所有的仿真软件操作内容，进一步丰富了设计理论、工程物料选型知识，并加入了大量实际案例分析内容。期望以此引导初学者重视理论和工程设计经验，使用科学、正确的学习步骤快速掌握热设计技能。

热设计技术是无止境的，但作者水平有限，仅仅勾勒出了其知识脉络和最常见、最宏观的思路。在撰写本书的过程中，我尽最大努力向读者传达了我对产品热设计思路和方法的理解，期望读者不仅能够掌握这些知识，还能领会到知识和设计之间的关联方式，真正习得解决温度问题的能力。电子散热在国内尚属新兴行业，但随着人工智能和清洁能源时代的来临，其需求正与日俱增。真切希望热设计行业越来越好！

祝君工作顺利，前程似锦！

陈继良 Leon Chen

2020-8-1